はじめての
トライボロジー

A 1st Course in Tribology

佐々木信也
志摩政幸
野口昭治
平山朋子
地引達弘
足立幸志
三宅晃司／著

Shinya Sasaki
Masayuki Shima
Shoji Noguchi
Tomoko Hirayama
Tatsuhiro Jibiki
Koshi Adachi
Koji Miyake

講談社

まえがき

　"トライボロジー"という言葉は1966年に英国で生まれた造語です．そのため，一般はもとより，理工系の研究者や技術者の間でも，いまだに広く認知されていません．また，大学や高等専門学校の機械工学科でさえ，「トライボロジー」の講義は専門選択科目として位置づけられるか，あるいは「機械設計」などの講義の中で部分的に扱われていることが多いのが現状です．このため，機械工学科出身者であっても，社会に出て初めて，"トライボロジー"という言葉に出合う人も少なくないはずです．

　一方，ものづくりの現場では，機械の設計に始まり，部品の生産や組み立て，機械システムの運転やメンテナンス，そしてそれら製品のリサイクルに至るまで，あらゆるところにトライボロジーは深く関与しています．また，最近では，機械システムの省エネルギー化や地球環境への負荷低減こそが製品の付加価値を大いに高めるとして，直接的かつ即効性をもって貢献できるトライボロジーが重要な働きを担うケースも増えています．

　このような社会情勢もあって，前職の産業技術総合研究所時代に，さまざまな分野の技術者の方々から，トライボロジーを勉強したいのでよい入門書を紹介してほしいという相談を数多く受けました．そのとき，まず紹介したのは，

　　バウデン，テイバー（著），曽田範宗（訳）:『固体の摩擦と潤滑』，丸善

　　曽田範宗（著）:『摩擦の話』，岩波新書[※1]

の2冊です．これらの本は，トライボロジーに携わる人にとってはバイブルのような存在で，トライボロジーに関する基本的な概念が書かれており，現在にも通用するさまざまなアイデアなども多く記載されています．しかし，これらの本が書かれた50年前と比べ，トライボロジーにかかわる技術も大きく進歩していることから，最新の情報については，学会誌の解説記事などでフォローする必要があります．これらの本以外にも，トライボロジーに関する本は多く出版されているものの，残念ながら入門書としてズバリというものがないように感じていました．

※1　名著ですが，残念ながら絶版のようです．

大学に転職してからは，特定の教科書は指定せず，論文などをもとに最新の研究成果を盛り込んだパワーポイント資料を作成し，講義を実施してきました．数年経ち，パワーポイント資料の配布では卒業後教え子たちの手元に何も残らないと危惧していたころ，東京海洋大学の志摩政幸先生から，各大学で先生方が使っている講義資料をもとにして教科書をつくってはどうかというお誘いを受けました．

　このときは，すでに講義資料があるのだから，これらを取りまとめれば簡単に本になると思い，軽い気持ちで取りまとめ役を引き受けてしまいました．そして，なるべく特定の専門に偏った内容にしないため，日本トライボロジー学会などで精力的に活躍されている中堅の先生方に分担執筆をお願いすることで，本を素早く完成させようと計画しました．しかし，このような私の目論見は甘く，2年過ぎても思うように原稿は集まらず，一度は出版を諦めざるを得ない状況に陥ったのでした．このときに，救いの手を差し伸べてくれたのが，講談社サイエンティフィクの横山真吾氏です．志摩先生の最初の呼びかけから4年も経ってしまいましたが，ようやく本書を出版することができたのは，横山氏の助言と励ましによるものです．

　本書は，学部3，4年生を対象にした講義の教科書として使用されることを想定しています．しかし同時に，"はじめての"という言葉に，社会ですでに活躍するエンジニアの皆さんが仕事上の必要性などから，"はじめてトライボロジーを勉強する際の入門書"という意味も込めています．第7章までは，トライボロジーの講義の中で必ず扱う基礎的な内容から構成されています．第8章以降は，実用的な観点も踏まえた専門性の高い内容となっていますので，読者の皆さんの関心や必要性に応じて，ご活用していただきたいと思います．

　最後に，本書がトライボロジーへの理解を深め，技術の普及に少しでも役立つのであれば，それ以上の幸せはありません．

2013年4月

著者を代表して　　佐々木信也

まえがき ………… iii

第1章 トライボロジーとは 1
1.1 トライボロジーの語源 ………… 1
1.2 トライボロジーの歴史 ………… 1
1.3 トライボロジーの位置づけ ………… 5
1.4 トライボロジーが目指すもの ………… 7

第2章 固体の表面と接触 9
2.1 表面の形状 ………… 9
  2.1.1 高さ方向の粗さパラメータ ………… 10
  2.1.2 横方向の粗さパラメータ ………… 12
  2.1.3 粗さの3次元的表示 ………… 13
2.2 表面・表層の構造と性質 ………… 15
  2.2.1 表面・表層の構造 ………… 15
  2.2.2 表面エネルギーとぬれ現象 ………… 16
2.3 固体同士の接触 ………… 18
  2.3.1 ヘルツ接触 ………… 18
  2.3.2 接線力の付加とミンドリンスリップ現象 ………… 22
  2.3.3 弾性接触の限界と塑性接触 ………… 23
  2.3.4 粗さをもつ面の接触と真実接触面積 ………… 29

第3章 摩 擦 32
3.1 すべり摩擦 ………… 32
  3.1.1 すべり摩擦の基本法則 ………… 32
  3.1.2 摩擦力の測定 ………… 34
3.2 摩擦の凝着理論 ………… 37
  3.2.1 摩擦の凝着説 ………… 37
  3.2.2 修正凝着理論 ………… 38
  3.2.3 掘り起こし効果 ………… 40
3.3 転がり摩擦 ………… 42
3.4 摩擦面温度と閃光温度 ………… 43
3.5 摩擦振動とスティック・スリップ現象 ………… 44

第4章 潤滑油とグリース 46
4.1 潤滑油の作用 ………… 46
4.2 潤滑油の組成とその種類 ………… 47

4.2.1　基油 …………… 47
　　4.2.2　添加剤 …………… 49
　4.3　潤滑油の性状 …………… 52
　　4.3.1　粘度 …………… 52
　　4.3.2　耐荷重能 …………… 57
　4.4　グリース …………… 59
　　4.4.1　グリースの種類と特徴 …………… 59
　　4.4.2　グリースの性状 …………… 61
　　4.4.3　グリースの劣化要因 …………… 62

第5章　境界潤滑と混合潤滑　63

　5.1　ストライベック曲線と摩擦の三形態 …………… 63
　5.2　境界潤滑に関する研究の歴史 …………… 65
　5.3　境界潤滑のモデル …………… 66
　5.4　化学吸着による境界潤滑膜とトライボフィルム …………… 68
　5.5　境界潤滑膜の性質 …………… 70
　5.6　境界潤滑膜の分析 …………… 71
　5.7　混合潤滑状態のモデル …………… 71

第6章　流体潤滑と弾性流体潤滑　75

　6.1　流体潤滑に関する研究の歴史 …………… 75
　6.2　レイノルズ方程式の基礎 …………… 75
　6.3　レイノルズ方程式の一般化 …………… 82
　6.4　真円ジャーナル軸受への適用 …………… 85
　　6.4.1　圧力分布と負荷容量 …………… 85
　　6.4.2　摩擦力と摩擦係数 …………… 90
　6.5　修正レイノルズ方程式 …………… 92
　6.6　流体潤滑理論の応用 …………… 93
　　6.6.1　動圧軸受 …………… 93
　　6.6.2　静圧軸受 …………… 94
　6.7　弾性流体潤滑理論 …………… 96
　　6.7.1　古典理論の修正①：弾性変形 …………… 97
　　6.7.2　古典理論の修正②：高圧粘度 …………… 98
　　6.7.3　弾性流体潤滑理論の基礎式 …………… 99
　　6.7.4　弾性流体潤滑下における油膜の形状 …………… 100
　　6.7.5　点接触およびだ円接触でのEHL油膜形状と油膜厚さ …………… 102

第7章　摩　耗　105

- 7.1 摩耗に関する用語と摩耗の捉え方 ……………… 105
- 7.2 摩耗の評価 …………… 108
- 7.3 摩耗に影響を及ぼす因子 …………… 110
- 7.4 耐摩耗設計 …………… 112
  - 7.4.1 摩耗形態と耐摩耗材料 …………… 112
  - 7.4.2 摩耗形態図 …………… 120

第8章　トライボマテリアルと表面改質　126

- 8.1 トライボマテリアルに求められる性質 …………… 126
  - 8.1.1 硬さ …………… 127
  - 8.1.2 表面性状 …………… 128
  - 8.1.3 非凝着性と固体潤滑性 …………… 129
  - 8.1.4 化学的特性 …………… 130
- 8.2 トライボマテリアルの種類 …………… 131
  - 8.2.1 金属材料 …………… 131
  - 8.2.2 セラミックス材料 …………… 134
  - 8.2.3 炭素系材料 …………… 137
  - 8.2.4 高分子材料 …………… 140
- 8.3 表面改質 …………… 143
  - 8.3.1 熱処理法 …………… 145
  - 8.3.2 コーティング法 …………… 145
  - 8.3.3 機械的処理法 …………… 151
  - 8.3.4 表面テクスチャリング …………… 152

第9章　摩擦・摩耗試験　156

- 9.1 摩擦・摩耗試験の目的と分類 …………… 156
- 9.2 摩擦・摩耗試験の特徴 …………… 157
  - 9.2.1 ばらつきと不安定性 …………… 158
  - 9.2.2 摩擦・摩耗試験における標準化の意義 …………… 159
- 9.3 摩擦・摩耗試験機 …………… 160
  - 9.3.1 摩擦の測定 …………… 161
  - 9.3.2 摩耗量の測定 …………… 162
  - 9.3.3 摩擦・摩耗試験の種類 …………… 163
- 9.4 摩擦・摩耗試験で留意すべきこと …………… 167

第10章　表面の計測・分析　169

10.1　表面の計測・分析の目的と意義 …………… 169
10.2　表面の計測・分析技術 …………… 171
　10.2.1　表面形状の測定 …………… 171
　10.2.2　表面の計測・分析技術 …………… 174
　10.2.3　機械的性質 …………… 181
10.3　表面の計測・分析で留意すべきこと …………… 184

第11章　機械要素　187

11.1　軸受の種類と特性 …………… 187
11.2　転がり軸受 …………… 188
　11.2.1　転がり軸受の種類と特徴 …………… 188
　11.2.2　転がり軸受の摩擦 …………… 191
　11.2.3　転がり軸受の潤滑 …………… 197
　11.2.4　転がり軸受の疲労寿命 …………… 198
　11.2.5　転がり軸受の性能における潤滑の影響 …………… 202
11.3　すべり軸受 …………… 206
　11.3.1　すべり軸受の種類と特徴 …………… 206
　11.3.2　すべり軸受の摩擦 …………… 208
　11.3.3　すべり軸受の適用例 …………… 210
11.4　トラクションドライブ …………… 213

第12章　ナノトライボロジー　217

12.1　すべり摩擦のおさらい …………… 217
12.2　ナノトライボロジー …………… 220
12.3　単一接触の摩擦特性 …………… 222
　12.3.1　摩擦力は荷重に比例するか …………… 222
　12.3.2　摩擦の異方性 …………… 227
　12.3.3　摩擦のモデル …………… 228

付録A　任意の曲面の接触 …………… 235
付録B　ダイバージェンスフォーミュレーション法による離散化プロセスと
　　　　プログラム例 …………… 239
　B.1　基礎式の離散化
　B.2　プログラム例

索引 …………… 245

第 1 章
トライボロジーとは

　トライボロジー（tribology）とは，摩擦・摩耗・潤滑の科学を扱う学術領域である．本章では，学問としてのトライボロジーの位置づけと産業技術における重要性，そして今後の展望について説明する．

第 1 章のポイント
- トライボロジーの歴史と学問としての位置づけを理解しよう．
- 産業技術における役割とその重要性を理解しよう．
- 地球環境問題の解決におけるトライボロジーの意義を考えよう．

1.1　トライボロジーの語源

　"tribology" という用語は，「擦る」を意味するギリシャ語 "tribos" と，学問を意味する "ology" とをつなぎ合わせた造語である．1966 年，英国のピーター・ジョスト（P. Jost）が中心となってまとめた「英国における潤滑に起因する経済的損失の調査と産業界へのその必要性の提案を行うための報告書（通称 JOST レポート）」の中で初めて正式に登場し，OECD（経済協力開発機構）の用語集には "the science and technology of interacting surfaces in relative motion and of related subjects and practices（相対運動をする 2 物体間の相互作用を及ぼし合う表面，およびこれに関連する諸問題と実地応用に関する科学と技術）" と定義されている．1986 年には Oxford 英語辞典に新語として採択され，日本でも 1991 年に広辞苑に採択されている．このような経緯のもと 1992 年には，「日本潤滑学会（1956 年設立）」が「日本トライボロジー学会」[1]へと名称を変更し，「トライボロジーに関する理論の進歩および技術の向上に寄与することを目的とする活動」を通し，学術発展の中心的な役割を担っている．

1.2　トライボロジーの歴史

　有史以前より人類は，摩擦や摩耗にかかわる問題に悩み，これを克服するための試行錯誤による工夫を重ね，逆にこれらの現象を利用することによっ

て，今日の文明を築き上げてきた．紀元前2400年頃，古代エジプトのサッカラで建設された墓の壁画には，墓の主とされるティの像を運搬するそりの前で，つぼから潤滑剤を注いでいる人が描かれている（図1.1）．"History of Tribology"の著者ダウソン（D. Dowson）によれば，この人物こそが最初に記録されたトライボロジスト^{※1}であるという[2]．このような古代の記録は，近代の潤滑理論が確立されるはるか以前より，潤滑によって摩擦を下げる知恵と技が使われていたことを証明する貴重な証拠である．

「摩擦」という現象に初めて科学の光を当てたのは，ルネッサンス時代のイタリアが生んだ天才，レオナルド・ダ・ヴィンチ（Leonardo da Vinci）であるといわれている．芸術分野での業績があまりに有名なため，軍事技術顧問という本職での仕事はそれほど世の中に知られてはいない．図1.2は，レオナルド・ダ・ヴィンチの残したスケッチをもとに復元された軸受の模型である[3]．トライボロジー分野においても，ダ・ヴィンチは摩擦や摩耗に関する研究や軸受の材料の開発，転がり軸受の考案など数多くの成果を残しており，それらの業績も再評価されようとしている．

friction（摩擦）という用語を初めて文献の中で使ったのはニュートン（I. Newton）であるとされる[4]が，今日でいうところの「摩擦」の研究が表舞台に出るのは，17世紀末の物理学者アモントン（G. Amontons）の業績によるところが大きい．アモントンは，摩擦の原因が表面の凹凸のかみ合いにあるとし，摩擦係数が接触面積によらないことを示すなど，摩擦の研究の発展に大きく貢献した．この「摩擦の凹凸説」に対し，

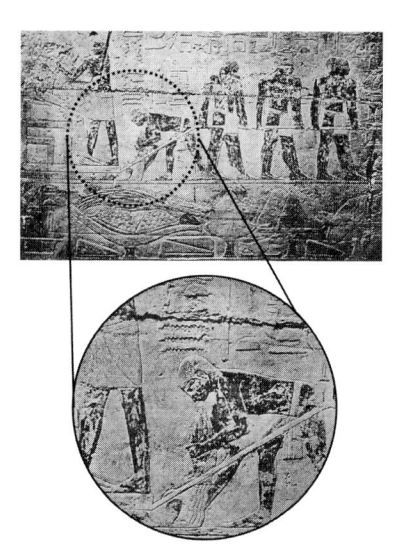

図1.1　記録に残る人類最古のトライボロジスト[2]

※1　トライボロジーにかかわる技術者や科学者のことを通称で"トライボロジスト"と呼んでいる．ちなみに，日本トライボロジー学会の学会誌名も"トライボロジスト"である．

 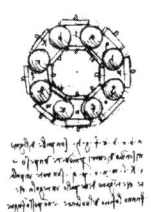 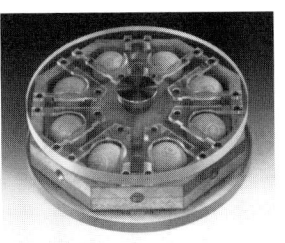

図1.2　レオナルド・ダ・ヴィンチの考案した軸受復元模型[3]
［ジェイテクト「ベアリングの入門書」編集委員会：図解入門　よくわかる最新ベアリングの基本と仕組み，秀和システム（2011）44.］

「摩擦の凝着説」を提唱したのが英国のデザギュリエ（J. T. Desaguliers）である．ニュートンの友人でもあったデザギュリエは，2固体は接触させるだけで凝着が起こりこれを引きちぎるのが摩擦抵抗であるとし，すべり面が平滑になるほど摩擦力が増加するという記録を残している．18世紀になり，これら凹凸説と凝着説の相反する摩擦の機構に決着をつけようとしたのが物理学者クーロン（C. A. Coulomb）である．摩擦の近代的研究は，クーロンによる「摩擦の基本法則（アモントン-クーロンの法則）」が確立されたことで一応の完成をみることとなった．

しかし，当初は主流であった「摩擦の凹凸説」も，産業技術が進歩するにつれて次第に矛盾を呈するようになった．極めて平滑な面では，摩擦がなくなるどころか，むしろ凹凸説に反して高くなることが実験的にも確かめられるようになったのである．また，ラングミュア（I. Langmuir）やハーディ（W. B. Hardy）らによる界面化学的アプローチにより，固体表面に吸着した有機分子層が固体間の凝着を妨げ，これにより摩擦が低減されることが明らかにされた．さらに，ホルム（R. Holm）によって提唱された真実接触面積の概念は，英国ケンブリッジ大学のバウデン（F. P. Bowden）とテイバー（D. Tabor）[5]をして，新しい形の摩擦の凝着理論を確立させるに至り，凹凸説に代わって「摩擦の凝着説」が広く認められることになったのである．バウデンとテイバーが第二次世界大戦後に活躍したケンブリッジ大学キャベンディッシュ研究所は，マックスウェル（J. C. Maxwell）を初代所長として1871年に設立された．これまでに30名近いノーベル賞受賞者を輩出している物理学研究のメッカであるが，現代トライボロジーの礎となる研究

もこの場所で行われたことは大変興味深いことである．

　トライボロジーの先端研究はその後，米ソ冷戦時代の宇宙開発競争にしのぎを削るNASA（米国航空宇宙局）を中心とした米国に舞台を移し，さらにモータリゼーションの到来を背景として自動車関連のトライボロジーを中心に，ドイツ，フランス，日本などへと発展の場を広げていった．一方，IT分野では情報処理量の爆発的な増加に対応するため，磁気記録装置の性

表1.1　トライボロジーに関する歴史

時代		世の中の動き	トライボロジーに関する出来事
古代	石器 青銅 鉄器	メソポタミア・エジプト文明 ギリシャ・ローマ時代	車輪の軸受，石の軸受 潤滑剤を使ったそり 玉軸受やころ軸受
中世		ルネサンス	レオナルド・ダ・ヴィンチの科学的研究
近代	蒸気機関	産業革命 鉄道の発展	アモントンの法則（1699） デザギュリエの凝着説（1725） オイラーの静止摩擦と動摩擦（1750） クーロンの法則（1781）
	石油	第一次世界大戦 第二次世界大戦	ヘルツの弾性接触解析（1881） タワーの実験（1883） レイノルズ方程式（1886） ティムケンの円すいころ軸受特許（1898） ストライベック曲線（1902） ハーディの境界潤滑（1919） ホルムの真実接触面積（1920年代）
現代	原子力		バウデンとテイバーの凝着説（1950） 日本潤滑学会創立（1956）
	宇宙	NASA設立（1958） 東海道新幹線開業（1964） アポロ11号月面着陸（1971）	ダウソン・ヒギンソンの弾性流体潤滑理論の解析（1959） JOSTレポート（1966）"Tribology"誕生
	情報	情報技術・イニシアティブ（1999） ナノテク・イニシアティブ（2000）	日本トライボロジー学会（1992） 第1回国際トライボロジー会議（1997）
近未来	持続発展	IPCC設置（1998） 京都議定書発効（2005）	グリーントライボロジー

能向上が急務となり，ハードディスク装置の開発には最先端のトライボロジー技術が次々と導入されることになった．米国IBM社などを先導役とした技術開発競争の最中，微細加工技術の進歩とあいまって，「マイクロトライボロジー」が新たなテーマとして取り上げられるようになった．さらに今日では，高度な表面分析技術と計算科学を融合した「ナノトライボロジー」（➡第12章）へと発展し，最先端研究の一翼を担っている．医療分野では，英国リーズ大学を中心とするグループが，トライボロジーの視点から人工関節の開発に精力的に取り組み，性能の向上に大きく寄与するとともに，「バイオトライボロジー」という医工連携の新しいテーマを開拓した．

表1.1は，トライボロジーに関する主な出来事を年表にまとめたものである．レイノルズ（O. Reynolds）に始まる流体潤滑理論（➡第6章），各種機械要素の発明や普及（➡第11章），そして潤滑剤の進歩（➡第4章）など，トライボロジーはそれぞれの時代の産業技術の隆盛と深くかかわりながら発展してきたのである．

1.3 トライボロジーの位置づけ

トライボロジーが扱う対象は，図1.3に示すように，原子・分子レベルでの摩擦現象から，ハードディスクのスライダヘッド，自動車の駆動部品やタイヤ，発電タービンの軸受，電気接点，人工関節，地震予知や人工衛星など，一般の工業製品に留まることなく，多岐にわたっている．そのため，トライボロジーが関連する学問は機械工学を本拠としながらも，物理学や化学などの基礎分野から，材料，電気，土木・建築，航空・宇宙などの工学分野，エネルギー・環境や防災にかかわる応用領域，さらにはナノテクノロジー，バイオテクノロジーといった新融合領域に至るまで，非常に幅広い範囲にまたがっている．このように学際的な科学・技術の典型ともいえるトライボロジーは，一方では専門が細分化された今日の大学教育にあって，ポジショニングが難しいという側面も併せ持っている．そのため，「トライボロジー」を講義科目として開設していない理工系大学も少なからずある．エンジニアになって初めて，トライボロジーという言葉を聞く人が多いのもこのためである．

工学とは，ある目的を達成するために自然科学の知見を利用し，自然現象を制御することによって成果を追及する学問である．このような工学的観点

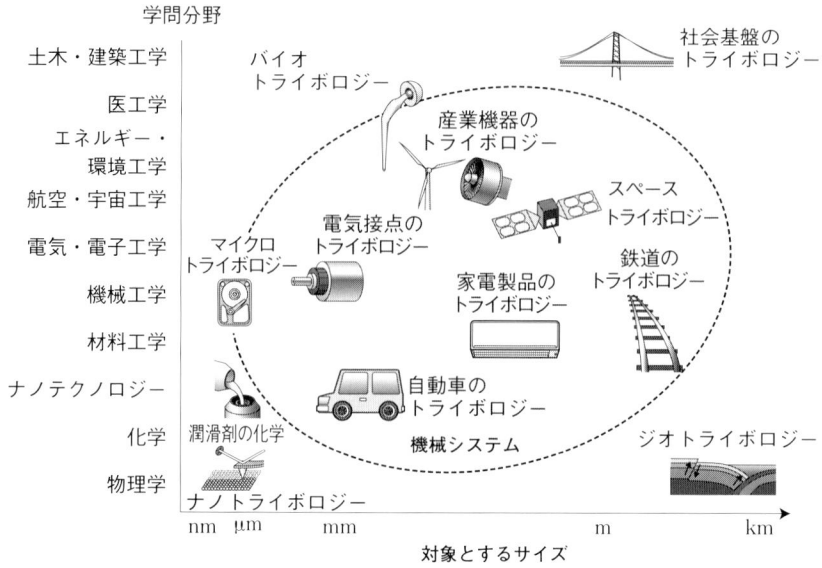

図 1.3　トライボロジーに関連する学術領域と対象

から捉えた場合，トライボロジーの制御対象は，**表 1.2** に示すように①摩擦の制御，②摩耗の制御，③エミッション[※2]の制御の 3 つに大別される．

①摩擦の制御

例えば，自動車用エンジンのピストンとシリンダ間の摩擦の場合，エネルギー損失を抑え高速回転を可能にするため，より低い摩擦係数の実現が求められる．一方で，自動車のブレーキシステムの場合には，高い摩擦係数を安定して発生させるための技術が必要とされる．摩擦を制御する場合には，まず対象物の潤滑状態を把握し，固体表面の機械的性質や固体同士の接触状態，酸化や潤滑剤との化学反応などによって常に変化する摩擦表面の状態を考慮して，目的に応じた対策を施すことになる．そのため，マクロな摩擦現象を扱う場合でも，原子・分子レベルで起こる自然現象の制御が必要になることがある．

②摩耗の制御

一般に，しゅう動部品の長寿命化や信頼性向上のため，摩耗の抑制が課題

※2　ここでは，摩擦面から放出される物質やエネルギーを指す．

表1.2 トライボロジーの制御対象

①摩擦の制御
・摩擦の低減：ピストンやシリンダなど，低摩擦化による摩擦損失の低減
・高い摩擦　：ブレーキやフリクションドライブなど，安定した高い摩擦係数の実現
②摩耗の制御
・耐摩耗性向上：しゅう動部品などの信頼性向上，長寿命化のための摩耗低減
・摩耗の促進　：除去加工プロセスなどにおける被加工表面の除去（摩耗）効率向上
③エミッションの制御
・エミッションの抑制：摩擦ノイズ，振動，潤滑油漏れ，摩耗粉，摩擦帯電，環境負荷物質の排除
・エミッションの利用：楽器などにおける摩擦音，地電流による地震予知，摩擦熱

となる．ただし，切削や研磨などの除去加工プロセスにおいては，プロセス効率を向上させるために，被加工表面の摩耗を促進させることが求められる．摩耗を抑制あるいは促進する場合のいずれでも，摩擦の制御同様に表面の機械的性質が大きな役割を果たすとともに，摩擦表面における化学反応が重要な鍵を握っていることがある．摩耗現象は複数のメカニズムが同時に作用する場合が多いので，主たる摩耗因子を見極めたうえで対策を施す必要がある．

③エミッションの制御

　摩擦現象に起因する振動や騒音など，機械システムの性能にかかわる因子の抑制に加え，環境問題への意識の高まりを背景に，潤滑油や摩耗粉などの環境への拡散防止が求められている．これに関連して，フロンや鉛，アスベストなどに代表される環境負荷物質を機械要素部品から排除する動きも加速している．これらの対策には，既存材料の選択に留まらず，トライボロジー的な視点からの新しい素材開発などを進めることも必要とされる．一方，エミッションの利用という点からは，楽器の音色向上や地電流による地震予知に関する研究なども行われている．

1.4　トライボロジーが目指すもの

　JOSTレポートによってトライボロジーという用語が定義されてから，約半世紀になろうとしている．この間に科学・技術は大きく進歩し，特に近年の情報技術の発展と普及は社会のグローバル化を一気に加速した．その一方で，地球環境問題やエネルギー問題など，地球規模での解決が求められる問

題も浮き彫りになり，人類と自然との調和のとれた共存を可能とする「持続可能な社会（sustainable society）」の実現こそが，21世紀の科学・技術に課せられた重要な課題となっている．

2009年9月に京都で開催された第4回世界トライボロジー会議（WTC Ⅳ）の開会演説の中で，国際トライボロジー評議会会長のピーター・ジョストは，

"グリーントライボロジー（green tribology）は，生態学上のバランスと環境および生物学的な影響にかかわるトライボロジーの科学と技術であり，その主な目的は，エネルギーおよび材料の節減と環境および生活の質の改善にある．"

と定義してその重要性を説いた[6]．グリーントライボロジーは，地球環境問題へのトライボロジーの貢献を象徴するテーマであるとともに，経済成長と環境保全を両立させる「グリーン経済（green economy）[7]」や「グリーン成長（green growth）[8]」に必要な技術イノベーションを創出する役割も担っていると考えられる[9]．トライボロジーはもともと，摩擦によるエネルギー損失を減らし，保全によって機械システムの健全な運転を維持することを目的として発展してきたが，これまで以上の貢献と現実的な解決策の実践に，大きな期待が寄せられているのである．

参考文献

1) 日本トライボロジー学会　http://www.tribology.jp/
2) ダウソン（著），「トライボロジーの歴史」編集委員会（訳）：トライボロジーの歴史，工業調査会（1997）27．
3) ジェイテクト「ベアリングの入門書」編集委員会：図解入門　よくわかる最新ベアリングの基本と仕組み，秀和システム（2011）44．
4) 吉武立雄（編訳）：原典に見るトライボロジーの世紀，工業調査会（2000）．
5) バウデン，テイバー（著），曽田範宗（訳）：固体の摩擦と潤滑，丸善（1961）．
6) 木村好次：グリーントライボロジー，トライボロジスト，57, 12 (2012) 780-785．
7) UNEP: Towards a Green Economy: Pathways to Sustainable Development and Poverty Eradication　http://www.unep.org/greeneconomy/
8) OECD: Towards Green Growth　http://www.oecd.org/greengrowth/
9) 佐々木信也：グリーン・ニューディールとトライボロジー，トライボロジスト，57, 12 (2012) 786-793．

第2章
固体の表面と接触

摩擦現象やそれに伴って生じる表面損傷などを理解するためには，固体の表面とその接触状態を知っておくことが重要である．本章では，固体表面の微細形状，構造，物理・化学的性質，および固体同士が接触したときの接触圧力，弾性・塑性接触，真実接触面積の概念を説明する．

> **第2章のポイント**
> ・表面粗さに関する種々のパラメータを学ぼう．
> ・表面・表面層の構造と性質を理解しよう．
> ・ヘルツ接触を理解しよう．
> ・粗さをもつ面の真実接触面積を理解しよう．

2.1　表面の形状

　固体の表面はさまざまな加工方法により作られるが，どのような方法によっても広い範囲にわたり完全になめらかな表面を作るのは不可能であり，微視的に見ると必ず凹凸が存在する．摩擦や摩耗現象は，表面の接触と相対運動により起こる現象であるので，表面の形状を定量的に把握しておくことが重要である．

　図2.1に示すように，機械加工により得られた表面の凹凸は，長波長の変動成分（図中では，ろ波うねり曲線と表記）と短波長の変動成分（粗さ曲線と表記）からなっていて，前者を**うねり**（waviness），後者を**粗さ**（roughness）といい，それらを足し合わしたものが実際の表面形状（断面曲線と表記）である．

　表面形状を測定する代表的方法として，先のとがった先端半径数 μm のダイヤモンド製針で表面を走査して，そのときの針の上下動を電気的に増幅・記録する触針式粗さ計がある．また，共焦点走査型レーザー顕微鏡などの非接触式方法もしばしば用いられる．

　表面の粗さパラメータは，このような表面形状測定から JIS などにより定量化され，断面曲線から長波長の変動成分を除去した短波長の変動成分をも

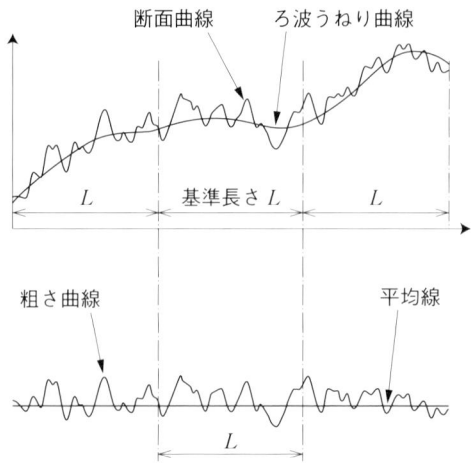

図 2.1　断面曲線と粗さ曲線およびろ波うねり曲線と平均線の関係図
[JIS B 0601 (1994)]

とに，種々の粗さパラメータが定義されている．ろ波うねり曲線を直線に置き換えた線（平均線という）の上に乗っている短波長の変動成分を**粗さ曲線**（roughness curve）といい，すべての粗さパラメータは粗さ曲線により求められる．以下，ISO 4287 (1997) に準拠した JIS B 0601 (2001) による粗さに関する代表的パラメータを示す．

2.1.1　高さ方向の粗さパラメータ
(1)　最大高さ R_z

図 2.2 に示すように，平均線の基準長さ L 内で，最も高い山と最も深い谷の間の距離を μm 単位で表したものが**最大高さ**（maximum height roughness）R_z である．なお，基準長さ L としては，0.25 mm，0.8 mm，2.5 mm などが次に述べる算術平均粗さ R_a の大きさに応じて使い分けられる．

(2)　算術平均粗さ R_a

図 2.3 に示すように，**算術平均粗さ**（arithmetic average roughness）R_a は，粗さ曲線を $f(x)$ とするとき，

$$R_a = \frac{1}{L}\int_0^L |f(x)|\,dx \tag{2.1}$$

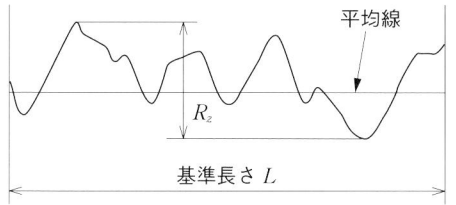

図 2.2　最大高さ R_z

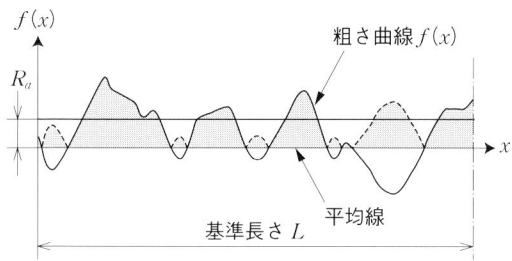

図 2.3　算術平均粗さ R_a

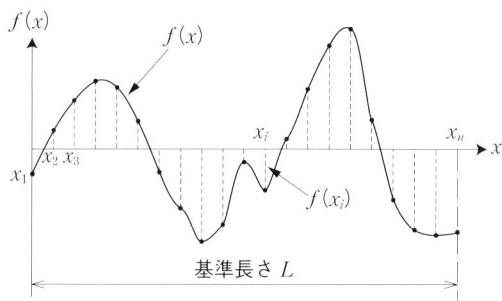

図 2.4　粗さ曲線の離散化（サンプリング）

により定義される．粗さの頂点以外の情報も考慮した粗さであり，R_a は図中のグレー部分の総面積を基準長さ L で除した値となる．従来，中心線平均粗さといわれてきたパラメータである．算術平均粗さ R_a は，図 2.4 に示すように，基準長さ L 内の粗さ曲線を等間隔に n 個サンプリングすることにより，次式で求めることもできる．

$$R_a = \frac{1}{n}\sum_{i=1}^{n} |f(x_i)| \tag{2.2}$$

(3) 二乗平均平方根粗さ R_q

二乗平均平方根粗さ（root mean square roughness）R_q は，表面粗さの標準偏差に相当するパラメータであり，次式で定義される．

$$R_q = \sqrt{\frac{1}{L}\int_0^L [f(x)]^2 dx} \tag{2.3}$$

または，

$$R_q = \sqrt{\frac{1}{n}\sum_{i=1}^n [f(x_i)]^2} \tag{2.4}$$

なお，通常，市販の表面粗さ測定器には，R_a や R_q などを求める演算機能が備わっている．

2.1.2 横方向の粗さパラメータ

2.1.1 項の粗さパラメータは，いずれも粗さの高さ方向の情報を定量化したものである．これらの情報は，同種の表面仕上方法を施した場合の粗さの比較，例えば研磨紙の粒度を変えて得られた表面粗さの比較などには有用である．しかし，種々の方法で仕上げられたときの表面粗さを，例えば最大高さ R_z で比較すると，**図 2.5** に示すように同一の R_z 値でもさまざまな表面形状が存在し，高さ方向のみの粗さパラメータで表面形状を特徴づけるのは不十分な場合がある．そのため，横方向の粗さパラメータも必要であり，

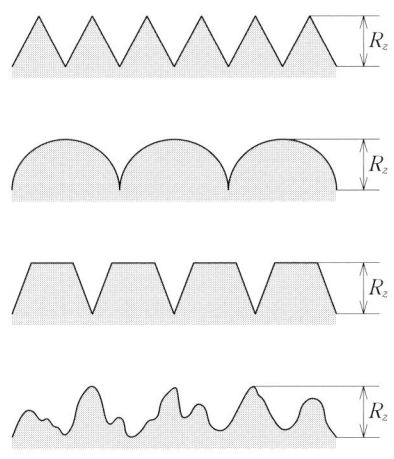

図 2.5　同一の最大高さ R_z をもつさまざまな粗さ

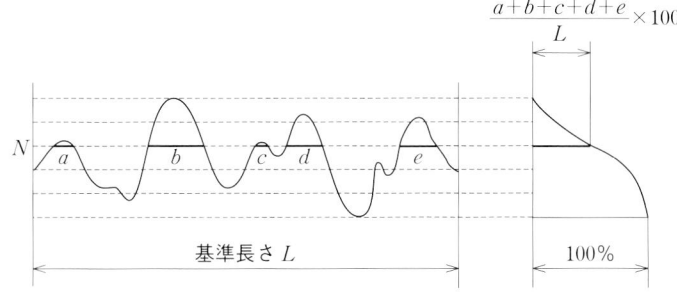

図 2.6　負荷長さ率（アボットの負荷曲線）

JIS B 0601（2001）では負荷長さ率 R_{mr}，粗さ曲線要素の平均長さ R_{sm} などが規定されている．

　なかでも重要なのが**負荷長さ率** R_{mr} であり，これは**図 2.6** に示すように，粗さ曲線の平均線に平行に引いた線 N により切り取られた突起部の長さの和を，基準長さ L で除して百分率で表したものである．このような処理を線 N の位置を次々と変えていくことにより，最も高い突起部を 0 %，最も低い谷部を 100 % とする曲線が得られる．この曲線は，摩耗などにより接触状態が改善され，受圧面積が増加する様子などを示すパラメータであり，従来，**アボットの負荷曲線**（Abbott's bearing area curve）あるいは**負荷曲線**（bearing curve）などと呼ばれているものである．

2.1.3　粗さの 3 次元的表示

　表面には，電解研磨，放電加工，ブラスト処理などで得られる粗さに方向性のない表面に加え，切削や研削仕上などのように粗さに方向性をもつ表面がある．後者の場合は粗さ曲線も計測する方向で異なり，またたとえ粗さに方向性がなくとも，上述したような 1 本の粗さ曲線では真の凹凸の山頂や谷底の位置と大きさを特定することはできない．そのため，位置を少しずつずらして系統的に計測し，3 次元的な表面粗さの状態を表示することが行われている．その例を**図 2.7** に示す．

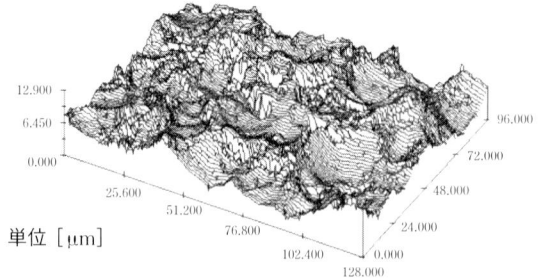

(a) ショットブラスト(50μm粒子)

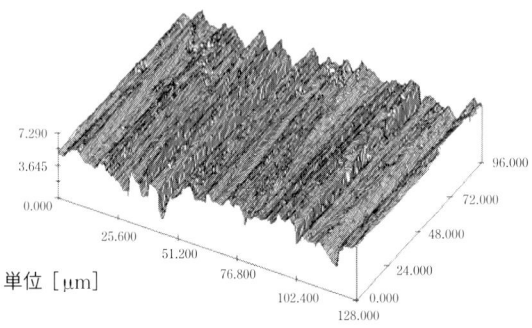

(b) 研磨紙仕上(#400番)

図 2.7 粗さの 3 次元的表示の例
(材質:アルミニウム合金)

例題 2.1

最大高さ $R_z=10\,\mu\mathrm{m}$ の同一三角波状表面粗さをもつ表面に対し,以下の問いに答えよ.
(1) 算術平均粗さ R_a を求めよ.
(2) アボットの負荷曲線を描き,25 %の受圧面積をもつ位置を示せ.

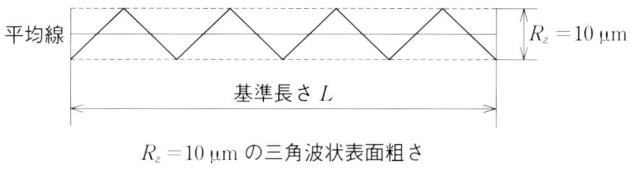

$R_z=10\,\mu\mathrm{m}$ の三角波状表面粗さ

〈解答〉
(1) 平均線より上にある山部が作る面積と平均線で折り返した谷部が作る面積（図中のグレー部分）の和が，算術平均粗さを規定する式(2.1)中の積分値となる．この面積を，平均線を底面とする基準長さ L の長方形で表すと，その高さは $R_z/4$ となる．あるいは，算術平均粗さ R_a は積分値を基準長さ L で除した値であるので，

$$R_a = R_z/4 = 2.5\ \mu\mathrm{m} \quad \cdots\text{（答）}$$

(2) 図 2.6 に示した方法を適用すると，アボットの負荷曲線は図に示すように山頂部で 0，谷底部で 100 % となる直線で与えられる．これより，25 % の受圧面積をもつ位置は，平均線より上方 2.5 μm の位置である．…（答）

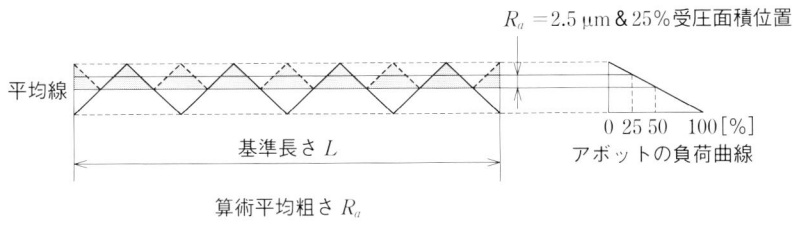

2.2 表面・表層の構造と性質

　固体の表面は，その内部とは異なる構造をもち，また物理・化学的性質も異なる．新生表面は高いエネルギーを有し活性である．そのため，外部からの影響を受けやすく，大気中では酸素や水蒸気などを直ちに吸着し酸化膜が生じるとともに，汚れ膜などが付着する．ここでは，表面・表層がどのような構造をもち，またどのような性質をもつのかについて説明する．

2.2.1　表面・表層の構造

　図 2.8 に示すように，固体の表面・表層は非常に複雑な構造をしており，固体内部とはまったく異なっている．表面・表層は，表面が作られる際の塑性流動や破壊により，結晶粒が金属素地に比べて微細化，また一方向につぶれて，場合によっては無定形（非晶質）となることもある．このような部分を**加工変質層**（work affected zone）といい，その厚さは加工方法により異なるが，数百 μm に及ぶこともある．加工変質層は，一般に素地より硬化し，また残留応力も存在する．加工変質層の上には，金などの貴金属を除き，**酸化膜層**ができ，さらに空気中の気体や液体分子が吸着した**吸着分子層**ができ

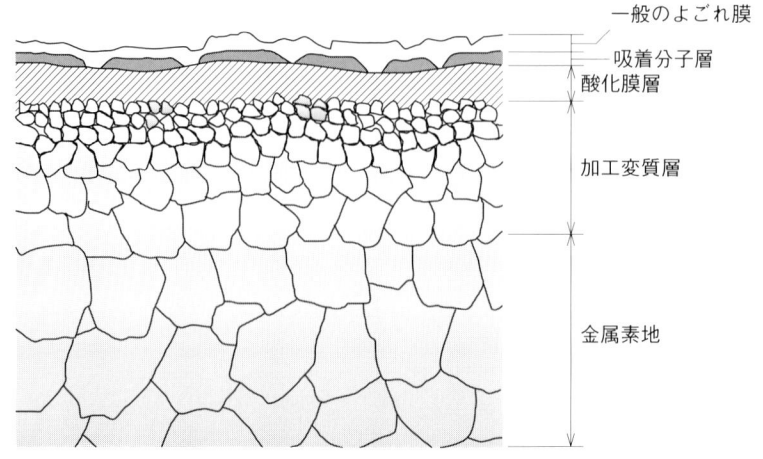

図2.8　金属の表面・表層の構造

る．なお，酸化膜層自体，非常に複雑であり，例えば，鉄系金属では，酸化物は空気側から固体内部に向かって，Fe_2O_3，Fe_3O_4，FeO のような構造をとる[1]．また，吸着分子層の上には，手の脂や空気中のごみなどの**一般のよごれ膜**が存在する．

2.2.2　表面エネルギーとぬれ現象

　固体を2つに切断しその片方を見ると（図2.9），内部の原子あるいは分子は隣接するそれにより均等に力を受けてつり合い状態にあるのに対し，表面にある原子あるいは分子は上方からの力が作用しないため，内部に強く引きつけられた不安定な状態（高いエネルギー状態）にある．これは液体の表面にある分子にもいえて，例えば落下する水滴が球形になるのもこの引力のためである．

　表面が内部より高いエネルギーをもつことは，次の表面張力に関する簡単な試験[2]で容易に説明される．図2.10 に示すように，長方形の枠と細棒で囲まれた部分に張られた石けん膜に対して，膜の面積が広がるように，細棒に力 F [N] を加えて δ [m] 動かした後に手を離すと，細棒は元の位置に戻ろうとする．枠と細棒の摩擦が無視できるものとし，長さ l [m] の細棒に働く単位長さ当たりの力（**表面張力**（surface tension））を γ [N/m] とす

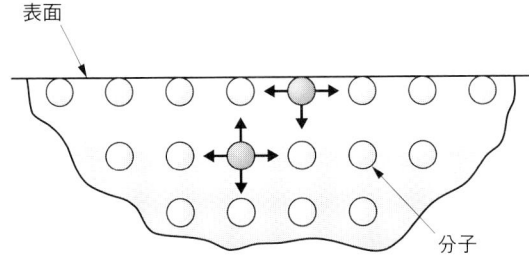

図 2.9　内部と表面にある分子の受ける力の相違

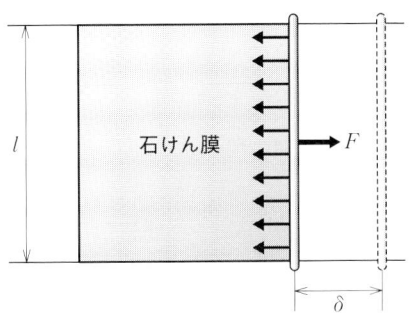

図 2.10　石けん膜に働く表面張力

ると，膜表面は表裏 2 枚あるので，力 F は次式で与えられる．

$$F = 2\gamma l \tag{2.5}$$

力 F を加えて細棒を δ だけ動かすための仕事を W_p とすれば，

$$W_p = F\delta = 2\gamma l \cdot \delta \tag{2.6}$$

となり，式(2.6)を表面張力 γ について解けば，

$$\gamma = \frac{F\delta}{2l\delta} \quad \left[\frac{\text{N·m}}{\text{m}^2}\right] \tag{2.7}$$

となる．ここに，1 N·m = 1 J（ジュール）であり，表面張力 γ は，新しい表面を作り出すのに必要な単位面積当たりのエネルギーと見なすこともできる．また，新しくできた面は単位面積当たり γ のエネルギーをもち，これを**表面エネルギー**（surface energy）ともいう．表面張力は，厳密にいえば接している相手が空気であることを前提としており，別の液体または固体と接触している場合には**界面張力**（interfacial tension）という．

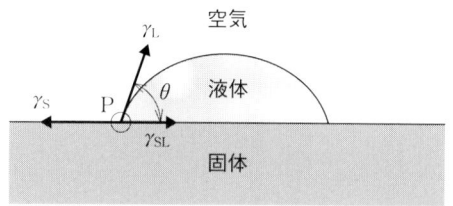

図 2.11 液滴のぬれ

固体表面に液滴を垂らすと，液滴が広がるかどうかは，点 P における固体の表面張力 γ_S，液体の表面張力 γ_L，液滴と固体の界面張力 γ_{SL} のつり合いによって，次式のように決まる（図 2.11）．

$$\gamma_S = \gamma_{SL} + \gamma_L \cos\theta \tag{2.8}$$

この式を**ヤングの式**，θ を**接触角**（contact angle）という．このように，θ は γ_S，γ_{SL} および γ_L の大小関係で決まるが，一般に固体の表面張力あるいは表面エネルギーが大きければ，θ は小さく，液滴は広がりやすくなる．

清浄な固体表面は γ_S が高いため，そこに置かれた液体は広がりやすい．一方，汚れが付着した面は γ_S が低いため，液体は広がりにくい．このような**ぬれ現象**は摩擦面の潤滑にとって重要であり，潤滑油がその性能を発揮するためには，ぬれやすく摩擦面を間断なく油膜で覆うことが重要である．

2.3 固体同士の接触

固体同士の接触は，接触表面の形状により**面接触**（plane contact），**線接触**（line contact）および**点接触**（point contact）の 3 種類に大別される（図 2.12）．ここでは，まず弾性接触状態下の線接触と点接触について説明し，次に塑性接触状態下での真実接触面積について説明する．なお，弾性接触とは両接触物体内に生じる変形が弾性変形となる接触であり，塑性接触とは接触物体の一方または両方に回復しない塑性変形が生じる接触である．

2.3.1 ヘルツ接触

歯車の歯面同士や転がり軸受の転動体と転送面などの接触は，**ヘルツ接触**（Hertzian contact）ともいわれる線接触や点接触の状態となる．これらの設計には，**接触圧力**（contact pressure）や接触変形などの状態を知っておく必要がある．このため，**ヘルツの接触理論**がしばしば利用されている．この

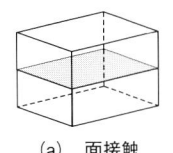 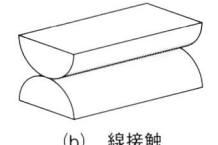 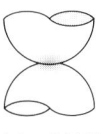

図 2.12　接触の三形態

理論には次の前提条件がある.

① 接触する固体は等質等方性弾性体であること.
② 接触する表面は摩擦がなく，また接触域付近では粗さのないなめらかな2次曲面であること.
③ 接触域は固体の表面に比べて十分に小さいこと.
④ 荷重は接触域に垂直に作用すること.

任意の曲面の接触に対するヘルツの接触理論は付録に譲るとして，ここでは実用上よく利用される「球面同士の接触」および「円筒面同士の接触」について説明する．なお，前者は点接触，後者は線接触の代表的形態である．

(1)　球面同士の接触

図 2.13 に示すように，接触域付近において球面形状をもつ 2 つの弾性体（曲率半径：R_1, R_2，ヤング率：E_1, E_2，ポアソン比：ν_1, ν_2）に，接触域に対して垂直に作用する荷重 W が負荷されると，接触域の形状は円形となる．このときの接触圧力分布は半だ円体状となり，接触面内の位置 $A(x, y)$ における接触圧力 p は次式で与えられる．

$$p = p_{\max} \sqrt{1 - \left(\frac{x}{a}\right)^2 - \left(\frac{y}{a}\right)^2} \tag{2.9}$$

ここで，a は接触円半径，$p_{\max}$ は接触圧力の最大値[※1]であり，それぞれ次式で与えられる．

$$a = \left(\frac{3WR}{2E'}\right)^{1/3} \tag{2.10}$$

※1　しばしば，最大ヘルツ圧と呼ばれる．

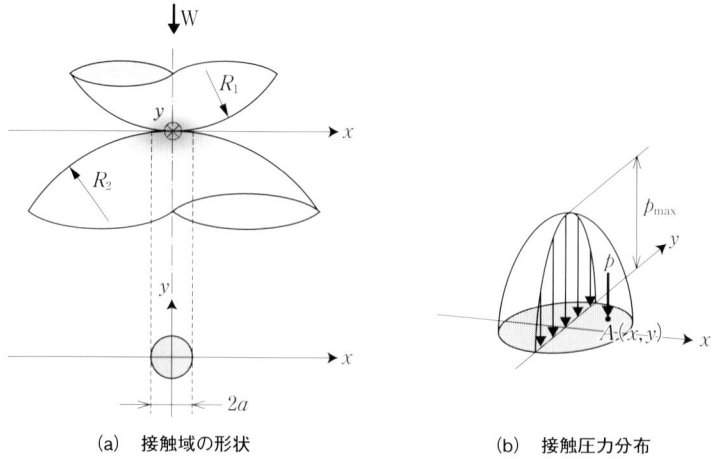

(a) 接触域の形状 (b) 接触圧力分布

図2.13 球面同士の接触

$$p_{\max} = \frac{3W}{2\pi a^2} = \frac{3}{2} p_{\text{mean}} \tag{2.11}$$

上式中の E' は**等価ヤング率**（reduced Young's modulus）[※2]，R は**等価曲率半径**（reduced radius of curvature），p_{mean} は**平均接触圧力**（average contact pressure）と呼ばれ，それぞれ次式で与えられる．

$$\frac{1}{E'} = \frac{1}{2}\left(\frac{1-\nu_1^2}{E_1} + \frac{1-\nu_2^2}{E_2}\right) \tag{2.12}$$

$$R = \frac{R_1 R_2}{R_1 + R_2} \tag{2.13}$$

$$p_{\text{mean}} = \frac{W}{\pi a^2} \tag{2.14}$$

等価曲率半径とは，2つの曲面同士の接触を，平面／曲面の接触に置き換えたときの曲面側の曲率半径を意味する．なお，式(2.11)から明らかなように，$p_{\max}$ は平均接触圧力 p_{mean} の1.5倍である．

以上の式は，接触する片方が平面の場合，あるいは凹面の場合にも適用でき，その場合には図2.14に示すようにそれぞれ $R_2 = \infty$，$R_2 < 0$ として代入

[※2] $1/E'$ の形で用いられることが多い．

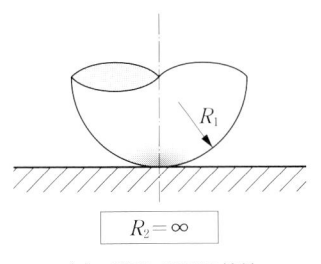
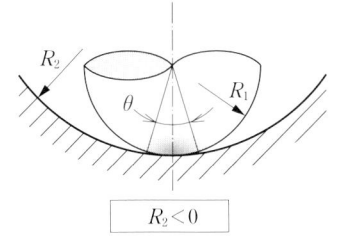

(a) 球面／平面の接触　　　　(b) 球凹面と球凸面の接触

図2.14　平面と凹面の取り扱い

すればよい．なお，後者の場合，内接接触となるため，上述の前提条件③が成立しない場合がある．ただし，図2.14に示す曲率中心と接触境界を結ぶ2つの線がなす角度θが，$\theta < 30°$であれば実用上その適用は可能である[3]．

接触圧力により接触域付近には高い応力とひずみが生じ，接触2固体は互いに接近する．接触域から十分に離れた位置，例えば2固体の曲率中心を考えたとき，その距離の変化量を**相対接近量**δといい，次式で与えられる．

$$\delta = \left(\frac{9W^2}{4E'^2 R}\right)^{1/3} \tag{2.15}$$

(2) 円筒面同士の接触

平歯車の歯面同士の接触などは，円筒面同士の接触と考えることができる．接触域付近の曲率半径をR_1, R_2とし，長さLにわたり均等に荷重Wが作用したとき，図2.15に示すように，接触域の形状は長方形となり，その半幅をbとすると，

$$b = \sqrt{\frac{8R}{\pi E'} \frac{W}{L}} \tag{2.16}$$

となる．また，このときの接触圧力分布は半だ円状となり，接触面内の位置$A(x)$における接触圧力pは，次式で与えられる．

$$p = p_{max}\sqrt{1-\left(\frac{x}{b}\right)^2} \tag{2.17}$$

なお，このとき応力状態は平面ひずみ状態となり，圧力分布を含め長さ方向には変化はなく，均一である．ここで，接触圧力の最大値p_{max}と平均接触圧力p_{mean}はそれぞれ次式で与えられる．

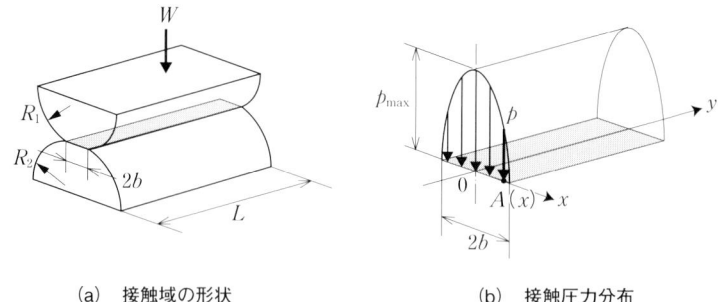

(a) 接触域の形状　　　　　　(b) 接触圧力分布

図2.15　円筒面同士の接触

$$p_{\max} = \frac{2}{\pi}\frac{W}{bL} = \frac{4}{\pi}p_{\mathrm{mean}} \tag{2.18}$$

$$p_{\mathrm{mean}} = \frac{W}{2bL} \tag{2.19}$$

　以上の式は，球面同士の接触と同様にして，接触する片方が平面の場合あるいは凹面の場合にも適用できる．なお，線接触における相対接近量は，ヘルツの接触理論では解くことができない．

2.3.2　接線力の付加とミンドリンスリップ現象

　荷重 W で接触する2固体に接線力 F_T が付加されると，上述の接触域の大きさや形状はわずかに変化するが，接線力 F_T が比較的小さければその変化は無視できる程度である．いま，球面同士の接触部に接線力 F_T が付加されたものとする．接線力 F_T が静摩擦力 μW （μ：静摩擦係数）に達すれば，接触域全域にすべりが生じるが，$F_T < \mu W$ であれば相対すべりが生じる領域（すべり域）と生じない領域（固着域）が混在した状態となる（図2.16）．すべり域は接触域の周囲に円環状に生じ，固着域との境界を形成する円の半径 a' は，ミンドリンの理論[4]により次式で与えられる．

$$a' = a(1-\varPhi)^{1/3} \tag{2.20}$$

ここで，$\varPhi = F_T/(\mu W)$ は**接線力係数**と呼ばれる．ミンドリンの理論は，a' に加え，接触域上のせん断応力分布，すべり域における相対すべり量，接触する2固体の相対接線変位などを与えている．これらの式は，平面／球，同一曲率半径をもつ交差円筒などの点接触形態のフレッチング試験にしばしば応

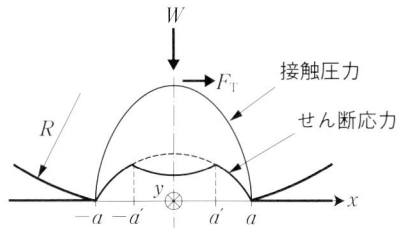
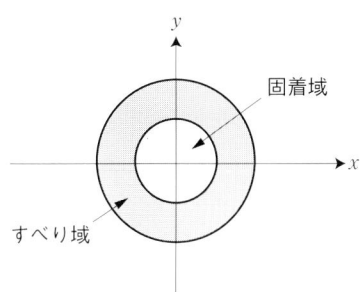

図 2.16　接線力の付加とミンドリンスリップ現象

用される.なお,このようなすべり域と固着域が混在する,いわゆる**ミンドリンスリップ現象**は線接触や面接触においても生じる.

2.3.3　弾性接触の限界と塑性接触
(1)　材料の降伏条件

　上述のヘルツの接触理論は,材料の弾性変形を仮定しているが,荷重がある大きさを超えると塑性変形が起こり,成立しなくなる.ここではまず,組合せ応力状態において材料が塑性変形を起こす条件(以下,降伏条件という)について説明する.

　延性材料に対する降伏条件には,主に**最大せん断応力説**(トレスカ(Tresca)の降伏条件ともいう)と**ひずみエネルギー説**(ミゼース(Von Mises)の降伏条件ともいう)の2つがあり,ともに比較的実験結果とよく合うことがわかっている.

　最大せん断応力説とは,材料内のある点の最大せん断応力 τ_{max} と,純せん断応力状態[※3]におけるせん断降伏応力 τ_0 が次式を満足すると,その点は

塑性変形状態となるという説である．

$$\tau_{max} = \tau_0 \tag{2.21}$$

いま，この点の3つの主応力を σ_1, σ_2, σ_3 $(\sigma_1>\sigma_2>\sigma_3)$ とすると，次式が成り立つ．

$$\tau_{max} = \frac{\sigma_1 - \sigma_3}{2} \tag{2.22}$$

上式を一軸引張に適用すれば，塑性変形が生じるときは，$\sigma_1 = \sigma_0$[※4]，$\sigma_2 = \sigma_3 = 0$ より，$\tau_0 = \sigma_0/2$ となり，せん断降伏応力 τ_0 は引張の降伏強度 σ_0 の半分となる．

ひずみエネルギー説では，材料内で次式を満足する点は塑性変形を生じる．

$$\sigma_0 = \frac{1}{\sqrt{2}} \{(\sigma_1-\sigma_2)^2 + (\sigma_2-\sigma_3)^2 + (\sigma_3-\sigma_1)^2\}^{1/2} \tag{2.23}$$

上式を一軸引張に適用すれば，$\tau_0 = \sigma_0/\sqrt{3}$ となり，最大せん断応力説に比べれば，せん断降伏応力 τ_0 と降伏強度 σ_0 の比はやや大きくなる．

一般に，材料は塑性変形を受けることにより，降伏強度は上昇する．この現象を**加工硬化**（work hardening）という．材料の引張試験を例にとって加工硬化現象を説明すると，**図2.17**に示すように，弾性限度を超えて点Yまで引張った後に除荷すると，応力-ひずみ線図は最初の直線部分にほぼ平行な破線にしたがって低下し，荷重ゼロで塑性ひずみ ε_p（永久ひずみともいう）を生じる．この塑性ひずみをもつ材料を再度引張ると，ほぼ破線にしたがって（図中には実線を入れてある）上昇し，点Yで降伏を生じるため，結果的に $(\sigma_Y - \sigma_0)$ だけ降伏強度は増加したことになる．これが引張試験における加工硬化である．したがって，上述の τ_0 や σ_0 は，材料が受けた変形の履歴に依存する．なお，例えば強度に冷間加工を受けた金属などは $\sigma_Y \fallingdotseq \sigma_0$ となり，ほとんど加工硬化を示さない材料もある．

(2) 球面の単純押込みにおける塑性変形

図2.18(a)に示すように，硬球（あるいは硬球面）をそれより軟らかい平面に押し付けると，せん断応力の最大となる点はz軸上の深さ $0.47a$ にあり，$\tau_{max} = 0.31 p_{max}$ となる[※5]．最大せん断応力説を用いると，この位置で

※3　垂直応力成分が存在しない応力状態．
※4　σ_0：降伏点や0.2％耐力などで代表される降伏強度．

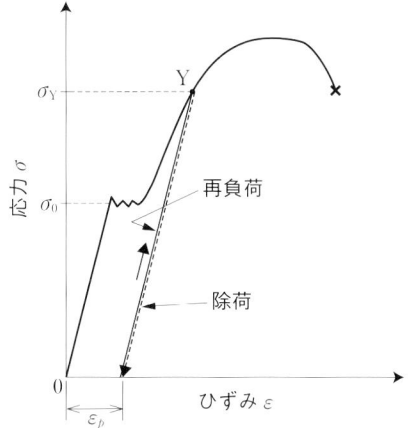

図 2.17 引張試験における材料の加工硬化現象

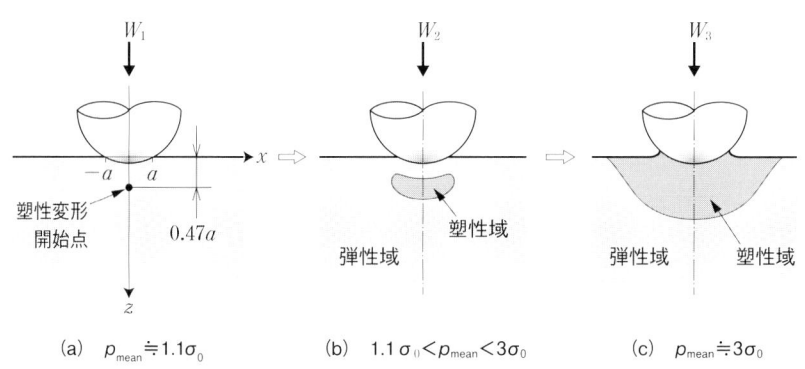

図 2.18 球面の単純押込みと塑性域

$$p_{\mathrm{mean}} \fallingdotseq 1.1\sigma_0 \tag{2.24}$$

となるとき塑性変形が生じ始める．荷重を増していくと，図2.18(b)に示すように塑性域は拡がる．ただし，そのまわりは弾性域で囲まれているため大きなくぼみは生じない．さらに荷重を増していくと，図2.18(c)のように，塑性域はさらに拡がり，ついに硬球のまわり全域に拡がる．このような状態では明確なくぼみができるとともに，その周囲には材料により，盛上りあるいは沈降が生じる．この状態では，加工硬化を生じにくい材料の場合

$$p_{\mathrm{mean}} \fallingdotseq 3\sigma_0 \tag{2.25}$$

2.3 固体同士の接触

となる[5]．ブリネル硬さ試験をはじめ多くの硬さ試験は，このような状態となる荷重を用いて行われる．

（3） 圧縮とせん断が同時に作用するときの塑性変形

摩擦が作用すると，摩擦面とその表面層には複雑な応力状態が生じる．そのときの塑性変形を，まず2次元（平面応力）モデルで考える．図2.19に示すように，摩擦面に垂直応力 σ とせん断応力 τ が作用すると，主応力 σ_1, σ_2 および最大せん断応力 τ_{max} は，モールの応力円を用いると，それぞれ次式で与えられる．ただし，引張の垂直応力を正，圧縮のそれを負とする．

$$\sigma_1 = -\frac{\sigma}{2} + \frac{1}{2}\sqrt{\sigma^2 + 4\tau^2} \tag{2.26}$$

$$\sigma_2 = -\frac{\sigma}{2} - \frac{1}{2}\sqrt{\sigma^2 + 4\tau^2} \tag{2.27}$$

$$\tau_{max} = \frac{1}{2}(\sigma_1 - \sigma_2) = \frac{1}{2}\sqrt{\sigma^2 + 4\tau^2} \tag{2.28}$$

上式を用いて，塑性変形を生じる条件（降伏条件）を求めると，最大せん断

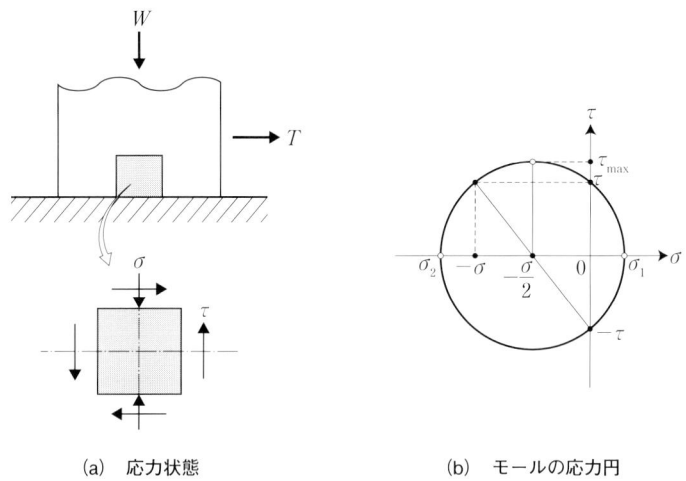

(a) 応力状態　　　　　(b) モールの応力円

図2.19　圧縮-せん断（2次元）モデル

※5　ただし，ポアソン比 $\nu=0.3$ としたとき．

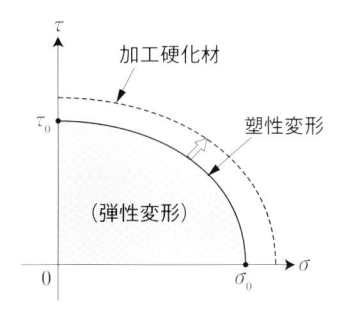

図2.20 組合せ応力状態における材料の降伏条件

応力説によると，
$$\sigma_0^2 = \sigma^2 + 4\tau^2 \tag{2.29}$$
ひずみエネルギー説によると，
$$\sigma_0^2 = \sigma^2 + 3\tau^2 \tag{2.30}$$
となる．これらの結果，組合せ応力状態における塑性変形（降伏）発生条件は，図2.20 に示すように，τ-σ 平面上のだ円で表すことができる．だ円上では塑性変形を生じ，だ円の内側は弾性変形状態となることを示している．なお，加工硬化を生じる材料（加工硬化材）では，塑性変形を受けて降伏強度 σ_0 は大きくなり，その結果，だ円自体も大きくなる．

実際の摩擦面で起こる接触は3次元的であり，塑性変形の条件式は複雑になるが，近似的に2次元モデルが応用でき，
$$p_0^2 = p^2 + \alpha \tau^2 \quad (\alpha \text{ は定数}) \tag{2.31}$$
により解析を行うことが可能である[6]．ここで，p は接触圧力，p_0 は塑性流動圧力である．なお，式(2.31)の応用については，3.2.2項で説明する．

例題 2.2

直径 $D = 10\,\mathrm{mm}$ の焼入れ鋼球①を，降伏強度 $\sigma_0 = 200\,\mathrm{MPa}$ をもつ鋼板②に荷重 $W\,[\mathrm{N}]$ で押し付けた．鋼球および鋼板のヤング率 E をともに $206\,\mathrm{GPa}$，ポアソン比 ν をともに 0.3 とし，鋼板表層に塑性変形が生じ始めるときの臨界荷重 $W_0\,[\mathrm{N}]$ を求めよ．なお，降伏条件は最大せん断応力説にしたがうものとし，また鋼球および鋼板の表面粗さは十分小さく無視できるものとする．

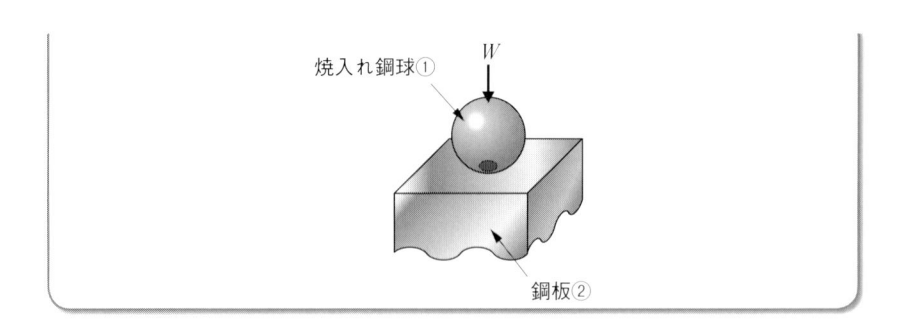

焼入れ鋼球①　W

鋼板②

〈解答〉

式(2.24)より，平均接触圧力 $p_{\mathrm{mean}} \fallingdotseq 1.1\sigma_0$ のときに塑性変形が生じる．そこで，まず接触円半径 a を計算して p_{mean} を求める．

等価曲率半径 R は，

$$R = \frac{R_1 R_2}{R_1 + R_2} = \frac{R_1}{(R_1/R_2)+1} = R_1 = \frac{D}{2} = 5\,\mathrm{mm}$$

等価ヤング率（の逆数）は，

$$\frac{1}{E'} = \frac{1}{2}\left(\frac{1-\nu_1^2}{E_1} + \frac{1-\nu_2^2}{E_2}\right) = \frac{1-\nu^2}{E} = \frac{1-0.3^2}{206\times 10^9}$$

$$= 4.417\times 10^{-12}\,[\mathrm{m^2/N}]$$

より，式(2.10)を用いると，接触円半径 a は

$$a = \left(\frac{3WR}{2E'}\right)^{1/3} = \left(\frac{3\times 5\times 10^{-3}}{2}\times 4.417\times 10^{-12}\right)^{1/3}\cdot W^{1/3}$$

$$= 3.212\times 10^{-5}\cdot W^{1/3}\,[\mathrm{m}]$$

となる．したがって，平均接触圧力 p_{mean} は

$$p_{\mathrm{mean}} = \frac{W}{\pi a^2} = \frac{W}{\pi(3.212\times 10^{-5}\cdot W^{1/3})^2} = \frac{W^{1/3}}{\pi(3.212\times 10^{-5})^2}$$

$$= 3.085\times 10^8\cdot W^{1/3}\,[\mathrm{m^2/N}]$$

となる．塑性変形は鋼板側に生じるので，式(2.24)より，

$$3.085\times 10^8\cdot W^{1/3} \fallingdotseq 1.1\times 200\times 10^6$$

したがって，塑性変形が生じ始める臨界荷重 $W = W_0$ は，

$$W_0 = \left(\frac{1.1\times 200\times 10^6}{3.085\times 10^8}\right)^3 = 0.363\,\mathrm{N} \quad \cdots\text{（答）}$$

例題 2.3

降伏条件式(2.30)を誘導せよ．

〈解答〉

圧縮応力 σ とせん断応力 τ が同時に作用する平面応力状態では，主応力 σ_1 と σ_2 は式(2.26)，(2.27)で与えられ，また $\sigma_3=0$ となる．これらをひずみエネルギー説に基づく降伏条件式(2.23)に代入すれば，

$$\sigma_0 = \sqrt{\sigma^2 + 3\tau^2} \quad \text{または} \quad \sigma_0^2 = \sigma^2 + 3\tau^2 \cdots \text{(答)}$$

2.3.4 粗さをもつ面の接触と真実接触面積

工学的に作られた表面は粗さをもつため，実際に接触し荷重を担う部分は凹凸の凸部付近のみであり，このような部分を**真実接触点**（real contact point）あるいは真実接触部という．また，真実接触点の面積を合計した面積を**真実接触面積**（real contact area）といい，一方，表面の幾何学的な形状により決まる投影面積を**見かけの接触面積**（apparent contact area）という．なお，この真実接触面積の概念は，ホルム（R. Holm）によって提唱されたもので，「摩擦の凝着説」の基礎となるものである．

いま，凸部付近を球面と仮定すると，式(2.10)より明らかなように，球面の曲率半径 R が小さければ a は非常に小さくなる．その結果，真実接触点に生じる平均接触圧力 p_{mean} は容易に弾性変形の限界値（$1.1\sigma_0$）を超え，塑性流動圧力 p_0（$\fallingdotseq 3\sigma_0$ または押込み硬さ H）に達して塑性変形状態へと移行することが多い．このような真実接触点が見かけの接触面積内に n 個あるとすると（**図 2.21**），荷重 W が作用したときの真実接触面積 A は，

$$A = \sum_{i=1}^{n} A_i = \sum_{i=1}^{n} \frac{W_i}{p_0} = \frac{W}{p_0} \quad (2.32)$$

となる．ここで，A_i は真実接触点 i における真実接触面積，W_i はそこに作用する荷重である．式(2.32)より，真実接触点が塑性変形するとき，真実接触面積は荷重に比例し，塑性流動圧力に反比例することがわかる．

式(2.32)は，真実接触点はすべて塑性変形を起こすことを前提にしている．しかし，突起にはその高さに分布があり，塑性変形するものと一方では弾性変形内に収まるものもある．これを考慮して，その平均的な弾性／塑性

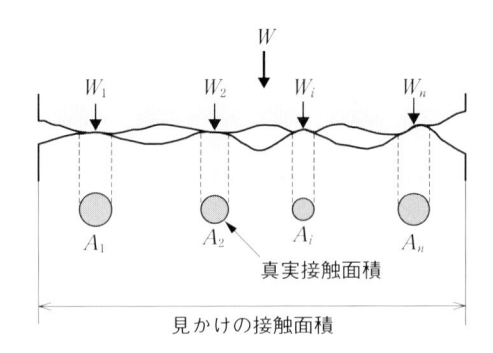

図 2.21　粗さをもつ面の接触と真実接触面積

変形状態を示す**塑性指数** Ψ が用いられる[7]．すべての突起が曲率半径 β をもち，等価ヤング率を E'，接触体の軟らかい方の硬さを H，合成粗さを σ ($=[(R_{q1})^2+(R_{q2})^2]^{1/2}$)[※6] とすると，塑性指数 Ψ は次式で与えられる[7]．

$$\Psi = \frac{E'}{2H}\sqrt{\frac{\sigma}{\beta}} \tag{2.33}$$

$\Psi < 0.6$ では，ほとんどの真実接触点は弾性接触，$\Psi > 1$ では，小さな荷重であっても塑性接触，$\Psi = 0.6 \sim 1$ では弾性接触と塑性接触が混在している状態となる[7]．

例題 2.4

　表面粗さが比較的小さくかつ硬い平面①と，粗くかつ軟らかい平面②が，荷重 $W=1000$ N で接触した．このとき，以下の問いに答えよ．なお，軟らかい平面②のビッカース硬さは HV150 kgf/mm^2，突起先端付近の曲率半径は $\beta=10$ μm とする．また，平面①と②はともに鋼製（ヤング率 $E=206$ GPa，ポアソン比 $\nu=0.3$），平面①と②の二乗平均平方根粗さは，それぞれ $R_{q1}=0.05$ μm，$R_{q2}=2$ μm とする．
(1) 真実接触点のほとんどが塑性接触状態にあることを確認せよ．
(2) 真実接触面積 A を求めよ．

※6　R_{q1}, R_{q2}：接触対1および2の二乗平均平方根粗さ．

〈解答〉
(1) 式(2.33)で与えられる塑性指数 Ψ を求め，接触状態を調べる．合成粗さ σ は，
$$\sigma = \sqrt{(R_{q1})^2 + (R_{q2})^2} = \sqrt{(0.05 \times 10^{-6})^2 + (2 \times 10^{-6})^2} \fallingdotseq 2 \times 10^{-6}\,\text{m}$$
等価ヤング率 E' は，
$$E' = \frac{E}{1-\nu^2} = \frac{206 \times 10^9}{1-0.3^2} = 2.264 \times 10^{11}\ [\text{N/m}^2]$$
より．また押込み硬さ H としてビッカース硬さ HV を用いれば，
$$150\ [\text{kgf/mm}^2] = 150 \times 9.8/(10^{-3})^2\ [\text{N/m}^2] = 1.47 \times 10^9\ [\text{N/m}^2]$$
であるので，式(2.33)より，
$$\Psi = \frac{E'}{2\text{HV}}\sqrt{\frac{\sigma}{\beta}} = \left(\frac{2.264 \times 10^{11}}{2 \times 1.47 \times 10^9}\right) \times \sqrt{\frac{2 \times 10^{-6}}{10 \times 10^{-6}}} = 34.4$$
したがって，Ψ は 1 を超えるので，真実接触点は塑性接触状態にある．
(2) 塑性接触状態における真実接触面積 A は，塑性流動圧力 p_0 をビッカース硬さ HV で近似すれば，式(2.32)より，
$$A = \frac{W}{p_0} = \frac{10^3}{1.47 \times 10^9} = 6.8 \times 10^{-7}\,\text{m}^2 = 0.68\,\text{mm}^2 \quad \cdots\ (\text{答})$$

参考文献

1) J. Halling: Principles of Tribology, Macmillan Press (1975) 17.
2) 曽田範宗：摩擦の話，岩波書店 (1971) 127.
3) 日本機械学会 (編)：機械工学便覧 デザイン編 β4 機械要素・トライボロジー，丸善 (2005) 145.
4) R. D. Mindlin: Compliance of elastic bodies in contact, J. Appl. Mech., 71, 3 (1949) 269.
5) バウデン，テイバー (著)，曽田範宗 (訳)：固体の摩擦と潤滑，丸善 (1961) 11.
6) F. P. Bowden and D. Tabor: The friction and lubrication of solids Part2, Clarendon Press (1964) 72.
7) J. A. Greenwood and J. B. P. Williamson: The contact of nominally flat surfaces, Proc. Roy. Soc. of London, A295 (1966) 300.

第3章

摩 擦

　第1章で述べたように，17世紀後半〜18世紀中頃までは，摩擦が生じる原因は固体表面の凹凸のかみ合いにあると考えられていた．しかし，産業技術が進歩するにつれて，この「摩擦の凹凸説」は矛盾を呈し，その後，摩擦の本質は2固体間の表面が互いに原子間あるいは分子間距離まで接近することにより凝着が生じることにあるという「摩擦の凝着説」が提唱され，現在も摩擦の主原因として広く認められている．本章では，潤滑を考慮していない固体間のすべり摩擦と転がり摩擦のメカニズムについて説明する．

> **第3章のポイント**
> ・摩擦の基本法則を理解しよう．
> ・摩擦力発生のメカニズムを理解しよう．
> ・スティック・スリップ現象が発生する原因について考えよう．

3.1　すべり摩擦

　互いに接触する2固体が相対運動するとき，その運動に対して抵抗力が働く．**摩擦**（friction）とはこの相対運動全体を指す用語で，その際に生じる抵抗力を**摩擦力**（friction force）という．摩擦力には運動を起こさせるのに必要な**静摩擦力**（static friction force）と，運動を持続させるのに必要な**動摩擦力**（kinetic friction force）の2つがあり，一般に静摩擦力＞動摩擦力という関係が成り立つ．

3.1.1　すべり摩擦の基本法則

　すべり摩擦（sliding friction）には，アモントン-クーロンの法則として知られる次の基本法則がある[1]．

①摩擦力は垂直荷重に比例する（図3.1(a)(b)）．
②摩擦は見かけの接触面積に関係しない（図3.1(b)(c)）．
③動摩擦力はすべり速度に関係しない（図3.1(d)）．

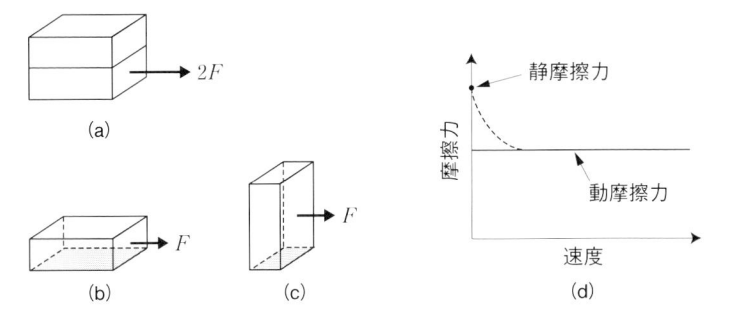

図 3.1　摩擦の基本法則

④静摩擦力は動摩擦力よりも大きい（図 3.1(d)）.

図 3.1(a)は，同じ重さの物体を 2 つ上下に重ねた場合を示したもので，この場合摩擦力は物体 1 つの場合の 2 倍の $2F$ となる．図 3.1(b)，(c)は，同じ荷重の物体で接触面積が異なる 2 つのケースを示したもので，両方とも同じ摩擦力 F となる．図 3.1(d)は摩擦力がすべり速度に関係なく一定であること，および速度 0 での摩擦力（静摩擦力）が速度 0 でない摩擦力（動摩擦力）に比べて大きいことを示したものである．ただし，これらの基本法則は実験的に得られた経験則であり，条件によっては成立しない場合もある．

基本法則①より，摩擦力を F，垂直荷重を W とすると，次式が与えられる．
$$F \propto W \tag{3.1}$$
これより，比例定数を μ とすると，
$$F = \mu W \tag{3.2}$$
となる．この比例定数 μ が**摩擦係数**（coefficient of friction）である．
$$\mu = F/W \tag{3.3}$$
すなわち，摩擦係数は摩擦力を摩擦面に作用する垂直荷重で除した値となる．

一定の雰囲気条件の下で，摩擦係数 μ は 1 対のすべり合う材料に対して一定となる．したがって，「材料○○の摩擦係数はいくらか？」という質問をよく耳にするが，そもそも無意味な質問である．例えば，大気中の硬鋼／硬鋼の乾燥摩擦[※1]であれば $\mu \fallingdotseq 0.6$ 程度であり，高真空中の硬鋼／硬鋼であれば μ は非常に大きくなり，極端な例として $\mu = \infty$ ということもありうる．

基本法則②より，荷重を担う真実接触面積について考えよう．「摩擦の凝

着説」によると,摩擦力Fと真実接触面積Aの関係は次式が与えられる.

$$F = As \tag{3.4}$$

ここで,sは単位面積当たりのせん断強さである.sを一定とすれば,摩擦力Fは,真実接触面積Aの大きさによって決定される.真実接触面積Aと垂直荷重Wとの関係は,おおよそ次のようである[2].これらの関係は,摩擦の基本法則①の1つの根拠を与える.

- 「球面/平面」または「同一高さの複数の球面群/平面」の弾性接触の場合
$$A \propto W^{2/3} \tag{3.5}$$
- 塑性接触の場合
$$A \propto W \tag{3.6}$$
- 突起の高さがガウス分布の場合(弾性接触,塑性接触によらず)[※2]
$$A \propto W \tag{3.7}$$

3.1.2 摩擦力の測定

図3.2(a)に示すように,摩擦力を測定する最も単純な方法は,斜面を用いて,その上に置かれた物体がすべり出すときの角度を測定する方法である.

いま,ある物体が斜面の角度θですべり出すものとする.物体に働く荷重をWとすると,

$$\text{斜面に垂直な力}:P = W\cos\theta \tag{3.8}$$
$$\text{摩擦力}:F = W\sin\theta \tag{3.9}$$

であるので,摩擦係数μは,

$$\mu = F/P = \sin\theta/\cos\theta = \tan\theta \tag{3.10}$$

となる.すなわち,すべり出したときの角度θの正接($\tan\theta$)をとると,摩擦係数μが得られる.

実用的な方法としては,図3.2(b)のような方法がある.測定したい接触対の一方を固定させ,他方を動かして摩擦させる.摩擦力は固定側の材料の動きあるいは変形を測定する.一般的には,ロードセルやひずみゲージで摩擦力Fを測定する.接触対に作用する垂直荷重Wが既知であれば,摩擦係

※1 潤滑剤などを用いない清浄な面間での摩擦.
※2 実際の工学的な表面は,ガウス分布に近い凹凸をもつ.

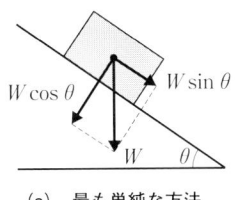

(a) 最も単純な方法

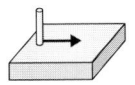

(b) 実用的方法（固定側には摩擦力センサを設ける）

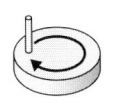

①固定ピン／プレート　②固定ピン／回転ディスク　③固定ピン／回転円筒　④固定棒／回転円筒　⑤固定棒／回転円筒

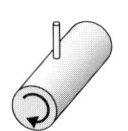

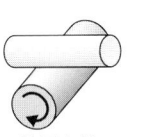

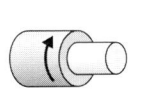

図 3.2　摩擦力の測定

数 $\mu = F/W$ で求めることができる．

例題 3.1

図のはしごで，最上部まで登っても倒れない条件について検討せよ．ただし，「はしご／床」および「はしご／壁」の摩擦係数を μ とし，はしごの自重は無視する．

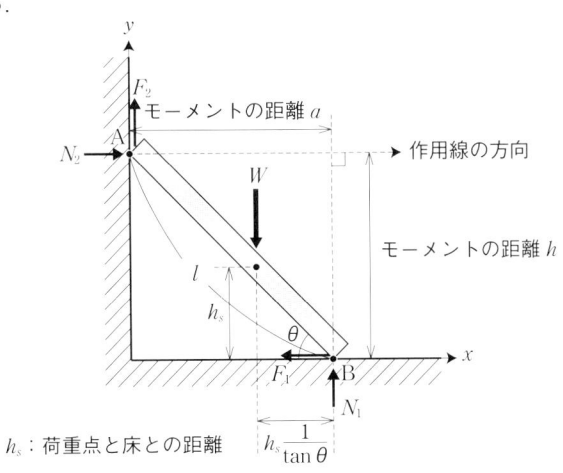

h_s：荷重点と床との距離

3.1　すべり摩擦……35

〈解答〉

摩擦力はそれぞれ，$F_1=\mu N_1$, $F_2=\mu N_2$ であるので，すべりが生じるときの力のつり合いは，次式で与えられる．

x 方向：$N_2+(-\mu N_1)=0$

y 方向：$\mu N_2+N_1-W=0$

よって，垂直抗力は次となる．

$$N_1=\frac{W}{1+\mu^2}, \quad N_2=\frac{\mu W}{1+\mu^2}$$

次に，点 B についてのモーメントのつり合いは，

$$N_2 \cdot h+\mu N_2 \cdot l\cos\theta+\left(-W\cdot h_s\frac{\cos\theta}{\sin\theta}\right)=0$$

$$h_s=\left(N_2 h+\mu N_2\frac{\cos\theta}{\sin\theta}h\right)\frac{1}{W}\frac{\sin\theta}{\cos\theta}=\frac{\mu}{1+\mu^2}h(\tan\theta+\mu)$$

となる．例えば，
$\theta=30°$ の場合は，

$\mu=0.1$, $h_s=0.034l$

$\mu=0.5$, $h_s=0.22l$

$\theta=60°$ の場合は，

$\mu=0.1$, $h_s=0.157l$

$\mu=0.5$, $h_s=0.733l$

となる．したがって，最上部まで登っても倒れない条件は，$h_s=h=l\sin\theta$ となる場合であるから，

$$\tan\theta=\frac{1}{\mu}$$

となり，「最上部まで登っても倒れない」安全な領域は図のようになる．すなわち，「μ が大きいと θ は小さくても倒れないが，μ が小さいと θ が大きくないと倒れてしまう」ということになる．

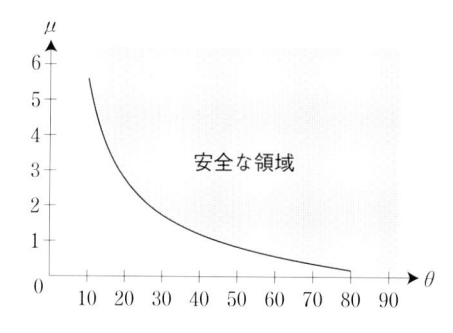

3.2 摩擦の凝着理論

3.2.1 摩擦の凝着説

図 3.3 によって,「摩擦の凝着説」を説明する[3),4)]。

まず,接触は突起の先端付近にのみ生じる. すると, 真実接触面積 A は小さいため, 真実接触点には高い接触圧力が生じて, 容易に塑性流動圧力 p_0 に達して塑性変形が起こる. その塑性変形は垂直荷重 W を支えるのに十分なだけ広がってゆく. 緊密な接触部では, 2 面は原子間あるいは分子間距離まで接近し, **凝着**(adhesion)が起こる. この凝着部をせん断するのに必要な力が摩擦力であり, 次の関係が成り立つ.

$$F = As_0 = W/p_0 s_0 \tag{3.11}$$
$$\mu = F/W = s_0/p_0 \tag{3.12}$$

なお, s_0 はある現象が生じる物理量 (s は状態量) で, この場合はせん断強さである.

式(3.11), (3.12)より, 摩擦係数 μ を低減させるための方法として, 軟らかく薄い膜の適用が考えられる. 図 3.4 に示すように, 硬い材料同士の場合には, 真実接触面積は小さく (A_s), 単位面積当たりのせん断力は大きい (s_l). また, 軟らかい材料に硬い材料が接触する場合には, 真実接触面積は大きく (A_l), 単位面積当たりのせん断力は小さい (s_s). したがって, 真実接触面積 A と単位面積当たりのせん断力 s を同時に小さくすることは困難である.

ところが, 下地が硬い材料で, そこに軟らかく薄い膜がある場合には, 垂

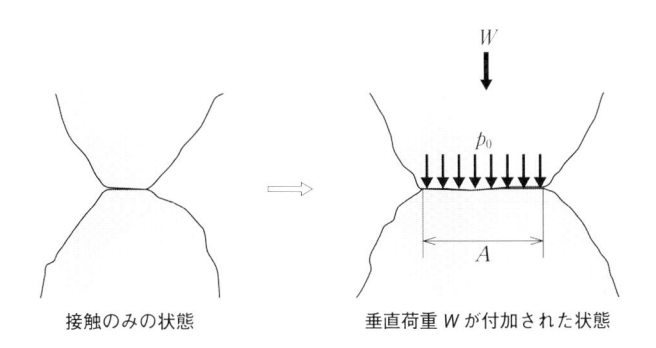

図 3.3 摩擦の凝着説のモデル

図中:
硬 / 硬
硬 / 軟
硬 / 軟らかく薄い膜

硬い材料
$F = A_s \cdot s_l$

軟らかい材料
$F = A_l \cdot s_s$

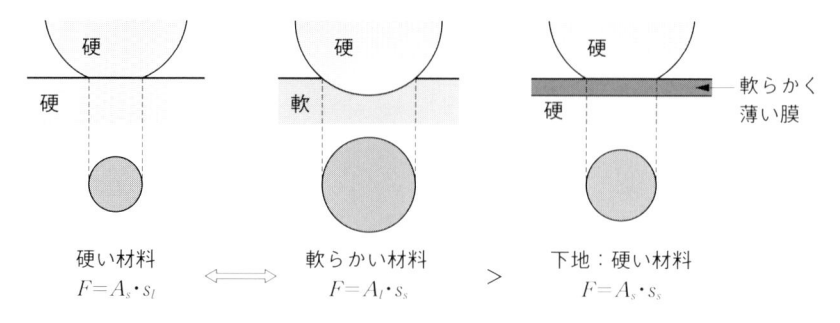

下地：硬い材料
$F = A_s \cdot s_s$

図 3.4　軟らかく薄い膜の効果
(s : small, l : large)

直荷重は下地である硬い材料が担うために真実接触面積は小さく（A_s），せん断作用は軟らかく薄い膜で受けるために単位面積当たりのせん断力も小さい（s_s）．これにより，$\mu = s_s/p_0$ となり，この結果摩擦力 F を小さくすることができる[5]．

$$\mu = s_s/p_0 \tag{3.13}$$

3.2.2　修正凝着理論

「摩擦の凝着説」では，式(3.12)に示したとおり，摩擦係数はせん断強さ s_0 と塑性流動圧力 p_0 で決まる．しかし，一般に，材料の組合せによらず，s_0/p_0 の値は 0.2 程度と一定であり，実際に測定される摩擦係数の値が広範囲にわたっているという事実と矛盾する．

「摩擦の凝着説」をベースとして，さらに「接線力が付加されると，より大きな塑性流動が生じる」として，この影響を考慮したものが**修正凝着理論**である[3),4)]．

図 3.5 に示すように，接線力 F_T が付加されると，塑性変形が生じやすくなり，真実接触面積 A は大きくなる．ここで，接触圧力 p とせん断応力 s の間には，式(2.31)より，次の関係が成り立つ．

$$p^2 + \alpha s^2 = p_0^2 \quad (\alpha \text{ は定数}) \tag{3.14}$$

せん断応力 s が非常に大きくなると，接触点では，$\dfrac{W}{A} = p$ は $\dfrac{F_T}{A} = s$ に比べて十分小さく無視できる．したがって，

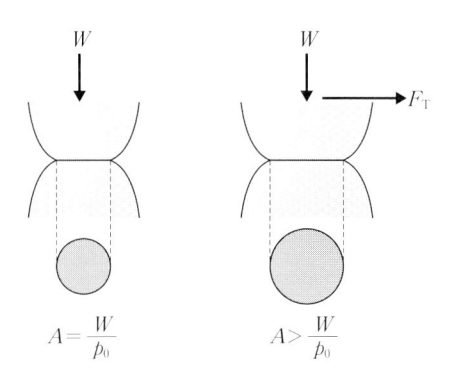

図 3.5 修正凝着理論（3 次元モデル）

$$\alpha s_0^2 \fallingdotseq p_0^2 \quad \text{または} \quad \alpha \fallingdotseq \left(\frac{p_0^2}{s_0^2}\right) \tag{3.15}$$

となる[※3]．一般に材料の組合せによらず，p_0/s_0 の値は一定となり約 5 である．したがって，α は約 25 となる．バウデンとテイバーは $\alpha=9$ を与えている．よって，修正凝着理論における真実接触面積 A は，

$$A^2 = \left(\frac{W}{p_0}\right)^2 + \alpha\left(\frac{F_T}{p_0}\right)^2 \tag{3.16}$$

または，

$$A = A_0\sqrt{1+\alpha\frac{F_T^2}{W}}, \quad A_0 = \frac{W}{p_0} \tag{3.17}$$

となる[※4]．

次に，図 3.6 に示すような凝着部で，作用するせん断応力 s を考えよう．$\frac{F_T}{A} < s_f$ では真実接触点の成長が進行し，$\frac{F_T}{A} = s_f$ では真実接触点の成長は停止し，巨視的なすべりが生じるようになる．すなわち，接線力 F_T は摩擦力 F となる．ここで，すべりが生じる条件を求めると，次式のようになる．

$$p^2 + \alpha s_f^2 = p_0^2 \tag{3.18}$$

式(3.15)より $p_0^2 = \alpha s_0^2$ であるから，

[※3] s_0 は臨界せん断応力．
[※4] A_0 は荷重 W のみによる真実接触面積．

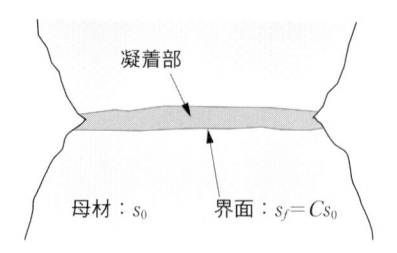

図3.6 汚れ膜を有する固体の凝着理論

$$p^2 + \alpha s_f^2 = \alpha s_0^2 \tag{3.19}$$

また，$s_f = C s_0$ であるから，

$$p^2 + \alpha s_f^2 = \frac{\alpha}{C^2} s_f^2 \tag{3.20}$$

上式を s_f/p について解くと，

$$\frac{s_f}{p} = \frac{C}{\sqrt{\alpha(1-C^2)}} \tag{3.21}$$

となる．したがって，式(3.12)より摩擦係数 μ は，

$$\mu = \frac{F}{W} = \frac{s_f A}{p A} = \frac{C}{\sqrt{\alpha(1-C^2)}} \tag{3.22}$$

となる．係数 C が1に比べて十分小さいときは，

$$\mu = \frac{C}{\sqrt{\alpha}} \tag{3.23}$$

$\sqrt{\alpha} = p_0/s_0$ であるから，これを代入して，

$$\mu = \frac{C s_0}{p_0} = \frac{s_f}{p_0} = \frac{界面の臨界せん断応力}{母材の塑性流動圧力} \tag{3.24}$$

となる．

3.2.3 掘り起こし効果

　摩擦には，凝着の他に，**掘り起こし**（ploughing）に伴う抵抗力を加味して考慮しなければならない場合がある．いま，図3.7のように，円すい型突起が表面に食い込みながら右方向に移動するモデルを考えよう．
　垂直方向の投影面積 A_V と進行方向の投影面積 A_H を求めると，

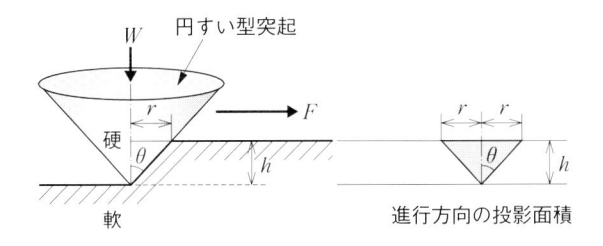

図3.7 掘り起こし効果のモデル

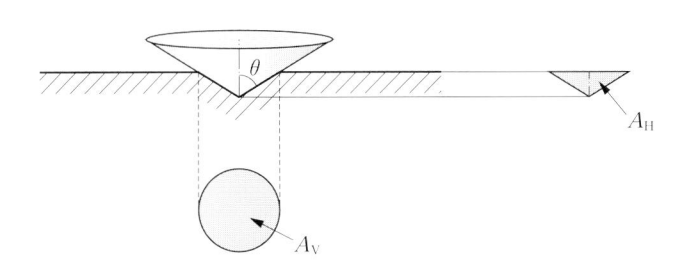

図3.8 実際の突起形状における A_V と A_H の関係

$$A_V = n \cdot \frac{\pi r^2}{2} \tag{3.25}$$

$$A_H = nrh \tag{3.26}$$

となる（実際には，摩擦面には n 個の突起があるので，n は突起の総数）．よって，荷重 W と摩擦力 F は，

$$W = A_V p_0 = n \cdot \frac{\pi r^2}{2} \cdot p_0 \tag{3.27}$$

$$F = A_H p_0 = nrh p_0 \tag{3.28}$$

となり，摩擦係数 μ は

$$\mu = \frac{F}{W} = \frac{2h}{\pi r} \tag{3.29}$$

となる．ここで，$\frac{h}{r} = \cot\theta$ であるから，これを代入すると，

$$\mu = \frac{2}{\pi} \cot\theta \tag{3.30}$$

となる．よって，摩擦力 F は凝着項と掘り起こし項の和となる．

$$F = A_V s_0 + A_H p_0 \qquad (3.31)$$

凝着項 掘り起こし項

　図3.8に示すように，実際にはほとんどの金属表面の突起では角度θは大きいため，$\dfrac{A_H}{A_V}$は非常に小さい．この場合には掘り起こし項は凝着項に比べて無視できる．一方で，角度θが小さい場合，掘り起こし項は凝着項と同程度となり，無視できない．

3.3　転がり摩擦

　摩擦には，すべり摩擦の他に，**転がり摩擦**（rolling friction）がある．一般に，転がり摩擦はすべり摩擦より小さくなるが，転がり摩擦の原理については，図3.9に示すようにいくつかの説がある．

(a)　微小なすべり（レイノルズの説）

(b)　弾性ヒステリシス（テイバーの説）

(c)　多角形の転がりモーメント

(d)　差動すべり（ヒースコートスリップ）

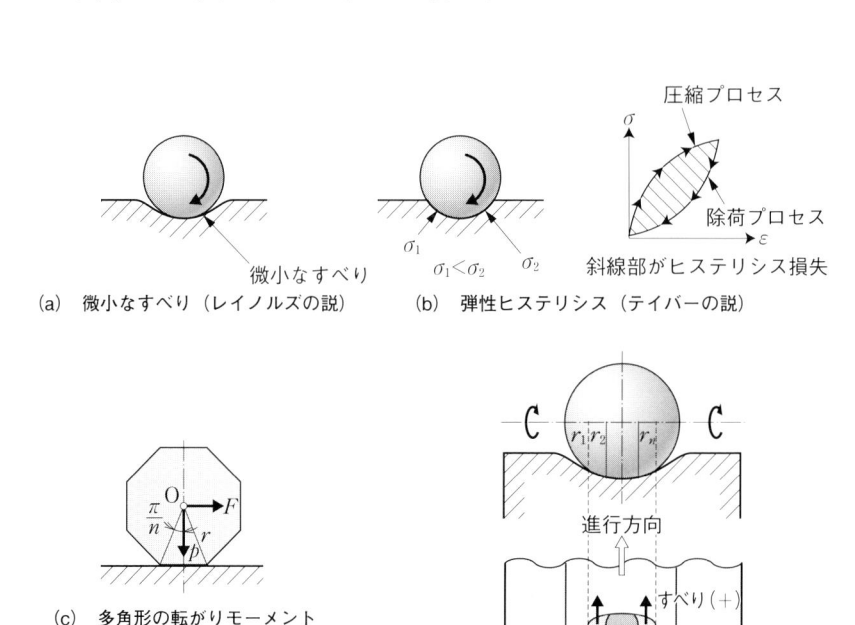

図3.9　転がり摩擦

- 微小なすべり（レイノルズの説）（図3.9(a)）
- 弾性ヒステリシス損失（テイバーの説）（図3.9(b)）
- 多角形の転がりモーメント（図3.9(c)）
- 差動すべり（ヒースコートスリップ）（図3.9(d)）
- その他（玉のスピンすべりやころの傾き）

微小なすべりは，弾性変形によって転がる際に微小なすべりが生じると考える説である．**弾性ヒステリシス損失**は転がる際の弾性変形で，圧縮プロセスとその後の除荷プロセスでヒステリシスが起こり，そのエネルギー損失が抵抗力となると考える説である．**多角形の転がりモーメント**は，多角柱のように重心の上下動がエネルギー損失となると考える説である．**差動すべり**は，ボールベアリングの球と転動体との間の転がりを考えた場合であり，両者の形状の違いによって，純転がり線以外にすべりが発生するという説である．

3.4 摩擦面温度と閃光温度

表面を擦ると，摩擦仕事が発生し，その仕事の大部分は熱となるため，摩擦面には温度上昇が生じる．真実接触点では接触面積が非常に小さいので，**閃光温度**（flash temperature）と呼ばれる高温が瞬間的に発生する．その温度は，500〜800℃程度といわれている[6]．閃光温度の平均値として**摩擦面温度**（frictional surface temperature）が計測されることもある．閃光温度の推定は，次のような方法で求めることができる．

すべり面に比べて非常に小さい円形接触点が比較的低速で一方向に移動するときの閃光温度 ΔT は，次式で与えられる[7]．

$$\Delta T = \frac{\mu p v}{4 J r (k_1 + k_2)} \tag{3.32}$$

ここで，p は接触荷重，μ は摩擦係数，v はすべり速度，J は仕事の熱当量，k_1，k_2 は熱伝導率，r は接触点の半径である．r は次式で与えられる．

$$r = \sqrt{\frac{p}{\pi p_m}} \tag{3.33}$$

ここで，p_m は摩擦面硬さである．よって，1個の円形接触点が全荷重を担うものとして，閃光温度 ΔT を推定することができる．

式(3.32)より，摩擦面温度は，1秒間当たりの**摩擦損失** $\dfrac{\mu p v}{J}$ に比例し，熱伝導率に反比例することがわかる．

3.5 摩擦振動とスティック・スリップ現象

雨の日に車のワイパーがなめらかに動かずに，ビビリ音が生じることがある．これは**スティック・スリップ**と呼ばれる現象であり，**摩擦振動**の一種である．スティック・スリップ現象をよく観察すると，摩擦面が静止しているプロセス（スティック状態）と，すべり出すプロセス（スリップ状態）を，交互に繰り返していることがわかる．また，比較的速度の遅い条件で，発生しやすいといわれている．このような現象が起きる原因は，その周辺のマス・ばね系が関係しているためである．すなわち，系の静止摩擦力がばね力より大きいときにはスティック状態が続くが，ばね力が勝るとトリガーを引いたようにスリップ状態となる．

いま，**図 3.10**(a)において，質量 m の下の物体が移動速度 v で移動しているとすると，このときの運動方程式は，

$$m\ddot{x} + \mu'(v)m\dot{x} + kx = 0 \tag{3.34}$$

となる[8]．ここで，$\mu'(v) = \dfrac{d\mu}{dv}$ であり，移動速度 v に対する摩擦係数 μ の変化量，すなわち，摩擦の速度特性を意味している．$\mu'(v) > 0$ の場合は減衰運動となり，振動は起こらないが，$\mu'(v) < 0$ の場合は自励振動となり，振動が継続する状態となる．その振動の様子は，図 3.10(b)のように，のこぎりの刃のような挙動となる．時間 t とともに，静止摩擦力 F_s まで摩擦力が上昇

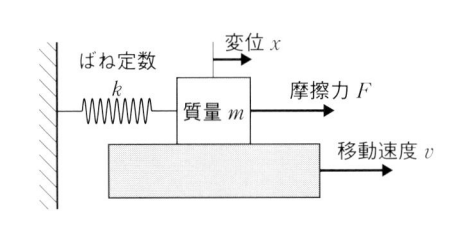

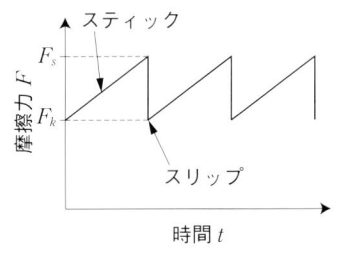

  (a) 摩擦振動のモデル   (b) スティック・スリップ現象の挙動

図 3.10 スティック・スリップ現象

している間はスティック状態であり，次に，ばねに蓄えられたエネルギーが一挙に放出され，動摩擦力 F_k に急激に降下し，スリップ状態となる．スティック・スリップ現象はこれが繰り返されている状態である．

　摩擦振動が，空気を振動させ，人の耳に到達すると，摩擦音となる．よい音色を奏でる弦楽器も摩擦音の1つであるが，きしみ音やブレーキ音のように，摩擦騒音として好ましくない音となることもある．

参考文献

1) 日本潤滑学会（編）：潤滑ハンドブック　改訂版．養賢堂（1978）40.
2) J. Halling: Principles of Tribology, Macmillan Press（1975）4.
3) F. P. Bowden and D. Tabor: The friction and lubrication of solids Part1, Clarendon Press（1950）.
4) F. P. Bowden and D. Tabor: The friction and lubrication of solids Part2, Clarendon Press（1964）.
5) バウデン，テイバー（著）．曽田範宗（訳）：固体の摩擦と潤滑．丸善（1961）100.
6) バウデン，テイバー（著）．曽田範宗（訳）：固体の摩擦と潤滑．丸善（1961）31.
7) E. Rabinowicz: Friction and Wear of Materials, John Wiley & Sons., New York・London・Sydney（1965）86.
8) 曽田範宗：摩擦と潤滑．岩波書店（1954）69.

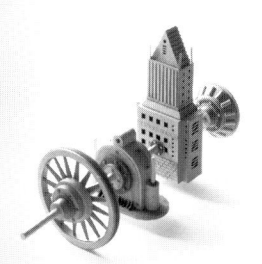

第4章
潤滑油とグリース

物体間のすべりをよくするために流動性の高い物質を間に塗布するという行為は，私たちの日常生活においてもまま見受けられるものであり，誰しも一度は経験があるだろう．機械においてその役目を果たすのは「潤滑剤」と呼ばれるものであり，主に「潤滑油」と「グリース」に大別される．機械のしゅう動面の摩擦を低減させ，その寿命を延ばすためには，潤滑剤の使用は必須であり，その効果や選定法は，長らく「潤滑工学」として研究が積み重ねられてきた．本章では，潤滑油とグリースについて，その組成と作用について説明する．

第4章のポイント
- 潤滑油とグリースの種類と働きについて理解しよう．
- 基油と添加剤の役割について理解しよう．
- 潤滑油とグリースの性能評価方法について理解しよう．

4.1 潤滑油の作用

潤滑剤は，その状態から，液体潤滑剤，半固体潤滑剤，固体潤滑剤に分類されるが，そのなかで液体潤滑剤が最も多く使用されており，それらを総称して**潤滑油**（lubricating oil）と呼ぶ．潤滑油には，次のような作用が期待できる．

- **摩擦低減**：固体間に油膜を形成し，摩擦を下げる．
- **摩耗抑制**：固体間の直接接触を緩和し，摩耗の発生を抑える．
- **冷却**：潤滑油の出入により，摩擦によって発生した熱を系外に持ち去る．
- **焼付き抑制**：摩擦低減，摩耗抑制，冷却の複合効果により，機械の焼付きを抑え，寿命を延ばす．
- **異物の除去**：系に侵入した異物，摩擦の過程で生成されたコンタミネーションや摩耗粉を系外に排出する．

- 密封：固体間に油膜を形成し，内部の気体の漏れを抑制する．
- その他：さび止め，コンタミネーションの清浄分散，絶縁など．

ただし，これらの効果を得るためには，潤滑油の選択，給油量の調整，潤滑法の選定を適切に行う必要がある．それらの決定には，しゅう動条件（面圧，しゅう動速度など），材料，使用環境（温度，湿度，雰囲気など），コスト，また，近年では，廃棄性，リサイクル性，対環境性を考慮しなくてはならない．流体潤滑領域で使用する機械であれば潤滑油の粘度が，境界潤滑領域で使用する機械であれば潤滑油添加剤の性質が最も大きな影響を及ぼすことが知られている（➡第5章）．

4.2 潤滑油の組成とその種類

潤滑油は，大きく「基油」と「添加剤」からなり，基油に添加剤を混ぜて用いられる．しゅう動に実効的に寄与する因子として，基油は，潤滑油の粘度特性により荷重分担性能を支配し，添加剤は部分接触部における摩擦，摩耗特性を支配する．次に，基油と添加剤の組成と種類を説明する．

4.2.1 基油

基油（base oil）は，主に，しゅう動における巨視的な荷重分担性能を支配する．特に，流体潤滑条件下においては，基油の粘度が最も重要なパラメータとなる．基油には次のような性質が求められる．

- 使用条件に見合った適切な粘度をもつ．
- 粘度指数が高く，温度変化に対する粘度変化が小さい．
- 熱・酸化安定性が高い．
- 蒸発しにくい．
- 引火点が高く，流動点が低い．
- 添加剤の溶解性が高く，その添加効果を妨げない．

基油は，鉱油系，動植物油系，合成油系に大別されるが，現在工業的に使用されている多くは**鉱油系基油**である．鉱油系基油は，**図 4.1**(a)に示すように，常圧蒸留によって原油から燃料成分を取り出した残油を減圧蒸留し，

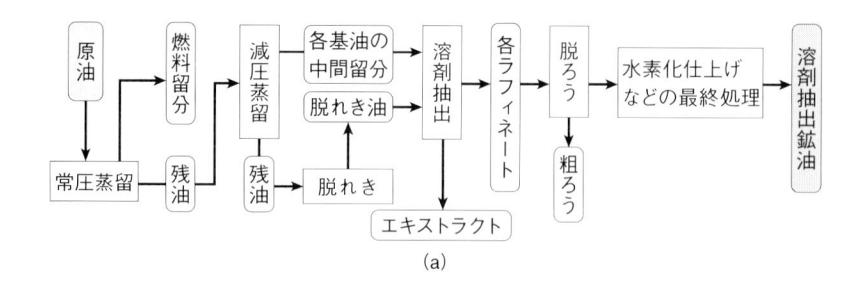

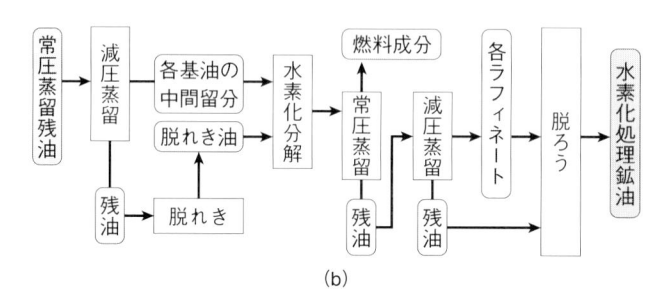

図 4.1 鉱油系基油の代表的製造プロセス[1]

そこで得られた重質留分を溶剤抽出することによって精製されるか，あるいは，図 4.1(b)に示すように，減圧蒸留した後，留分を水素化分解することによって精製されるのが一般的である[1]．このようにして得られる潤滑油は，もとの原油のたかだか 1 ％未満の量である．これら鉱油系基油は各種炭化水素の混合物であり，その構造から，パラフィン系（直鎖状または分枝状），ナフテン系（1つ以上のナフテン環を含む）などに分類できる．その代表的構造例を図 4.2 に示す[2]．パラフィン系基油は，化学的に安定で，粘度指数が高いという特長をもつ．一方，ナフテン系基油は，粘度指数は劣るものの，低温流動性，溶解性に優れるといった特長をもつ．

これに対して，合成油系基油は，人工的な合成プロセスによって生成される潤滑油であり，高価ではあるものの，より安定で，より性能のよい油として位置づけられている．有機系油と無機系油に分けることができ，有機系油には，炭化水素油，ポリエーテル，エステルなどが，また，無機系油には，リン化合物，ケイ素化合物，ハロゲン化合物などがある．なかでも，炭化水素油であるポリ-α-オレフィン（PAO）は高い粘度指数をもつとともに，せん断安定性，低温流動性など，さまざまな特性に優れることから，エンジ

パラフィン系基油

ナフテン系基油

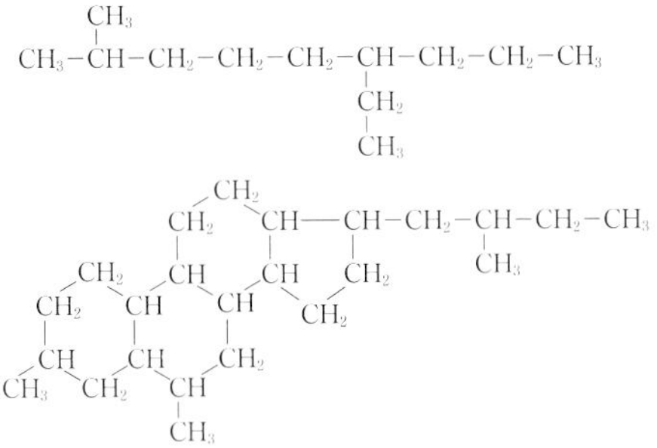

図 4.2　鉱油系基油の構成成分[2)]

ン，軸受，ギヤなど，多くの機械しゅう動部で使用されている．主な合成油系基油の種類と特徴をまとめたものを**表 4.1** に示す[3)]．

4.2.2　添加剤

添加剤（additive）は，基油の劣化を抑制してその性状を維持すること，また，基油単体では得がたい性質を付与することを目的として使用され，その役割に応じた名称がつけられている．その種類と作用，化合物の一例を**表 4.2** に示す[4)]．トライボロジーの観点から見れば，なかでも，基油の温度に対する粘度変化を抑える「粘度指数向上剤」と，部分接触部での摩擦，摩耗を和らげる「油性剤」および「極圧剤」[※1]が特に重要であり，現在でも多くの研究・開発が行われている．

粘度指数向上剤（viscosity index improver）は，高分子からなるポリマーであり，糸まり状になっている[5)]．低温時は，糸まりが小さく凝集しており，基油の粘度に及ぼす影響は小さい．しかし，高温時には，基油との親和性が上がり，基油を糸まりの中に取り込んで膨潤することによって増粘効果を発揮する．代表的な粘度指数向上剤として，ポリメタクリレート（PMA），エチレン-プロピレン共重合体（EPC）などがある．

油性剤（oiliness agent）は，長い炭化水素鎖の末端に強い極性官能基をもつ両親媒性物質であり，末端の官能基が固体表面に物理・化学吸着することによって極薄い吸着膜を形成し，固体間の直接接触を和らげ，摩擦，摩耗を

※1　作用によって分類する場合は，それぞれ「摩擦低減剤」「耐摩耗剤」と呼ばれる．

表 4.1 合成油系基油の種類と特徴[3]

種類	一般名		化学構造の代表例	特徴	用途
炭化水素油	ポリオレフィン	ポリブテン	$\left(\begin{array}{c}CH_3\\|\\-C-CH_2-\\|\\CH_3\end{array}\right)_n$	○スラッジが析出しにくい ×低VI	2サイクルエンジン油 圧延油
		ポリ-α-オレフィン	$\left(\begin{array}{c}C_8H_{17}\\|\\-CH-CH_2-\end{array}\right)_n$	○高VI ○低温流動性 ×ゴム適合性 △溶解性	エンジン油 航空機用作動油
		オレフィン共重合体	$\left(\begin{array}{c}CH_3\\|\\-CHCH_2-\end{array}\right)_l\left(-CH_2CH_2-\right)_m$	○高VI ○低温流動性 ×ゴム適合性 △溶解性	エンジン油
	アルキル芳香族	アルキルベンゼン	⬡-R	○添加剤溶解性 ○スラッジが析出しにくい	冷凍機油 絶縁油
		アルキルナフタレン	⬡⬡-R	○添加剤溶解性 ○スラッジが析出しにくい ○極めて高い酸化安定性	空気圧縮機油 真空ポンプ油 熱媒体油
	脂環式化合物		⬡-C(CH_3)_2-⬡	○高トラクション係数	トラクション油
ポリエーテル	ポリグリコール		$\left(\begin{array}{c}CH_3\\|\\-CHCH_2O-\end{array}\right)_n$	○高VI ○スラッジが析出しにくい ○冷媒との相溶性 ○水溶性もある ×酸化安定性	冷凍機油 水系作動液 ギヤ油 ブレーキ液
	フェニルエーテル	ポリフェニルエーテル	⬡-O-⬡-O-⬡-O-⬡-O-⬡	○酸化安定性 ○対放射線安定性 ×低VI	耐放射線用作動油
		アルキルジフェニルエーテル	⬡-O-⬡(R)(R)	○酸化安定性 ○低蒸気圧	真空ポンプ油 グリース
エステル	ジエステル		$C_8H_{17}OOC(CH_2)_4COOC_8H_{17}$	○低温流動性 ○高VI ×加水分解安定性 ×高粘度品が得られない	エンジン油
	ポリオールエステル		$\begin{array}{c}H_{17}C_8OOCH_2\quad CH_2OCOC_8H_{17}\\ \diagdown\quad\diagup\\ C\\ \diagup\quad\diagdown\\ H_{17}C_8OOCH_2\quad CH_2OCOC_8H_{17}\end{array}$	○酸化安定性 ○低引火点 ○冷媒との相溶性 ○生分解性 ×加水分解安定性	ジェットエンジン油 エンジン油 冷凍機油 難燃性作動油 生分解性作動油
	天然油脂		$\begin{array}{c}CH_2OCOR_1\\|\\CH_2OCOR_2\end{array}$	○生分解性 ×加水分解安定性	生分解性作動油 生分解性グリース
リン化合物	リン酸エステル		$R_1O-\underset{\underset{OR_3}{|}}{\overset{\overset{O}{\|}}{P}}-OR_2$	○難燃性 ○耐摩耗性あり ×加水分解安定性 ×腐食性 ×廃油処理	難燃性作動油
ケイ素化合物	シリコーン		$\left(\begin{array}{c}CH_3\\|\\-Si-O-\\|\\CH_3\end{array}\right)_n$	○高VI ○低温流動性 ○熱・酸化安定性 ×しゅう動特性 ×溶解性	ビスカスカップリング油 ダンパ油 ブレーキ液
ハロゲン化合物	フッ素化ポリエーテル		$\left(\begin{array}{c}CF_3\\|\\-CFCF_2O-\end{array}\right)_n$	○熱・酸化安定性 ○低蒸気圧 ○不燃性 ×溶解性 ×廃油処理	コンピュータハードディスク用 宇宙機器用 半導体製造用真空ポンプ油

表 4.2　添加剤の種類と機能[4]

種類	使用目的と機能	代表的な化合物
清浄分散剤		
清浄剤	エンジンなどの高温運転で生成する有害な堆積物を金属表面から取り除き，堆積前駆物質を化学的に中和し，エンジン内部を清浄にする．	有機金属化合物 ・中性，塩基性金属（Ba, Ca, Mg）スルホネート ・塩基性金属（Ba, Ca, Mg）フェネート ・塩基性金属（Ca, Mg）サリシレート
分散剤	低温時でのスラッジ，カーボンを油中に分散させる．	コハク酸イミド コハク酸エステル ベンジルアミン（マンニッヒ化合物）
粘度指数向上剤	温度変化に伴う潤滑油の粘度変化を低減する．エンジン油では，省燃費性の向上，オイル消費の低減，低温始動性の向上が得られる．	ポリメタクリレート オレフィンコポリマー スチレンオレフィンコポリマー ポリイソブチレン
流動点降下剤	低温における潤滑油中のろう分の結晶化を防止し，流動点を下げる．	ポリメタクリレート アルキル化芳香族化合物 フマレート・酢ビ化合物 エチレン・酢ビ化合物
極圧剤	極圧潤滑状態における焼付きや，スカッフィングを防止する．	有機硫黄，リン化合物 有機ハロゲン化合物
油性向上剤（油性剤）	低荷重下における摩擦面に油膜を形成し，摩擦および摩耗を減少させる．	長鎖脂肪酸，脂肪酸エステル，高級アルコール，アルキルアミン
酸化防止剤	遊離基，過酸化物と反応して安定な物質に変えることにより，油の酸化を防止し，油の酸化に起因するワニス，スラッジの生成を抑制する．	・ジチオリン酸亜鉛，有機硫黄化合物 ・ヒンダードフェノール，芳香族アミン ・N,N′-ジサリシリデン-1-2-ジアミノプロパン
防錆剤	金属表面に保護膜を形成する．あるいは酸類を中和してさびの発生を防止する．	カルボン酸，スルホネート，リン酸塩，アルコール，エステル
腐食防止剤	潤滑油の劣化により生じた腐食性酸化生成物を中和する．また，金属表面に腐食防止被膜を形成する．	含窒素化合物（ベンゾトリアゾールおよびその誘導体，2,5-ジアルキルメルカプト-1,3,4-チアジアゾール），ジチオリン酸亜鉛
消泡剤	潤滑油の泡立ちを抑制し，生成した泡を破壊する．	ポリメチルシロキサン，シリケート 有機フッ素化合物，金属セッケン，脂肪酸エステル，リン酸エステル，高級アルコール，ポリアルキレングリコール

その他，着色剤・シール膨潤剤などがある．

低減する働きをする．一方，**極圧剤**（extreme pressure agent）は，しゅう動の過程で固体表面と化学反応を生じ薄い反応膜（トライボ反応膜ともいう）を形成することによって摩耗の発生および焼付きを抑制する働きをする．いずれも，境界潤滑領域での摩擦，摩耗低減に大きく寄与する添加剤であり，その詳細は第6章にて説明する．代表的な油性剤には，脂肪酸，エステルなどがあり，極圧剤には，硫黄系（硫化オレフィンなど），リン系（フォスファイトなど），塩素系（塩素化パラフィンなど），また，ジアルキルジチオリン酸亜鉛（ZnDTP）やジアルキルジチオカルバミン酸モリブデン（MoDTC）などの有機金属系がある．

その他，「酸化防止剤」は，潤滑油の酸化劣化を抑制する役割をし，その作用機構から，酸化の開始速度を遅らせる「過酸化物分解剤」と，酸化の素となるラジカル連鎖反応を停止する「連鎖反応停止剤」の2つに大別される．また，「清浄分散剤」は，「清浄剤」と「分散剤」に分けることができ，しゅう動過程で生成された劣化物（すすなど）を油中に適切に分散させて機械に不具合が生じないようにする役割をする．代表的な酸化防止剤としては，硫黄系（サルファイドなど），リン系（フォスファイトなど），フェノール系（ジターシャリーブチルパラクレゾールなど），アミン系（アルキルジフェニルアミンなど）があり，清浄分散剤としては，スルホネート，ベンジルアミン，共重合ポリマーなどがある．

他にも，表4.2に示すように，「流動点降下剤」「防錆剤」「腐食防止剤」「消泡剤」などがあり，そのそれぞれの役割を担っている．このように，添加剤は数十種類にも及び，実際の潤滑油は，これらを極微量ずつ配合することによって構成されている．

◉ 4.3　潤滑油の性状

潤滑油の性状は，潤滑油基油の組成と添加剤の性質によって決まる．本章では，特に，潤滑油がトライボロジー特性に及ぼす影響として極めて重要な「粘度」と「耐荷重能」について説明する．

4.3.1　粘度

潤滑油の**粘度**（viscosity）は，機械の潤滑特性を決定するうえで最も重要なパラメータである．粘度とは，その名のとおり，液体の粘り気を表す．粘

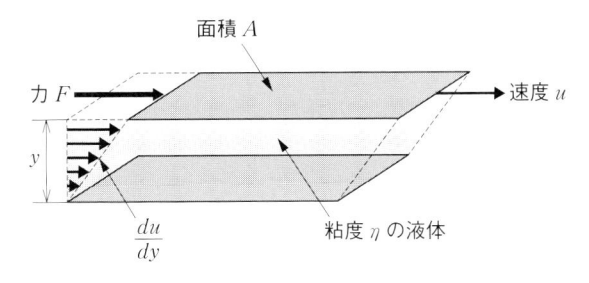

図 4.3 粘度の定義

表 4.3 代表的な液体の粘度（単位は [cP]）

物質名	0 ℃	20 ℃	50 ℃	100 ℃	200 ℃
水	1.79	1.31	1.01	0.65	0.36
メチルアルコール	0.86	0.72	0.62	—	—
ベンゼン	0.91	0.76	0.65	0.49	0.32
トルエン	0.77	0.67	0.59	0.47	0.32
テレビン油	2.10	1.76	1.56	1.10	0.62
灯油	3.52	3.00	2.42	1.66	0.82
水銀	1.69	1.62	1.55	1.45	1.30

度の高い潤滑油を用いると，負荷を支える性能が大きくなり，摩耗は抑制されるものの，せん断抵抗が大きくなるため，機械の作動に必要な力も増え，必然的にエネルギーロス（流体摩擦損失）も大きくなる．

ここで，図 4.3 のような，2 枚の平行な平板に流体が挟まれた系を考えよう．その平板間のすきまは極めて狭いとしてよい．そのとき，片側の平板をある一定の速度で平行に動かしたとき，その速度方向とは逆向きに摩擦力が生じる．単位面積当たりの摩擦力を τ（$=F/A$）とすると，τ は面に垂直方向の速度勾配 du/dy に比例し，その関係式は次のように表される．

$$\tau = \eta \frac{du}{dy} \tag{4.1}$$

この比例定数 η が粘度であり，その単位は [Pa·s]（$=[\text{N·s/m}^2]$）である．この単位は，CGS 系では P（ポアズ，1 P=0.1 Pa·s）と書き，cP（センチポアズ，1 cP=0.01 P）と並んで現在でも慣例的によく用いられる．代表的な液体の粘度を表 4.3 に示す．

粘度測定は粘度計を用いて行われる．粘度計には，細管粘度計，落球粘度計，円筒形回転粘度計，振動粘度計などがある．JIS に示されている最も簡

(a) キャノン-フェンスケ粘度計　　(b) ウベローデ粘度計

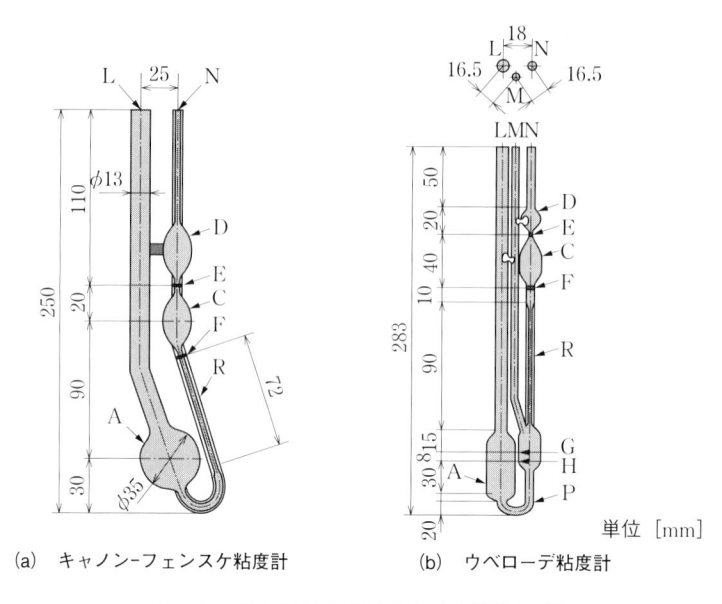

図 4.4　JIS Z 8803 に規定される細管粘度計[6]

便で一般的な 2 種類の**細管粘度計**を**図 4.4** に示す[6]．(a) は**キャノン-フェンスケ粘度計**，(b) は**ウベローデ粘度計**と呼ばれる．両者ともに，一定体積の試料を粘度計内に入れ，測時球 C 内（標線 E と F との間の体積）の試料が細管 R を通って流下する時間を測定することによって粘度を求める．

　定温，定圧下において，一般的な流体の粘度は一定となる．このような流体を**ニュートン流体**という．一方，ポリマーを含む潤滑油やグリースなどでは，粘度は一定の値をとらず，**図 4.5** のように，せん断応力の大小によって値が変化する．このような流体を**非ニュートン流体**といい，図 4.5 に示すダイラタント流体，塑性流体，擬塑性流体は代表的な非ニュートン流体である．また，非ニュートン流体のなかには，せん断速度の変化に対してせん断応力がヒステリシスをもつものや，せん断を加え始めてからの時間や流動履歴によって粘度が変化するものもある．

　また，流体の粘度は，温度や圧力に対しても過敏に変化する．特に，トライボロジーで対象とする系では，温度変化や圧力変化の幅が大きいため，潤滑油の粘度変化を考慮する必要がある．以下に，それぞれに関して説明する．

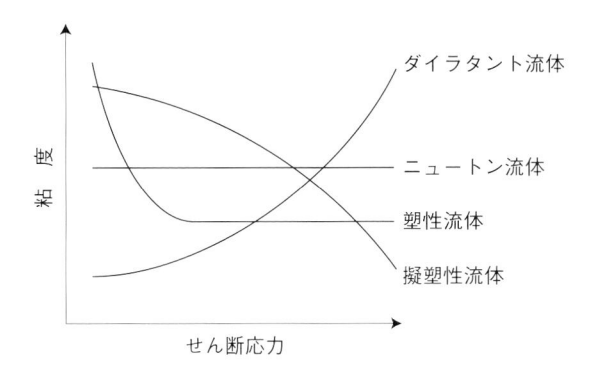

図 4.5　各種流体の粘度-せん断応力特性

（1）温度に対する粘度変化

表 4.3 からもわかるように，一般的な流体の粘度は温度が高くなるにつれて小さくなる．その関係式は実験から提案されることが多い．なかでも，鉱油系基油あるいは炭化水素油に最も広く使用されているのは，次の Walther-ASTM と呼ばれる式である．

$$\log \log(\nu + 0.7) = A - B \log T \tag{4.2}$$

ここで，ν は**動粘度**［mm^2/s］であり，粘度 η を密度で除したものである．動粘度の単位には St（ストークス）あるいは cSt（センチストークス）が用いられることも多く，1 cSt＝1 mm^2/s である．また，T は絶対温度［K］であり，A，B は各流体に応じた定数である．この式に準じた潤滑油の粘度-温度特性の一例を図 4.6 に示す[7]．

また，これら潤滑油の温度に対する粘度変化の程度を表す指標値として，1929 年にディーン（E. W. Dean）とデーヴィス（G. H. B. Davis）によって提案された VI（Viscosity Index）が一般によく用いられる．古くから使用されている指標値だけに，相対的でやや感覚的なものではあるが，温度に対する粘度変化の傾向を論じることができ，便利である．この方法では，温度に対する粘度変化の小さいペンシルバニア産パラフィン系鉱油を VI＝100 とし，また，粘度変化の大きいガルフコースト産ナフテン系鉱油を VI＝0 とした．これらとの比較から，試料油の VI を定めることができる．一般的に，VI が大きいほど良好な粘度-温度特性をもつとされる[8]．

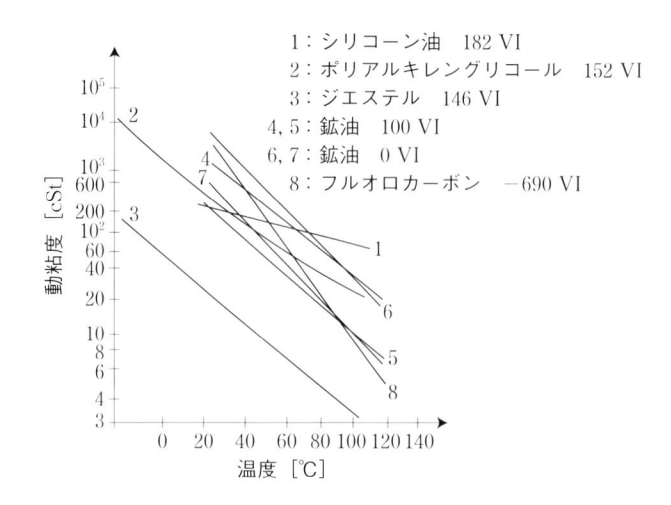

図 4.6　潤滑油の動粘度−温度特性[7]

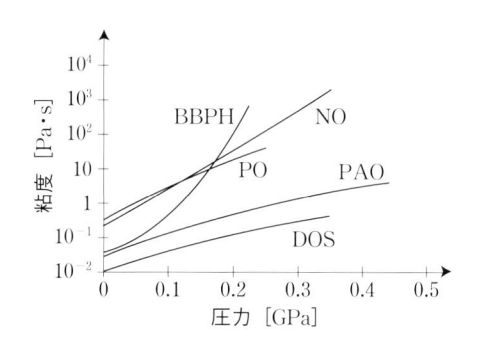

図 4.7　潤滑油の粘度−圧力特性[9]

(2) 圧力に対する粘度変化

　流体に圧力がかかると，分子間の距離が縮まり，流動性が悪くなる．したがって，高圧になればなるほど，流体の粘度は大きくなる．その変化の一例を図 4.7[9]に示す．これら高圧下の流体の粘度の推定には，次の**バラスの式**（Barus law）[10]が最もよく用いられる．

$$\eta = \eta_0 \cdot \exp(\alpha p) \tag{4.3}$$

ここで，η_0 は大気圧における流体の粘度であり，p は圧力，α は粘度の**圧力指数**（液体に応じた定数）である．なお，一般的に，鉱油系基油の圧力に対する粘度変化は，パラフィン系＜混合系＜ナフテン系となる．

4.3.2 耐荷重能

耐荷重能（load carrying capacity）とは，一定の摩擦条件下で運転したときのすべり摩擦面に，焼付き，損傷を起こさず，潤滑油によって支え得る最大荷重または最大圧力を指す．試験法には，**曽田四球式摩擦試験機**によって調べる**曽田式四球法**と，**チムケン式極圧試験機**によって調べる**チムケン法**がある．

曽田四球式摩擦試験機の試験部を**図 4.8** に示す[11]．はじめに，試験用鋼球を試験容器および縦軸側に固定し，試料容器に試料油を満たす．縦軸を回転せず静止のままで荷重をかけた後，毎分 750 回転で回転させ，規定時間内における焼付きの有無を調べる．なお，曽田式四球法では，ねじり指針の振れが一定の値を超えたときを焼付きといい，焼付きを生じない最大荷重を**合格限界荷重**，焼付きを生じる最小荷重を**焼付き限界荷重**という．

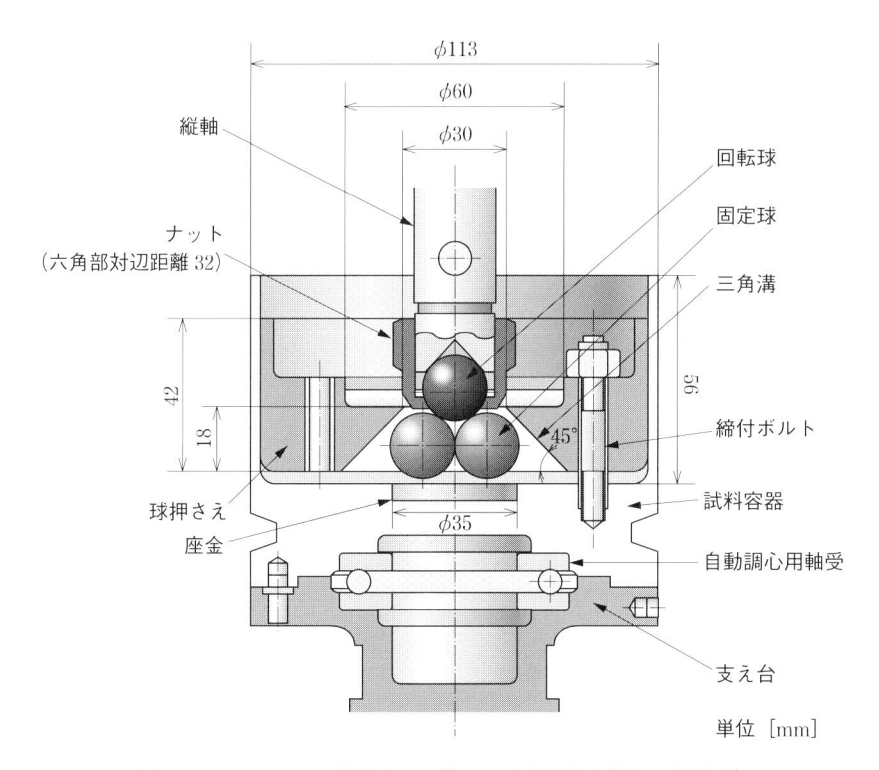

図 4.8　JIS K 2519 に規定される曽田四球式摩擦試験機の試験部[11]

チムケン式試験とは，試験ブロック表面に現れる種々の**摩耗痕**（friction track）（**スコーリング**）を調べることによって試料油の耐荷重能を調べる手法である．チムケン式極圧試験機の試験部を**図 4.9** に示す[11]．はじめに，試験カップを取り付けた試験機の上部試料槽に約 3 L の試料油を満たし，試験機内が 40〜42 ℃になるまで約 15 分間循環させながら加熱する．その後，試験機に試験ブロックを取り付け，自動負荷装置におもりを載せた後，給油弁を開き，試験機を既定の回転速度で駆動させて 30 秒間のならし運転を行う．その後，試験ブロックと試験カップの間の油膜に荷重をかけ，10 分間の試験におけるスコーリングの有無を調べる．なお，スコーリングを生じない最大荷重を **OK 値**，スコーリングを生じる最小荷重を**スコア値**という．

JIS に規定される潤滑油のその他の評価法としては，中和価試験方法（JIS K 2501），さび止め性能試験方法（JIS K 2510），酸化安定度試験方法（JIS K 2514），泡立ち試験方法（JIS K 2518），水分離性試験方法（JIS K 2520），熱安定度試験方法（JIS K 2540）などがある．

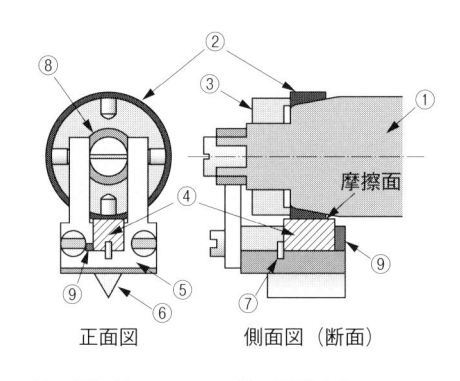

正面図　側面図（断面）

① 回転軸　　　⑥ 刃形支点
② 試験カップ　⑦ ブロック止めピン
③ 止めナット　⑧ ガイドブッシング
④ 試験ブロック ⑨ くさび
⑤ ブロックホルダ

図 4.9　JIS K 2519 に規定されるチムケン式極圧試験機の試験部[11]

4.4　グリース

4.4.1　グリースの種類と特徴

　グリース（grease）は，半固体潤滑剤として多くの機械要素に用いられている．半固体状であるためしゅう動部分に保持されやすく，潤滑油の供給が困難な箇所，メンテナンスフリーが望まれる部位，特殊環境（真空や高温）などでは特に欠かせない潤滑剤である．次に，その特徴をまとめる．

- 半固体であるため，漏れや飛散が少なく，簡便なシールで使用できる．
- 供給，循環機構が不要である．
- 流動性が低いため，異物や熱が排除されにくい．

　グリースは，80～95 %の潤滑油（基油 + 添加剤）と5～20 %の**増ちょう剤**（thickener）を練り合わせることで作られている．リチウム石けんグリースの電子顕微鏡写真を図 4.10 に示す．増ちょう剤は，石けん系と非石けん系に大別され，現在，その使用割合は，石けん系が約 70 %，非石けん系が約 30 %程度である．石けん系グリースでは，リチウム，ナトリウム，カ

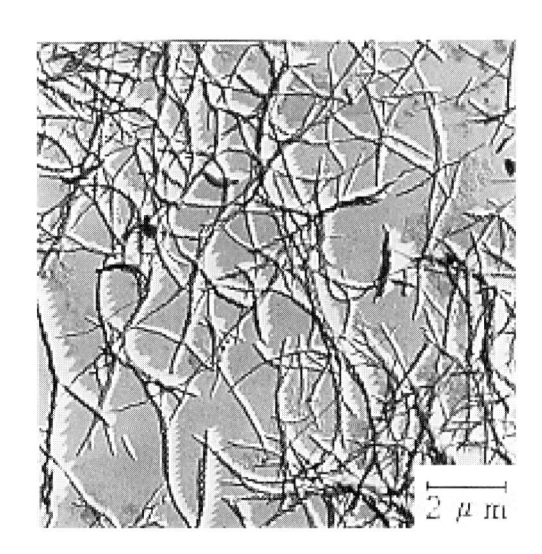

図 4.10　リチウム石けん（ひまし油系）グリースの電子顕微鏡写真（倍率：×10⁴）
［写真提供：協同油脂株式会社］

ルシウムなどのアルカリ土類金属水酸化物でけん化した金属石けんを増ちょう剤とし，非石けん系グリースでは，ウレアや有機ベントナイト，シリカゲルなどを増ちょう剤としている．その種類と特徴の一例を表 4.4 に示す[12]．

表 4.4　各種増ちょう剤に対するグリースの特徴[12]

増ちょう剤			滴点 [℃]	耐熱性	最高使用可能温度 [℃]	耐水性	機械的安定性	備考
石けん系	カルシウム石けん	牛脂系脂肪酸	80〜100	×	70	○	△〜○	構造安定剤として約1％の水分を含む．
		ひまし油系脂肪酸	80〜100	△	100	○	○	
	カルシウム複合石けん		>260	○	120〜150	○	×〜△	経時または高温硬化の傾向がある．
	ナトリウム石けん		130〜180	○	120〜150	×〜△	△〜○	
	アルミニウム石けん		50〜90	△	80	○	×〜△	粘着性良好．
	アルミニウム複合石けん		>260	○	120〜180	◎	◎	長時間高温にさらされると構造が破壊して軟化する．
	リチウム石けん	牛脂系脂肪酸	170〜200	○	130〜150	○	◎	最も欠点が少ないバランスのとれた性能を有す．
		ひまし油系脂肪酸		○	130〜150	○	◎	
	リチウム複合石けん		>260	◎	130〜180	△〜○	◎	耐水性がやや劣る．
非石けん系（有機系）	ポリウレア		>260	◎	150〜200	◎	○	高温で硬化する傾向がある．高温で増ちょう剤が重合するものもある．
	ナトリウムテレフタラメート		>260	◎	150〜200	○	○	油分離が大きい．
	PTFE		なし	◎	150〜250	◎	◎	極めて高価．
非石けん系（無機系）	有機ベントナイト		なし	◎	150〜200	△〜○	○	水存在下で発生しやすい．
	シリカゲル		なし	◎	150〜200	×〜△	×〜△	水存在下で発生しやすい．

◎：優れる　　○：良い　　△：やや劣る　　×：悪い

4.4.2　グリースの性状

（1）　レオロジー特性

　グリースは非ニュートン流体であり，図4.11に示すように[13]，その見かけ粘度はせん断速度によって変化するという特性をもつ．その見かけ粘度 η とずり速度 γ の関係は，**ビンガム塑性体**として次式で近似される．

$$\eta = a + b\gamma^{n-1} \tag{4.4}$$

　また，図4.11に示すように，グリースの流動特性は時間にも依存する．一般的なグリースは，せん断される時間が長くなるほど粘度が低下し，静止すれば粘度が回復する性質（**チキソトロピー性**と呼ぶ）をもつ．これは，増ちょう剤の網目構造がせん断によって分離したり，一部破壊されたりすることによる．

（2）　ちょう度

　ちょう度（cone penetration）とは，ペースト状物質の流動性を表す指標であり，物理的には動粘度に相当する．グリースのちょう度は，ちょう度計に取り付けた円すいを25℃に設定した試料内に落下させ，5秒間進入した深さを読み取ることによって求める．軟らかく，流動性の高いグリースほど，ちょう度の値は大きくなる．一般的には，密封玉軸受用にはちょう度が250～300のグリースが，シール用には170～200のグリースが使用される．

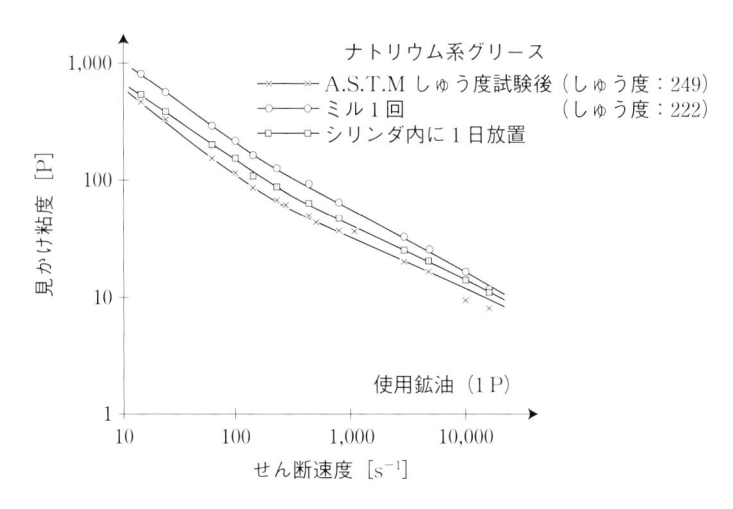

図4.11　ナトリウム系グリースの見かけ粘度特性[13]

その他の評価項目としては，滴点（加熱によって液化する温度），銅板腐食の有無，蒸発量，離油度，酸化安定度，混和安定度，水洗耐水度，漏えい度などがあり，その詳細は JIS K 2220 に規定されている．

4.4.3 グリースの劣化要因

しゅう動面にグリースを用いる場合，グリースは次の要因で劣化する．これらを考慮に入れて，用途に応じた適切なグリースを選択する必要がある．

- 高温による酸化劣化：基油の酸化劣化によってグリースが硬化し，潤滑不良を招く．
- せん断による網目構造の破壊：急激なせん断が加わると増ちょう剤の網目構造が壊れ，グリースが軟化する．
- 油分の分離：油分の分離によってグリースが硬化し，潤滑不良を招く．
- 摩耗粉のかみ込み：網目構造が摩耗粉をかみ込むと，それを基点として次の摩耗を招きやすくなる．
- 水分の混入による網目構造の破壊：水分の混入によって網目構造が壊れ，グリースが軟化する．

参考文献

1) 日本トライボロジー学会（編）：トライボロジーハンドブック，養賢堂（2001）581．
2) 日本潤滑学会（編）：潤滑ハンドブック　改訂版，養賢堂（1978）260．
3) 日本トライボロジー学会（編）：トライボロジーハンドブック，養賢堂（2001）584．
4) 中山孟男：潤滑油添加剤総論，トライボロジスト，52, 8（2007）611-614．
5) 酒井功：粘度指数向上剤および流動点降下剤，潤滑，15, 6（1970）331-342．
6) JIS Z 8803：液体の粘度測定方法．
7) 村木正芳：粘度および粘性，潤滑，32, 12（1987）873-877．
8) 土屋敦彦：粘度換算と粘度指数について—2—，潤滑，2, 2（1957）86-90．
9) 大野信義：粘度の圧力変化，トライボロジスト，49, 9（2004）720-721．
10) C. Barus: Isothermals, isopiestics and isometrics relative to viscosity, American Journal of Science, 45 (1893) 87-96.
11) JIS K 2519：潤滑油—耐荷重能試験方法．
12) 日本トライボロジー学会（編）：トライボロジーハンドブック，養賢堂（2001）705．
13) 小口敏太郎：グリース見掛粘度について，トライボロジスト，3, 3（1958）135-138．

第5章
境界潤滑と混合潤滑

太古の昔，人類は重量物の搬送にそりを用いたとされている．第1章で述べたように，古代の壁画には，そのそりの前方で液体をまく人が克明に描かれている．これは，しゅう動面に液体を塗布すると，しゅう動面の摩擦が低減されるという事実を，古代人も認識していたことを意味する．本章では，潤滑油を滴下したしゅう動面に生じる物理・化学現象に焦点を当て，その作用について説明する．

> **第5章のポイント**
> ・ストライベック曲線による潤滑状態の遷移と摩擦係数の関係を理解しよう．
> ・境界潤滑・混合潤滑の基礎的なモデルを理解しよう．
> ・潤滑油添加剤が境界潤滑性能を向上するメカニズムを理解しよう．

5.1　ストライベック曲線と摩擦の三形態

摩擦面に潤滑油を塗布すると，多くの場合，2面間の摩擦係数は低下する．それは，次の理由による．

① 官能基をもつ流体分子が表面に吸着あるいは表面と反応することによって薄い被膜を形成し，それがしゅう動に伴う摩擦抵抗を低減する．
② 2面の相対運動に伴って，流体が圧力分布を発生し，負荷の一部を支える．

潤滑油を塗布した剛体2面の摩擦挙動を最も的確に表しているのが，**ストライベック曲線**（Stribeck curve）である（**図 5.1**）．横軸は潤滑油粘度，しゅう動速度，負荷の3つを1つにまとめた無次元パラメータ $\eta\omega/W$ であり，縦軸は摩擦係数を表している．ここで，η は潤滑油粘度，ω は回転角速度あるいはしゅう動速度/基準長さ，W は単位面積当たりの荷重である．図 5.1 より，$\eta\omega/W$ の大小に応じて，3つの形態に分類できることが見てとれる．

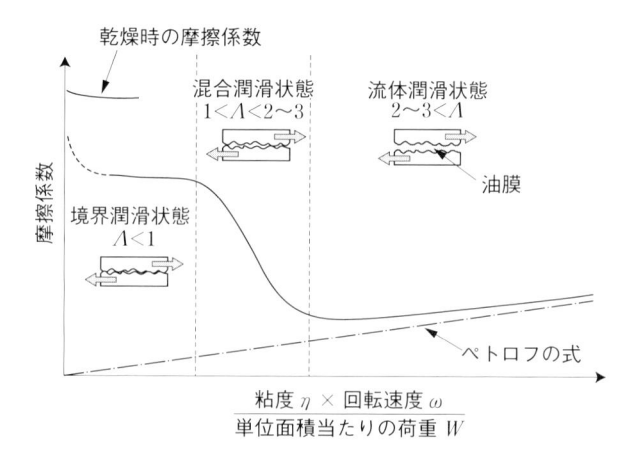

図5.1　ストライベック曲線と摩擦の三形態

$\eta\omega/W$ が小さいときの状態を「境界潤滑状態」，$\eta\omega/W$ が中程度の状態を「混合潤滑状態」，$\eta\omega/W$ が大きい状態を「流体潤滑状態」あるいは「完全流体潤滑状態」と呼ぶ．

境界潤滑状態（boundary lubrication state）では，摩擦係数はやや高めであるものの，潤滑油を塗布しない乾燥摩擦時の摩擦係数よりは低く，約 1/3 ～1/10 程度の値をとる．このとき，2面は接触しているものの，前述①の理由によって摩擦係数が下がっている．

一方，**流体潤滑状態**（hydrodynamic lubrication state）では，2面は完全に非接触になっており，そのとき，すきまに介在する流体のせん断抵抗が摩擦力となる．2面が非接触になる理由は流体がすきまの末狭まり部で圧力を発生するためであり，上述②の効果がより大きくなって，形成された油膜がすべての負荷を支えた状態となっている．流体潤滑状態で $\eta\omega/W$ の増加に伴って摩擦係数が徐々に大きくなるのは，流体のせん断抵抗が増すためである．なお，図5.1中の「ペトロフの式」と書かれた直線は，流体潤滑状態を想定したときの代表的な理論線であり，その詳細は6.4節にて述べる．

これらの中間に存在する**混合潤滑状態**（mixed lubrication state）とは，①の効果が大きい境界潤滑状態から②の効果が大きい流体潤滑状態へ遷移する過渡状態を指す．このストライベック曲線は，横軸を無次元化パラメータで表すことによって，現象の異なる状態間の遷移とそれに伴う摩擦係数の推移傾向を適切に表現している．

取り扱う対象がどの潤滑領域にあるかは，摩擦試験結果の傾向を見て判断されることが多いが，簡便な判断法の1つに**膜厚比**の概念がある．2面間の平均すきまを h，2面の二乗平均平方根粗さを R_{q1}，R_{q2} とすると，膜厚比 Λ は次式で表される．

$$\Lambda = h/\sqrt{R_{q1}^2 + R_{q2}^2} \tag{5.1}$$

一般的に，$\Lambda<1$ のときは境界潤滑状態，$1<\Lambda<2\sim3$ のときは混合潤滑状態，$2\sim3<\Lambda$ のときは流体潤滑状態である場合が多い．なお，この三形態のなかでは，非接触で摩耗を発生せず，安定して低い摩擦係数が得られる流体潤滑状態が最も適切な潤滑状態であるとされている．

5.2 境界潤滑に関する研究の歴史

ストライベック曲線で示した摩擦の三形態において，最も早くにその物理が解明されたのは，流体潤滑状態であった．1886年に発表されたレイノルズの論文[1]は，流体潤滑状態にある2面の摩擦挙動のほぼすべてを明らかにするものであった．当時，この理論の完成は非常に画期的な進歩であり，さまざまな機械要素を対象に計算が行われ，実際との整合性の確認が行われた．そのなかで，1900年代に入り，流体潤滑理論だけでは説明できない現象がいくつか確認されるようになった．具体的には，油膜がごく薄い状態になると，油の粘度に依存しない油の性質が摩擦の大小を支配するという現象である．この性質は**油性**（oilness）と呼ばれ，1919年にはディーリ（R. M. Deeley）らによって油性試験機が提案された[2]．私たちの日常でも，油を手にとると，ぬめり感を感じることがあろう．油性とはまさにこの「ぬめりの程度」を表す指標である[※1]．分子内に酸素原子を有するエステルや脂肪酸が，油性の高い物質としてあげられる．

1920年代に入ると，そのような油性効果によって形成された被膜を介してなされる潤滑状態を境界潤滑状態と呼ぶことが広く認知され，多くの研究者によって体系的な研究が行われた．その一例として，ハーディらによって行われた摩擦試験結果を**図 5.2**に示す[3]．分子量の異なるパラフィン（直鎖飽和炭化水素），アルコール，脂肪酸を用いた場合の摩擦係数が示されており，酸の程度が強く，分子量が大きいほど低摩擦を示す傾向が見てとれる．

※1　ただし，数値を用いた厳密な定義はなく，いまだ極めて曖昧な指標のままである．

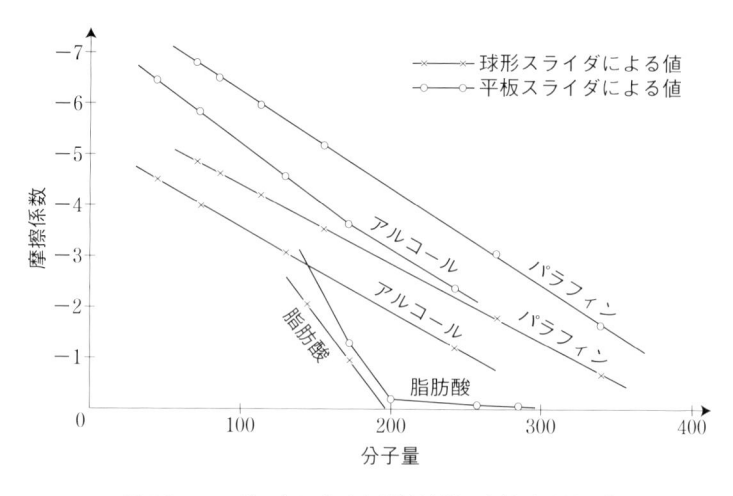

図5.2　ハーディらによる各種油性剤の摩擦試験結果[3]

このように境界潤滑下で低い摩擦係数を発現する炭化水素を**油性剤**（oilness agent）と呼び，基油に対してたかだか1％未満の量の添加であっても，金属表面に選択的に吸着し，摩擦低減効果を発揮する．これらは摩擦調整剤の一種として，いまなお広く活用されている．

5.3　境界潤滑のモデル

ハーディは油性剤による油性の発現メカニズムを**図5.3**に示すような**表面吸着モデル**で表し[4]．この極性分子の吸着が2面の接触を緩和し，その低せん断特性によって摩擦が下がるとの見解を示した．しかし，図5.3に示すような単分子膜の厚みはたかだか数nmであり，そのような厚みの被膜が荷重を支えうるのかという疑問から，分子が垂直方向に重なって整列する**多分子膜モデル**も同時に提案されてきた．そのなかで最も有名なアレン（C. M. Allen）らによる多分子膜モデルを**図5.4**に示す[5]．これらは，「単分子膜対多分子膜」として活発な議論が行われてきたが，未だ明らかな解決には至っていない．

その研究の一例として，バウデンとテイバーによる，ステンレス表面にステアリン酸の単分子膜を作製する手法を駆使した実験結果を紹介する．図5.5[6]において，横軸は摩擦回数であり，縦軸は摩擦係数である．4本の曲線が見られるが，それぞれ，単分子膜，3分子膜，9分子膜，53分子膜に相当

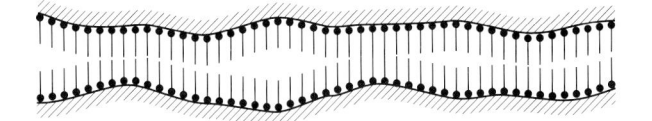

図 5.3　ハーディによる表面吸着モデル[4]

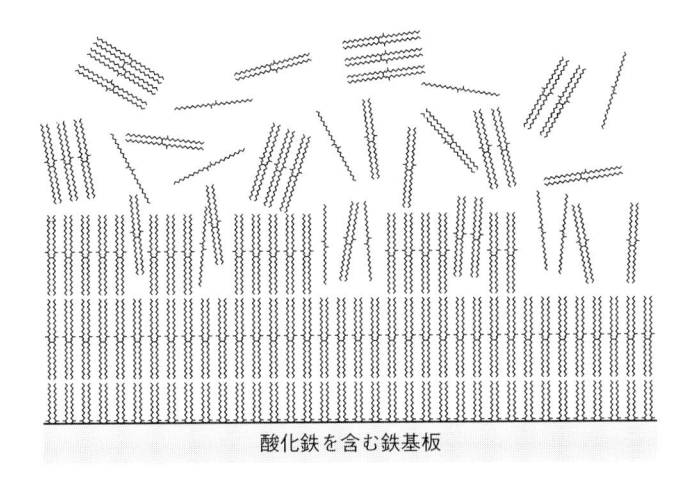

図 5.4　アレンらによる多分子膜モデル[5]

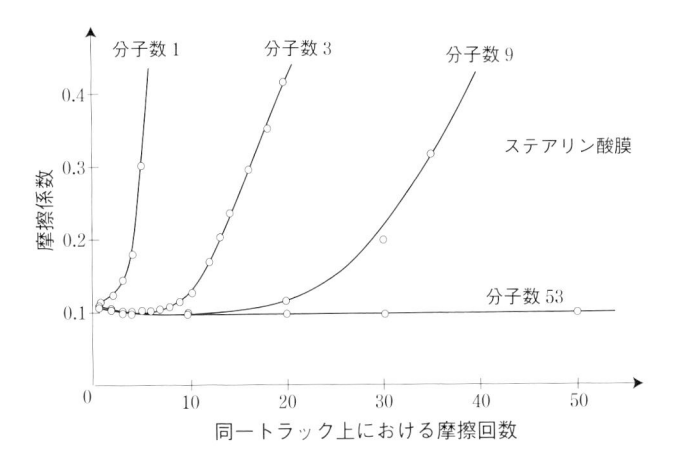

酸化鉄を含む鉄基板

図 5.5　ステアリン酸多分子膜の分子数と摩擦係数の関係[6]

5.3　境界潤滑のモデル……67

表5.1 さまざまな金属表面における摩擦試験結果[6]

	パラフィン油	パラフィン油+1％ドデカン酸
ニッケル	0.3	0.28
クロム	0.3	0.3
白金	0.28	0.25
銀	0.8	0.7
銅	0.3	0.08
カドミウム	0.45	0.05
亜鉛	0.2	0.04
マグネシウム	0.5	0.08

する．多分子膜は，単分子膜を生成する手法を繰り返し行うことで作成された．図5.5より，摩擦係数の最低値はどの曲線も0.1でほとんど差がないが，被膜が破断して摩擦係数が上昇するまでの繰り返し摩擦回数に差異があることが見てとれる．これより，バウデンらは，表面に形成されるのは単分子膜であり，多分子膜を形成する過剰な分子は摩擦によって破れた被膜の「補修」を行うにすぎないと考えた．また，バウデンらは基板の種類に対する摩擦係数の依存性も調べた．その結果の一例を**表5.1**に示す[6]．安定的な金属（ニッケル，クロム，白金，銀）を用いた場合は摩擦係数の低下が少ないが，反応性の高い金属（銅，カドミウム，亜鉛，マグネシウム）を用いた場合は摩擦係数が大幅に低減していることがわかる．これより，酸は金属表面と化学吸着し，**図5.6**[5]に示すような金属石けんを形成していると推察できる．これは近年の赤外分光法（infrared spectroscopy）やX線光電子分光法（X-ray Photoelectron Spectroscopy：XPS）などを用いた表面分析によっても確認されている[7]．

　吸着層が単分子膜であるか多分子膜であるかの議論は，いまだ決着に至っていないが，近年の光干渉法や表面力測定装置の普及・発展に伴い，その構造情報は次第により明らかになってきていることは確かである．最近では，その吸着層の構造は，しゅう動の前後あるいはしゅう動条件によって単分子層から多分子層に変化するとの報告もあり[8]，さらなる現象解明が待たれる．

5.4　化学吸着による境界潤滑膜とトライボフィルム

　油性剤の主たる構成物質はエステルや脂肪酸といった有機化合物である．しかし，これらの有機化合物は，表面に頑強な化学反応膜を形成しているわ

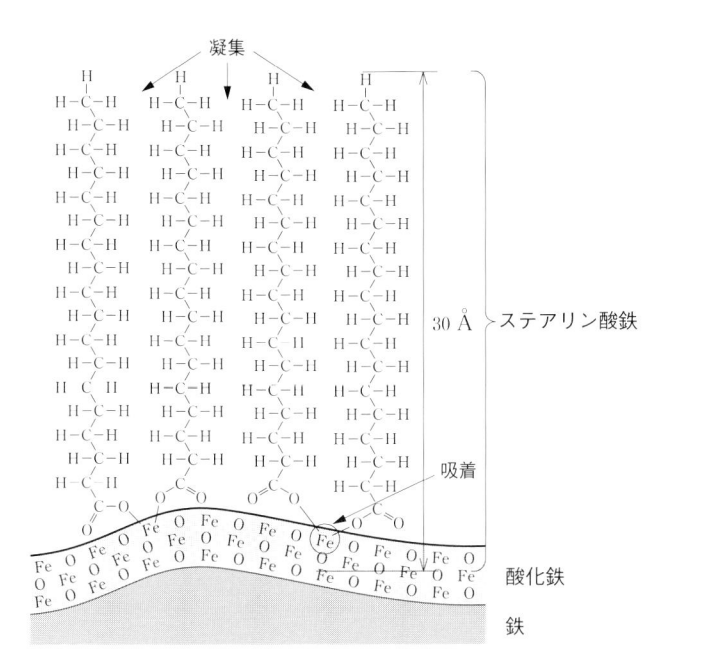

図 5.6 鉄表面におけるステアリン酸の化学吸着モデル[5]

けではなく，あくまで化学吸着を主体としており，それらはある温度（転移温度）を超えると表面から脱離するという性質をもっている．また，基本的に有機化合物からなる化学吸着膜であるため，高荷重には耐えられない．しかしながら，実際は高温・高圧の状態で使用される機械も多く，それらには異なる**境界潤滑膜**の生成によって表面の摩擦，摩耗，焼付きを防止する必要がある．そのような高温・高圧状態で使用される添加剤が**極圧剤**であり，油性剤が表面に軟らかい化学吸着膜を形成するのに対して，極圧剤は主に温度上昇によって化学反応を引き起こし，表面に頑強な化学反応膜を形成する．なかでも，しゅう動によって形成される境界潤滑膜を**トライボフィルム**（tribofilm）と呼ぶ．極圧剤の中で最も用いられるのが，ジアルキルジチオリン酸亜鉛（Zinc dialkyldithiophosphate, ZnDTP）やジアルキルジチオリン酸モリブデン（Molybdenum dialkyldithiophosphate, MoDTP）である．これらによって形成された境界潤滑膜は高温・高圧状態においても耐性が高く，シビアなしゅう動条件下で作動する機械には必須の添加剤である．このように化学反応を伴って形成された境界潤滑膜はしゅう動後も安定的であ

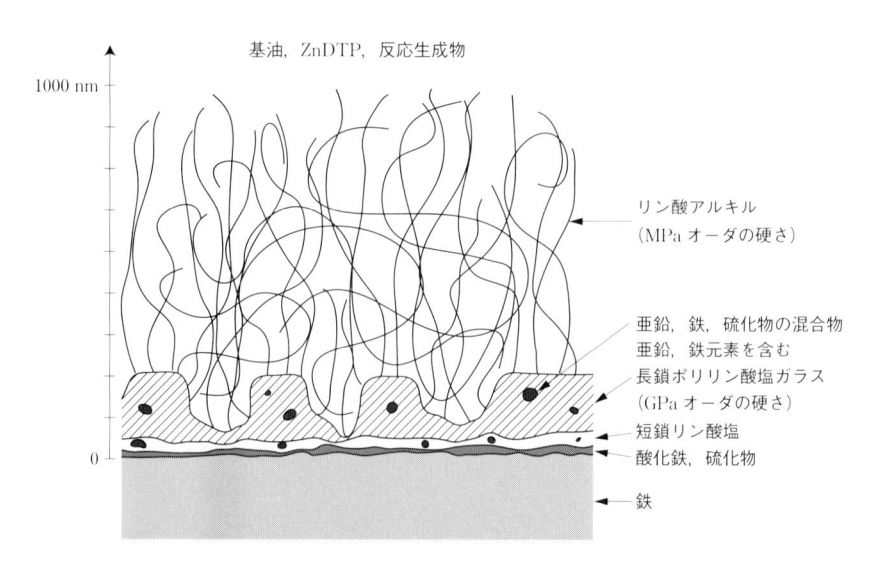

図 5.7 鉄表面上に形成された ZnDTP トライボフィルムの構造[9]

り，これまで多くの表面化学分析機器によってその構造が調べられてきた．近年の研究によって明らかとなった鉄表面上の ZnDTP トライボフィルムの構造を図 5.7 に示す[9]．最表面にはリン酸アルキルからなる低せん断被膜が存在し，これが低摩擦しゅう動をもたらす．また，その下には亜鉛と鉄を含む頑強な非晶質層が存在し，これが表面を保護し，摩耗・焼付きを防いでいる．ジアルキルジチオリン酸系極圧剤は，このような複雑な 2 層構造をとることによってシビアな境界潤滑下での摩擦を和らげる役割を果たしている．一方，分子中のリンが触媒の浄化作用や耐久性を悪化させるという弊害が指摘されており，近年，これに替わる添加剤が多くの研究者によって模索されている．

5.5 境界潤滑膜の性質

このように，境界潤滑膜は大きく 2 種類に分けることができる．

①油性剤の物理・化学吸着による有機被膜
②しゅう動に伴う極圧剤と表面金属の化学反応膜（トライボフィルム）

基油に油性剤および極圧剤を混入したときに見られる摩擦係数の温度依存

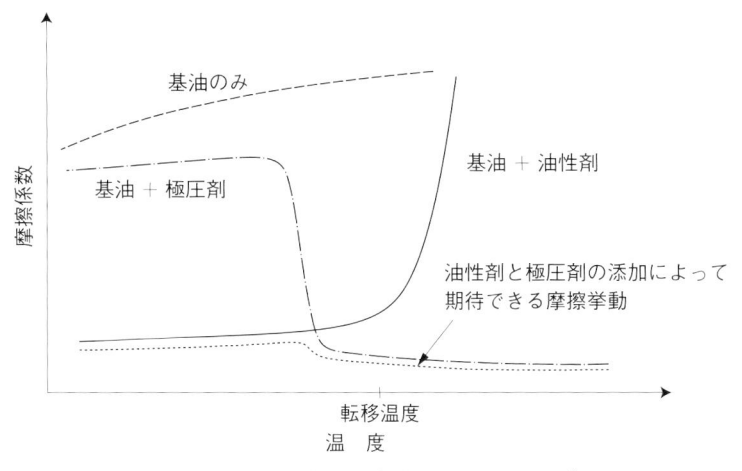

図 5.8　温度に対する油性剤と極圧剤の作用[10]

性を図 5.8 に示す[10]．基油のみで摩擦したときに比べ，油性剤を混入すると，低温度域（常温～100 ℃程度）で低摩擦が得られる．しかしながら，転移温度を超えると油性剤は表面から脱離し，その油性効果を失う．一方，基油に極圧剤を混入すると，低温域ではほとんど作用しないものの，高温域になると金属表面と熱反応し，安定した反応被膜を形成する．このように，油性剤と極圧剤は作用のメカニズムが大きく異なるため，広い温度域でのしゅう動に耐えうるには，両者を適切に組合せて用いる必要がある．

◎ 5.6　境界潤滑膜の分析

境界潤滑膜の構造を理解することは，その摩擦メカニズムを理解し，より高機能な添加剤あるいは表面の創成に繋がる．表 5.2 に，近年の境界潤滑膜に関する研究で多く使用されている分析手法とその特徴を示す（➡詳細は第 10 章）．特に，境界潤滑膜の形成状態は摩擦条件によって大きく異なるため，近年は，摩擦機器と表面分析装置を組合せた試験機が多数開発されており，今後，境界潤滑膜のメカニズムの一層の解明が期待される．

◎ 5.7　混合潤滑状態のモデル

ストライベック曲線において，$\eta\omega/W$ が境界潤滑状態からある一定値を超えると，摩擦係数は徐々に低下する傾向を見せる．そこから非接触，すなわち流体潤滑状態に至るまでの領域にある状態を混合潤滑状態と呼ぶ．$\eta\omega/W$

表 5.2 境界潤滑膜の主な分析手法

分析手法	英語名称	分析対象	得られる情報
赤外分光法	infrared spectroscopy	有機物	特定官能基の存在の有無, 配向状態
偏光反射解析法	ellipsometry	有機物, 薄膜	膜厚, 垂直方向の構造
エネルギー分散型X線分光法	Energy-Dispersive X-ray Spectroscopy	Bより重い元素	存在する元素の種類
X線光電子分光法	X-ray Photoelectron Spectroscopy	Liより重い元素	存在する元素の種類, 量およびその結合状態
二次イオン質量分析法	Secondary Ion Mass Spectroscopy	Liより重い元素	存在する元素の種類, 量

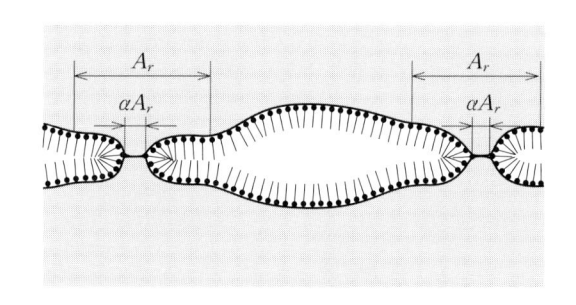

図 5.9 バウデンらによる混合潤滑モデル[10]

の増加に伴って摩擦係数が徐々に減少する理由は, 2面の相対速度の増加に伴う流体の圧力発生効果の寄与が徐々に増すためである. よって, 混合潤滑状態とはまさに, 油性剤および極圧剤によって形成された表面被膜のせん断特性が支配的な状態から基油による圧力発生効果が支配的になる状態までの過渡的な遷移状態を指す.

バウデンらによって提示された混合潤滑状態のモデルの一例を図 5.9 に示す[10]. これは, ホルムによる真実接触面積の概念とハーディの表面吸着モデルを組合せたものであり, 混合潤滑状態のなかでもより境界潤滑状態に近いものである[※2]. 2面は一部で接触しており, 一部で非接触となっている. 興味深いのは, 乾燥摩擦での真実接触の概念とは異なり, 真に固体間が接触し

※2 場合によっては, 境界潤滑モデルとして取り扱われることもある.

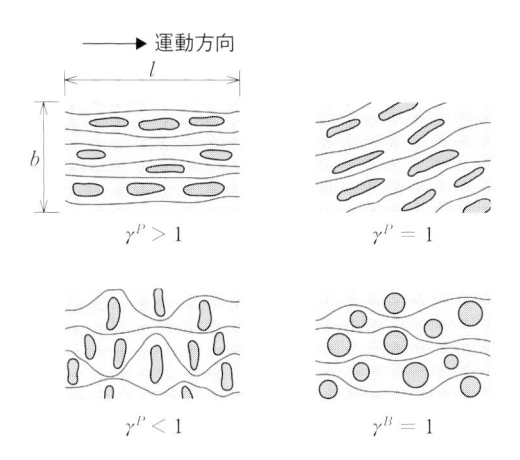

図 5.10 流れに対する粗さの形状，方向性を考慮に入れた概念モデル[12]

ている領域と境界潤滑膜を介して2面が接触している領域の2つに分かれていることである．バウデンらは，真実接触面積 A_r に対する前者の面積割合を α とし，そのときの摩擦力 F を次式で表した．

$$F = A_r\{\alpha s_m + (1-\alpha)s_b\} \tag{5.2}$$

ここに，s_m は金属同士の接触部のせん断強さであり，s_b は境界潤滑膜のせん断強さである．さらに，曽田らは非接触部における流体潤滑油膜のせん断強さ s_l も考慮に入れ，次式を提案した[11]．

$$F = (A - A_r)\cdot s_l + A_r\{\alpha s_m + (1-\alpha)s_b\} \tag{5.3}$$

ここで，A は見かけの真実接触面積を指す．

これらは，境界潤滑膜のせん断特性への寄与が大きい状態のモデルであるが，一方，流体潤滑状態に近く，圧力発生の寄与が無視できないケースの混合潤滑モデルも提案されている．そのような状況では，すきま流れにおいて凹凸の存在が無視できない．パティア（N. Patir）らは，図 5.10 に示すような，流れの方向に対する粗さの形状，方向性をパラメータとして考慮に入れた修正流体潤滑理論を提示した[12]．本書ではその詳細は割愛するが，このように混合流体潤滑状態は，

① 部分的な金属接触．
② 境界潤滑膜による荷重の支持．
③ 流体潤滑油膜による荷重の支持（ただし，その流れは粗さおよび接触部

の影響を受ける).

の3つが複雑に組合さった状態となっており，その定量的な考察には現象を見分ける洞察力が必要である.

参考文献

1) O. Reynolds: On the theory of lubrication and its application to Mr. Beuchamp Towers experiments, Phil. Trans. R. Soc., 177 (1886) 157-234.
2) R. M. Deeley: Oilness and lubrication, Discussion on lubrication, Proc. Phys. Soc., 32 (1919) 1-11.
3) W. B. Hardy and I. Bircumshaw: Boundary lubrication, Proc. R. Soc. Lond., A108, 745 (1925) 1-27.
4) I. M. Hutchings: Tribology, CRC Press (1992).
5) C. M. Allen and E. Drauglis: Boundary layer lubrication, Wear, 14 (1969) 363-384.
6) J. Williams: Engineering Tribology, Oxford University Press (1994).
7) Z. Hu, P. S. Wang and S. M. Hsu: A spectroscopic study of a copper surface under boundary lubrication, Lubrication Science, 7, 4 (1995) 293-307.
8) M. Ratoi, V. Anghel, C. H. Bovington and H. A. Spikes: Mechanisms of oiliness additives, Tribology Int., 33 (2000) 241-247.
9) A. J. Gellman and N. D. Spencer: Surface chemistry in tribology, Proceedings of the Institution of Mechanical Engineers, Part J: J. Eng. Tribology, 216 (2002) 443-461.
10) バウデン，テイバー（著），曽田範宗（訳）：固体の摩擦と潤滑，丸善 (1961).
11) 曽田範宗：摩擦と潤滑，岩波書店 (1954).
12) N. Patir and H. S. Cheng: Application of average flow models to lubrication between rough sliding surfaces, Journal of Lubrication Technology, 101 (1979) 220-230.

第6章

流体潤滑と弾性流体潤滑

　向かい合う2面が油膜を介して完全に非接触であるとき，その状態を流体潤滑状態と呼ぶことはすでに述べた．流体潤滑状態では，2面の相対運動によって油膜内に高い圧力が発生し，その圧力が負荷を支えている．2面に働く摩擦力とは，すなわち，流体のせん断力である．本章では，流体が圧力を発生するメカニズムと流れの基礎式に基づくその計算法について説明する．

> **第6章のポイント**
> ・レイノルズ方程式の基礎を理解しよう．
> ・流体潤滑理論を軸受に応用する方法を理解しよう．
> ・弾性流体潤滑理論の基本的な考え方と基礎式を理解しよう．

6.1　流体潤滑に関する研究の歴史

　1883年，イギリスの鉄道技師タワー（B. Tower）は，鉄道車両用の軸受の実験中に，給油穴を塞ぐコルク栓が勢いよく抜け，穴から潤滑油が漏れ出す現象が繰り返し起こることに気がついた．その軸受の模式図とそのときに計測されたすきま内の圧力分布を**図6.1**に示す[1]．図6.1における圧力分布の最大値（600 lbf/inch^2）は，換算するとほぼ4気圧に相当する．タワーは，この圧力発生の原因を，軸受の微小な振動に伴う「絞り膜作用（➡ 85ページ）」によるものと考えた．それに対して，軸の偏心とそれに伴う軸受すきまの非均一性から，末狭まり部で圧力が発生するメカニズムを数学的に示したのがレイノルズである．これらは，軸と軸受が油膜を介して非接触で動作し得ることを示すものであり，第二次産業革命を支える大きな基幹技術の1つとなった．

6.2　レイノルズ方程式の基礎

　流体潤滑状態においては，潤滑油の「粘度」がその特性を支配する．潤滑油によって形成される流体潤滑油膜の特性（油膜厚さ，圧力分布など）を知るには，レイノルズ方程式を解く必要がある．

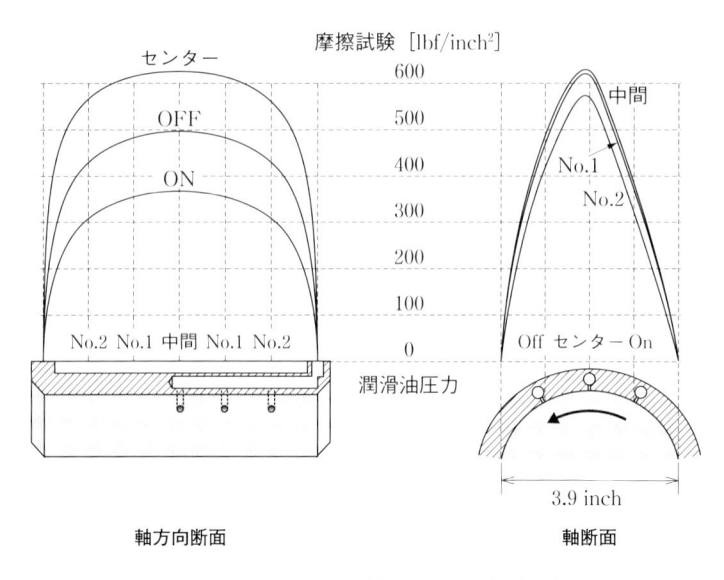

図 6.1　タワーによる軸受の圧力分布結果[1]

　一般的な流体の方程式は，流体の運動方程式，状態方程式，エネルギー方程式等の流体の物理的な「ふるまい」を規定する式と，各地点における流体の「質量保存則」で構成される．レイノルズ方程式は，油膜は極めて薄く，そのような場では流体の粘性が支配的であるという考え方に沿って簡易化した流体のふるまいにかかわる基礎式を，質量保存則に代入して，1つにまとめたものである．なかでも，1886年のレイノルズの論文[2]では流体の運動方程式と質量保存則のみに焦点が当てられており，一般的にはこれを「（狭義の）**レイノルズ方程式**（Reynolds equation）」と呼ぶことが多い[※1]．本節では，その最も基本的なレイノルズ方程式の導出する．

　図 6.2に示すような，油膜を介して相対する2面を考えよう．ここで，下面を運動面，上面を固定面とし，運動面に沿ってx軸を，すきま方向にy軸をとる．式の導出に際して，次の仮定をおく．

※1　一方，その他の流体のふるまいに関する規定の式を含めた場合は，「修正レイノルズ方程式」と呼ばれる．

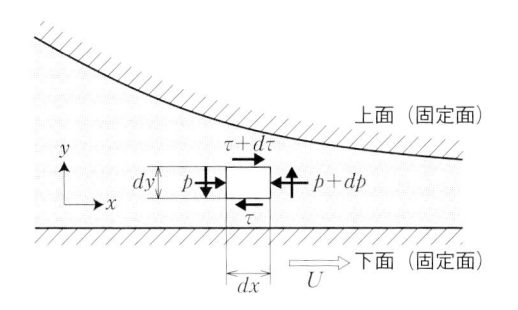

図 6.2　流体中の微小要素

① 流体は非圧縮性ニュートン流体である．
② すきま内の流れは層流で，粘度は一定である．
③ 流体の慣性力は粘性力に比べて小さく，無視できる．
④ 油膜は極めて薄く，すきま方向の圧力変化は無視できる．
⑤ 壁面と流体の間にすべりは生じない．

図 6.2 に示すように，油膜中の 1 点 (x, y) にある微小要素 $dx \times dy$（× 単位奥行き長さ 1）に働く力のつり合いを考えよう．p を圧力，τ をせん断応力とすると，x 軸方向への力のつり合いから，次式が与えられる．

$$pdy - \left(p + \frac{dp}{dx}dx\right)dy - \tau dx + \left(\tau + \frac{d\tau}{dy}dy\right)dx = 0$$

$$\therefore \quad \frac{dp}{dx} = \frac{d\tau}{dy} \tag{6.1}$$

仮定①および②より，η を粘度，u を x 軸方向への流速とすると，

$$\tau = \eta \cdot \frac{du}{dy} \tag{6.2}$$

が成り立つので（➡ 5.3 節），これを式(6.1)に代入すると，次式が得られる．

$$\frac{dp}{dx} = \eta \cdot \frac{d^2 u}{dy^2} \tag{6.3}$$

なお，式(6.3)は流体の基礎運動方程式であるナビエ-ストークスの式に対して，仮定①～④，および油膜が他の代表寸法に比べて十分小さいとする仮定[*2]を適用することによっても，得ることができる．

仮定④の下，式(6.3)を y について 2 回積分すると，

$$u = \frac{1}{2\eta} \cdot \frac{dp}{dx} \cdot y^2 + C_1 y + C_2 \quad (C_1, C_2 は積分定数) \tag{6.4}$$

となり，境界条件：$y=0$ で $u=U$，$y=h$ で $u=0$（U は運動面のすべり速度）より，次式が得られる．

$$u = U \cdot \underbrace{\frac{h-y}{h}}_{\text{クエット流}} - \underbrace{\frac{1}{2\eta} \cdot y(h-y) \cdot \frac{dp}{dx}}_{\text{ポアズイユ流}} \tag{6.5}$$

式(6.5)の右辺第1項は壁面の移動によって生じる流れを表し，**クエット**(Couette)**流**と呼ばれる．一方，右辺第2項は圧力勾配によって生じる流れを表し，**ポアズイユ**(Poiseuille)**流**と呼ばれる．式(6.5)より，クエット流は y の1次関数，ポアズイユ流は y の2次関数となっており，それぞれは図6.3のように表される．

すきまを流れる単位奥行き長さ当たりの流量 Q は，

$$Q = \int_0^h u\, dy = \frac{Uh}{2} - \frac{h^3}{12\eta} \cdot \frac{dp}{dx} \tag{6.6}$$

であり，式(6.6)を流量保存則

$$\frac{dQ}{dx} = 0 \tag{6.7}$$

に代入すれば，

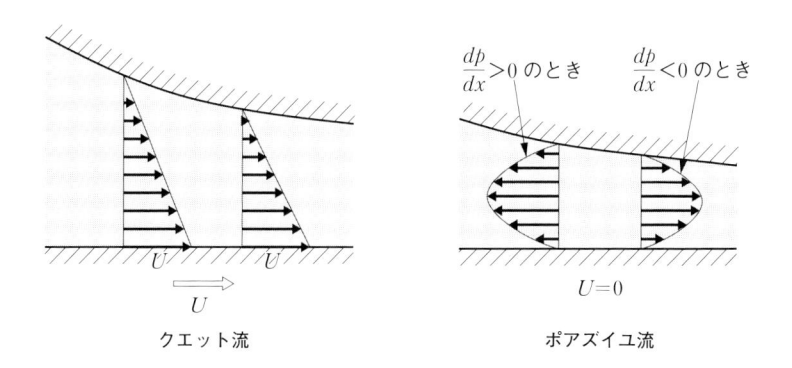

図6.3 すきまにおける流れの形状

※2 例えば，$\frac{du}{dy} \gg \frac{du}{dx}$ など．

$$\frac{d}{dx}\left(\frac{h^3}{\eta}\cdot\frac{dp}{dx}\right)=6U\frac{dh}{dx} \tag{6.8}$$

が得られ，式(6.8)は**レイノルズ方程式**と呼ばれる．すきま分布 $h=h(x)$ が既知であれば，式(6.8)は圧力 p に関する微分方程式であり，これを解けば，油膜内の圧力分布を求めることができる．

次に，レイノルズ方程式の観点から，油膜内で圧力が発生するメカニズムを考えよう．**図6.4**に示すような傾斜平板軸受（スライダ軸受ともいう）を想定し，代表的に，A（入口部），B（中央部），C（出口部）における流体の流れの様子を考える．

まず，クエット流成分に着目すると，下面の速度はどの位置においても同じであるから，それぞれの位置で，底辺の長さは等しいが高さの異なる直角三角形の速度場を描くことができる．この面積がその位置における流量に相当するが，そのままでは流量連続の関係（流量保存則）が満たされない．

流量連続の関係を満たすためには，必然的にポアズイユ流を考える必要がある．仮に，中央部 B でのクエット流による流量を基準として流量連続の関係が成り立つよう考えると，中央部 B より上流側では流量が減り，下流側では流量が増えなくてはならない．ポアズイユ流はすきま方向 y に対して2次関数で表されるため，図6.4の破線で表すような速度場となることが予想できる．すなわち，上流側では圧力勾配は正に，下流側では圧力勾配は負となり，これより，すきま内全体にわたって，正の圧力が発生していなくて

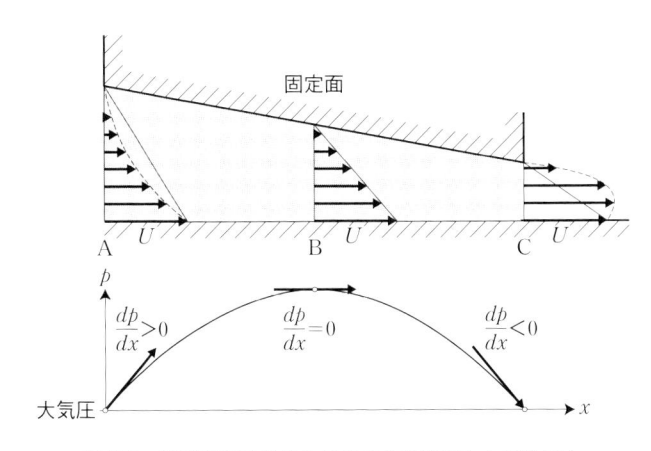

図6.4　傾斜平板軸受におけるすきま内流れと発生圧力

はならない．

これは，式(6.8)を積分することによっても，簡単に理解できる．式(6.8)を x で積分し，積分定数を h_m とすれば，任意の位置における圧力勾配は，

$$\frac{dp}{dx}=6\eta U\left(\frac{1}{h^2}-\frac{h_m}{h^3}\right) \tag{6.9}$$

となる．つまり，圧力が最大となる位置でのすきま長さ h_m に対し，すきまがそれより大きい領域では $dp/dx>0$ に，すきまが小さい領域では $dp/dx<0$ となることが確認できる．

以上が流体潤滑油膜内で圧力が発生するメカニズムであり，くさびのように末狭まりとなるすきま領域において圧力が生じることから，**くさび膜作用**（wedge film action）と呼ばれる．くさび膜作用による流体潤滑油膜圧力の発生には，次の3点が必要条件となる．

- 壁面の運動方向に向かってすきまが末狭まり形状になっている．
- すきまを構成する2面に相対的なすべり運動がある．
- 流体に粘度がある．

例題 6.1

図6.4に示す傾斜平板軸受において，入口部 A（$\xi=0$，ただし，$\xi=x/B$，B は AC 間の長さ）でのすきま長さを h_1，出口部 C（$\xi=1$）でのすきま長さを h_2 とし，$\xi=0$ および $\xi=1$ で $p=p_a$（大気圧）の境界条件の下，(1) 油膜内の圧力分布，(2) 最大圧力位置での油膜厚さ，(3) 最大圧力位置，(4) 負荷容量（油膜がスライダ上面を押し上げる力）をそれぞれ求めよ．ただし，軸受面の奥行き長さは無限に長いものとする．

〈解答〉

$m=h_1/h_2$ とすると，$h(\xi)=h_2\cdot(m-m\xi+\xi)$ と書くことができる．これを式(6.9)に代入すると，

$$\frac{dp}{dx}=\frac{dp}{Bd\xi}=6\eta U\left\{\frac{1}{h_2^2(m-m\xi+\xi)^2}-\frac{h_m}{h_2^3(m-m\xi+\xi)^3}\right\}$$

$$\therefore \quad \frac{dp}{dx}=\frac{6\eta UB}{h_2^2}\left\{\frac{1}{(m-m\xi+\xi)^2}-\frac{1}{(m-m\xi+\xi)^3}\cdot\frac{h_m}{h_2}\right\}$$

となる．これを，ξに関して積分すると，
$$p = \frac{6\eta UB}{h_2^2}\left\{\frac{2h_2(m-m\xi+\xi)-h_m}{2h_2(m-1)(m-m\xi+\xi)^2}+C_0\right\}$$
となり，入口部，出口部での圧力境界条件より，
$$p = \frac{6\eta UB}{h_2^2}\cdot\frac{(m-1)(1-\xi)\xi}{(m+1)(m-m\xi+\xi)^2}+p_a \quad \cdots(1)\text{の答}$$
$$h_m = \frac{2m}{m+1}\cdot h_2 \quad \cdots(2)\text{の答}$$
となる．また，最大圧力位置 ξ_0 は，$dp/d\xi=0$ となることより，
$$\xi_0 = \frac{m}{m+1} \quad \cdots(3)\text{の答}$$
となる．さらに，単位奥行き長さ当たりの負荷容量 W は，
$$W = \int_0^B (p-p_a)dx = \int_0^1 (p-p_a)Bd\xi$$
によって算出でき，次式が得られる．
$$W = \frac{6\eta UB^2}{h_2^2(m-1)^2}\cdot\left\{\log m - \frac{2(m-1)}{m+1}\right\} \quad \cdots(4)\text{の答}$$

(1)で求めた圧力分布を，m をパラメータとして図に示す．$m=2.19$ のとき W は最大値をとり，このとき，$\xi_0=0.687$ で圧力が最大となる．

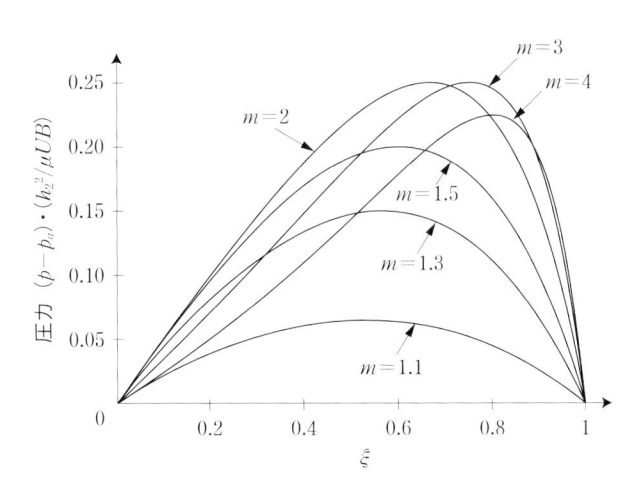

図　無限幅傾斜平板軸受の圧力分布

6.3 レイノルズ方程式の一般化

実際のすべり軸受などの解析にレイノルズ方程式を適用するには，前節で述べた簡便なレイノルズ方程式をより一般化して理解しておく必要がある．一般化に際しては，次の状況を含めるものとする．

- すきまは2次元的（平面状）である．すなわち，奥行き方向にも有限の広がりがある．
- 2面とも移動し，速度をもつ．
- 2面は常に相対的に固定した位置関係を保つのではなく，接近速度をもつ．

本節では，これらの状況を含めた一般的なレイノルズ方程式の導出する．なお，式の導出過程で用いる仮定は，6.2節のものと同じである．

図6.5 に示す系において，流体の運動方程式は，式(6.3)を2次元的に拡張することによって，

$$\frac{\partial p}{\partial x} = \eta \cdot \frac{\partial^2 u}{\partial y^2} \tag{6.10}$$

$$\frac{\partial p}{\partial z} = \eta \cdot \frac{\partial^2 w}{\partial y^2} \tag{6.11}$$

と書くことができる．境界条件

$$\begin{aligned} y=0 &: u=U_1, \ w=W_1=0 \\ y=h &: u=U_2, \ w=W_2=0 \end{aligned} \tag{6.12}$$

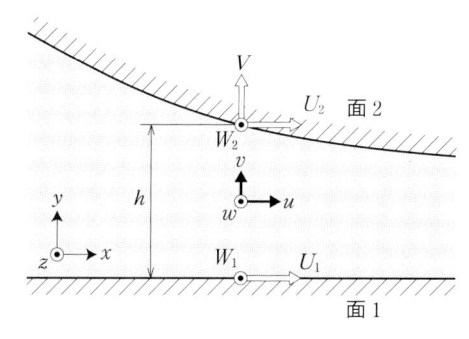

図6.5 2次元すきまにおける一般座標系

の下，式(6.10)，(6.11)を2回積分すれば，

$$u = \frac{h-y}{h} \cdot U_1 + \frac{y}{h} \cdot U_2 - \frac{1}{2\eta} \cdot \frac{\partial p}{\partial x} \cdot y(h-y) \tag{6.13}$$

$$w = -\frac{1}{2\eta} \cdot \frac{\partial p}{\partial z} \cdot y(h-y) \tag{6.14}$$

となる．非圧縮性流体の場合，流量保存則は，

$$\frac{\partial u}{\partial x} + \frac{\partial v}{\partial y} + \frac{\partial w}{\partial z} = 0 \tag{6.15}$$

と書くことができ，これを境界条件

$$y=0 \text{ で } v=0, \quad y=h \text{ で } v=V \tag{6.16}$$

の下で，y について 0 から h の範囲で積分すると，

$$-[v]_0^h = \int_0^h \frac{\partial u}{\partial x} dy + \int_0^h \frac{\partial w}{\partial z} dy$$

$$\therefore \ -V = \frac{\partial}{\partial x}\int_0^h u\,dy - \frac{\partial h}{\partial x} \cdot u\bigr|_{y=h} + \frac{\partial}{\partial z}\int_0^h w\,dy - \frac{\partial h}{\partial z} \cdot w\bigr|_{y=h} \tag{6.17}$$

と変形でき，境界条件(6.12)より，

$$-V = \frac{\partial}{\partial x}\int_0^h u\,dy - \frac{\partial h}{\partial x} \cdot U_2 + \frac{\partial}{\partial z}\int_0^h w\,dy \tag{6.18}$$

となる．これに式(6.13)，(6.14)を代入して整理すると，次式が得られる．

$$\frac{\partial}{\partial x}\left(\frac{h^3}{\eta} \cdot \frac{\partial p}{\partial x}\right) + \frac{\partial}{\partial z}\left(\frac{h^3}{\eta} \cdot \frac{\partial p}{\partial z}\right)$$

$$= 6(U_1 - U_2) \cdot \frac{\partial h}{\partial x} + 6h \cdot \frac{\partial(U_1 + U_2)}{\partial x} + 12V \tag{6.19}$$

ここで，

$$V \equiv \frac{dh}{dt} = \frac{\partial h}{\partial t} + \frac{\partial h}{\partial x} \cdot \frac{\partial x}{\partial t} = \frac{\partial h}{\partial t} + U_2 \cdot \frac{\partial h}{\partial x} \tag{6.20}$$

なので，式(6.20)を式(6.19)に代入して，

$$\frac{\partial}{\partial x}\left(\frac{h^3}{\eta}\cdot\frac{\partial p}{\partial x}\right)+\frac{\partial}{\partial z}\left(\frac{h^3}{\eta}\cdot\frac{\partial p}{\partial z}\right)$$

$$=\underbrace{6(U_1+U_2)\cdot\frac{\partial h}{\partial x}}_{\text{くさび膜作用}}+\underbrace{6h\cdot\frac{\partial(U_1+U_2)}{\partial x}}_{\text{伸縮膜作用}}+\underbrace{12h\cdot\frac{\partial h}{\partial t}}_{\text{絞り膜作用}} \quad (6.21)$$

と表記することもある．これが**一般的なレイノルズ方程式**である．

式(6.21)において，一般的なレイノルズ方程式の意味するところを考えよう．左辺には圧力勾配 $\partial p/\partial x$, $\partial p/\partial z$ にかかわる項があり，右辺はそれ以外の項で成り立っている．すなわち，右辺が油膜内の圧力の発生要因を表し，左辺がその結果として現れる圧力分布の形状を規定していると解釈できる．右辺の各項については，次のように説明できる．なお，右辺の値が負のとき，すきま内には正の圧力が生じる．

- 右辺第1項：**くさび膜作用**

6.2 節で述べたように，**図 6.6**(a)に示すような末狭まり形状（$\partial h/\partial x<0$）となっているすきまに，壁面の移動に伴って流体が誘い込まれるとき（$U_1+U_2>0$），右辺第1項は負となる．

- 右辺第2項：**伸縮膜作用**（stretch film action）

図 6.6(b)に示すように，壁面の移動速度が流体の進行方向に向かって遅くなっているとき（$\partial(U_1+U_2)/\partial x<0$），右辺第2項は負となる．このような現象は通常の潤滑面では起こらないが，圧延加工時の潤滑面を対象としたときなどに生じることもある．

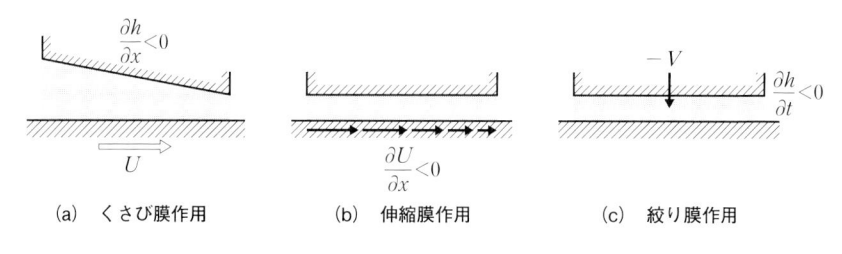

(a) くさび膜作用　　(b) 伸縮膜作用　　(c) 絞り膜作用

図 6.6　潤滑膜圧力の発生機構

- 右辺第3項：**絞り膜作用**（squeeze film action）

図6.6(c)に示すように，両面が接近するとき（$\partial h/\partial t<0$），右辺第3項は負となる．これは，壁面の接近運動がすきま内の潤滑流体を絞り出す際，流体の粘性抵抗に打ち勝つよう，すきま内に圧力が発生すると考えれば理解しやすい．

6.4 真円ジャーナル軸受への適用

6.4.1 圧力分布と負荷容量

一般的なすべり軸受は単純な円筒型（真円ジャーナル軸受と呼ばれる）であり，それが大荷重，高速回転の軸を長時間支持しうる理由は，軸と軸受が油膜を介して完全に非接触となっているためである．一般的な真円ジャーナル軸受の模式図を**図6.7**に示す．真円の軸と円筒の軸受，そして，間に挟まれた潤滑油で構成される[※3]．

軸が軸受と同心の位置にある場合，周方向へのすきま分布は一定であり，よって油膜圧力は発生しない[※4]．しかしながら，軸の中心が少しでも軸受の中心からずれていれば，すきまが最も広い位置から最も狭い位置にかけて，周方向に末狭まりのくさび形状ができることになる．軸の回転に伴って潤滑

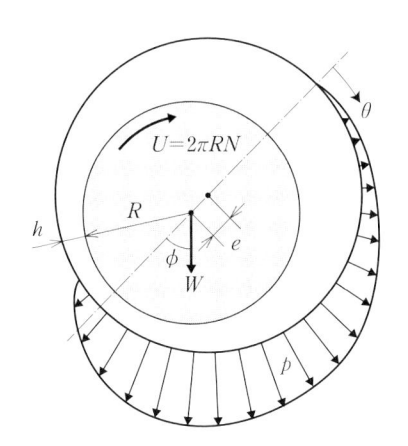

図6.7 真円ジャーナル軸受模式図と圧力分布

[※3] ただし，図6.7ではすきまの大きさを誇張して描いていることに注意する．実際のジャーナル軸受では，軸径とすきまの比は1000：1程度である．
[※4] したがって，軸と軸受が無偏心状態で定常的に存在し続けることはありえない．

油がくさび形状に引き込まれると，すきま内に高い油膜圧力が発生し，それが軸を支える力となる．

本節では，そのような真円ジャーナル軸受で発生する圧力分布および**負荷容量**（油膜によって支持し得る荷重）を，レイノルズ方程式を用いて算出しよう．なお，軸受の奥行き長さは無限に長いものとし，軸方向への圧力勾配はないものとする．レイノルズ方程式は式(6.8)で与えられる．それを1回積分したものが式(6.9)であるが，$x=R\theta$ の関係式[※5]の下で再記すると以下のようになる．

$$\frac{dp}{d\theta} = 6\eta RU\left(\frac{1}{h^2} - \frac{h_m}{h^3}\right) \tag{6.22}$$

軸が軸受中心から距離 e だけずれている（偏心している）場合，すきま分布は，

$$h = c_r + e\cos\theta = c_r(1+\varepsilon\cos\theta) \tag{6.23}$$

で与えられる．ここで，c_r は半径すきま，ε は偏心率（$\varepsilon = e/c_r$）である．式(6.23)を式(6.22)に代入し，θ に関して一回積分すれば周方向の圧力分布は，

$$p = \frac{6\eta RU}{c_r^2}\left[J_2 - \frac{h_m}{c_r}J_3\right] + C \quad (C は積分定数) \tag{6.24}$$

となる．ここで，J_2 および J_3 は，ゾンマーフェルト変換：

$$1+\varepsilon\cos\theta = \frac{1-\varepsilon^2}{1-\varepsilon\cos\gamma} \tag{6.25}$$

を用いて，以下のように計算できる．

$$J_2 = \int \frac{d\theta}{(1+\varepsilon\cos\theta)^2} = (1-\varepsilon^2)^{-\frac{3}{2}}\int(1-\varepsilon\cos\gamma)d\gamma$$

$$= (1-\varepsilon^2)^{-\frac{3}{2}}\cdot(\gamma - \varepsilon\sin\gamma) \tag{6.26}$$

$$J_3 = \int \frac{d\theta}{(1+\varepsilon\cos\theta)^3}$$

$$= (1-\varepsilon^2)^{-\frac{5}{2}}\int\left(1 - 2\varepsilon\cos\gamma + \frac{\varepsilon^2}{2} + \frac{\varepsilon^2}{2}\cos2\gamma\right)d\gamma$$

※5　ただし，θ は最大すきま位置から軸の回転方向に沿った角度座標．

$$= (1-\varepsilon^2)^{-\frac{5}{2}} \cdot \left(\gamma - 2\varepsilon \sin\gamma + \frac{\varepsilon^2}{2}\gamma + \frac{\varepsilon^2}{4}\sin 2\gamma \right) \tag{6.27}$$

式(6.24)において，h_m および C は積分定数であり，境界条件によって決まる．いま，軸受が完全に潤滑油で満たされており，全周にわたって油膜が存在するとすると，境界条件は，

$$\theta = 0, \ 2\pi \ \text{で} \ p = p_a \tag{6.28}$$

となる．このように，全周に油膜が存在するという仮定を，ゾンマーフェルトの条件（Sommerfeld condition）と呼ぶ．これを代入すると，h_m および C は，

$$h_m = \frac{2c_r(1-\varepsilon^2)}{2+\varepsilon^2} \tag{6.29}$$

$$C = p_a \tag{6.30}$$

と決めることができ，γ を θ に戻すことによって，周方向の圧力分布

$$p = \frac{6\eta UR}{c_r^2} \cdot \frac{\varepsilon \sin\theta(2+\varepsilon\cos\theta)}{(2+\varepsilon^2)(1+\varepsilon\cos\theta)^2} + p_a \tag{6.31}$$

を得る．式(6.31)の圧力分布形状を図6.8に示す．式(6.31)およびグラフより，圧力分布は $\theta = \pi$ で完全な点対称となっており，$\pi < \theta < 2\pi$ の領域では負圧（$p < p_a$）となっていることが見てとれる．実際のすべり軸受においては，このような負圧部において，溶存気体の析出や軸受端からの外部気体の巻き込みにより，油膜破断が生じる．油膜破断部は「キャビテーション（厳密にはエアレーションと呼ばれることもある）」と呼ばれる気泡で満たされるこ

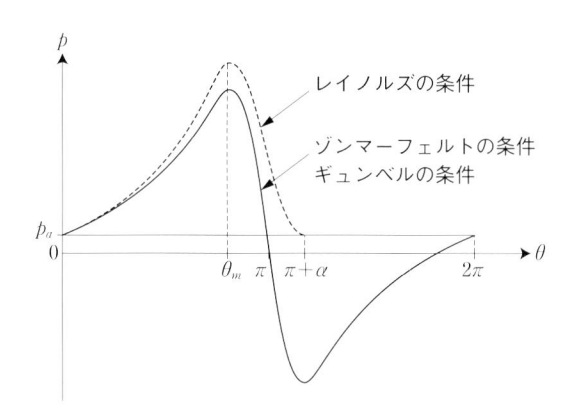

図6.8 真円ジャーナル軸受の圧力分布

とになる．油膜破断が生じた領域では圧力はほぼ大気圧に等しくなるとされており，この点を考慮した境界条件として，ギュンベルの条件とレイノルズの条件がある．**ギュンベルの条件**（Gumbel condition）は，

$$\theta = 0, \ 2\pi \ \text{で} \ p = p_a \ \text{かつ負圧部}\ (\pi < \theta < 2\pi) \ \text{で} \ p = p_a \tag{6.32}$$

であり，**レイノルズの条件**（Reynolds condition）は，

$$\begin{aligned}&\theta = 0 \ \text{で} \ p = p_a \ \text{かつ} \ \theta = \pi + \theta_c \ \text{で} \ \partial p / \partial \theta = 0 \\ &\text{かつ} \ \pi + \theta_c < \theta < 2\pi \ \text{で} \ p = p_a\end{aligned} \tag{6.33}$$

である．これらの境界条件の下で解いた圧力分布も図6.8に示す．

このようにして求められた圧力分布を積分すれば，軸を支持する負荷容量を計算することができる．負荷容量は，一般的に，軸の偏心に対してその正反対の向きに発生する力を W_n，直角方向に発生する力を W_t とすると，

$$W_n = -\int_0^{2\pi} LR(p - p_a)\cos\theta\, d\theta \tag{6.34}$$

$$W_t = -\int_0^{2\pi} LR(p - p_a)\sin\theta\, d\theta \tag{6.35}$$

と表され，負荷容量 W は，

$$W = \sqrt{W_n^2 + W_t^2} \tag{6.36}$$

となる．また，

$$\phi = \tan^{-1}(P_t/P_n) \tag{6.37}$$

を**偏心角**と呼ぶ．

式(6.31)を式(6.34)～(6.37)に代入すれば，ゾンマーフェルト条件下における負荷容量および偏心角を求めることができる．ゾンマーフェルト条件下で計算した圧力分布は $\theta = \pi$ で点対称であることから，

$$W_n = 0 \tag{6.38}$$

であり，負荷容量および偏心角は次式で与えられる．

$$W = W_t = \eta U L\left(\frac{R}{c_r}\right)^2 \cdot \frac{12\pi\varepsilon}{(2+\varepsilon^2)\sqrt{1-\varepsilon^2}} \tag{6.39}$$

$$\phi = \pi/2 \quad (\varepsilon \text{によらず一定}) \tag{6.40}$$

いま，軸受の負荷と偏心率の関係を表す指標値として，**ゾンマーフェルト数**（Sommerfeld number）S を導入し，次式で定義する．

$$S \equiv \frac{\eta N}{p_m} \cdot \left(\frac{R}{c_r}\right)^2 \tag{6.41}$$

ここに，N $(=U/2\pi R)$ は軸回転速度，p_m $(=W/2RL)$ は軸受平均面圧で与えられる．式(6.41)を式(6.39)に代入して整理すれば，次式が得られる．

$$S = \frac{(2+\varepsilon^2)\sqrt{1-\varepsilon^2}}{12\pi^2\varepsilon} \tag{6.42}$$

一方，ギュンベルの条件下では，ゾンマーフェルト数と偏心率の関係は，

$$S = \frac{(2+\varepsilon^2)(1-\varepsilon^2)}{6\pi\varepsilon\sqrt{4\varepsilon^2+\pi^2(1-\varepsilon^2)}} \tag{6.43}$$

となるので，偏心角は，

$$\phi = \tan^{-1}\frac{\pi\sqrt{1-\varepsilon^2}}{2\varepsilon} \tag{6.44}$$

となる．

レイノルズの条件下で計算した場合も含めて，図 6.9 にゾンマーフェルト数と偏心率の関係を，図 6.10 に偏心率と偏心角の関係[※6] を示す[3]．ゾンマーフェルト条件では，偏心角は偏心率にかかわらず 90°で一定であるが，ギュンベルの条件やレイノルズの条件を適用すれば，偏心角は偏心率に応じて変化することとなる．実際のすべり軸受がとる軸心軌跡は，ゾンマーフェルトの条件で計算したものに比べ，ギュンベルの条件やレイノルズの条件で計算したものにより近いとされている．

なお，有限幅の軸受特性の計算においては，コンピュータプログラミン

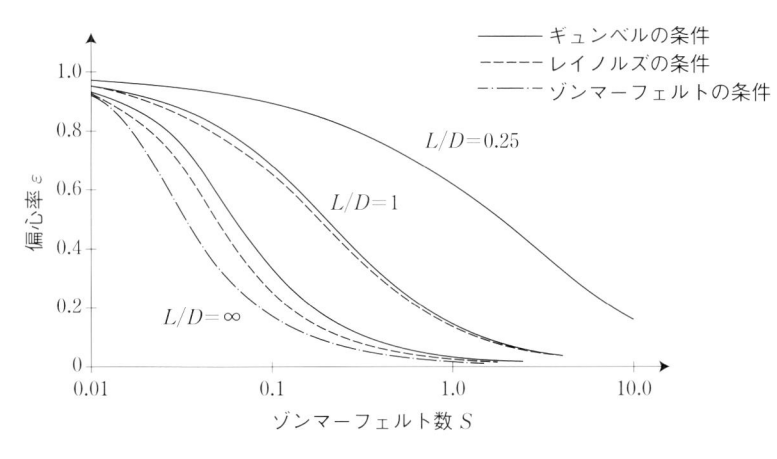

図 6.9　ゾンマーフェルト数と偏心角の関係[3]

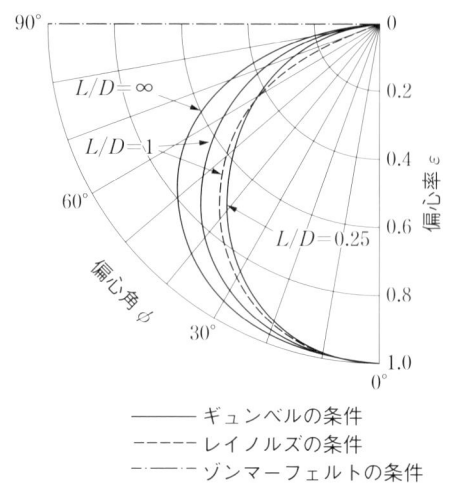

図 6.10 偏心率と偏心角の関係（軸心軌跡）[3]

グによる解析が必要になる．一般的には，式(6.21)のレイノルズ方程式をそのまま離散化するのではなく，1回積分した流量の形で取り扱うダイバージェンスフォーミュレーション法を用いる場合が多い．ダイバージェンスフォーミュレーション法を用いた離散化プロセスと有限幅ジャーナル軸受のプログラム例を付録に掲載するので，必要に応じて参照してほしい．

6.4.2 摩擦力と摩擦係数

真円ジャーナル軸受の摩擦係数 μ は，摩擦モーメントを M として，

$$\mu = M/RW \tag{6.45}$$

と表される．いま，最も単純な場合として，無限幅かつ無偏心（$\varepsilon=0$）状態の軸受を仮定すると，流体せん断応力 τ は，

$$\tau = \eta \frac{\partial u}{\partial y} = \eta \frac{U}{c_r} \tag{6.46}$$

と表されるので，摩擦モーメント M は，

$$M = \int_0^{2\pi} \tau R L d\theta \cdot R = \tau \cdot 2\pi R L \cdot R = 2\pi \eta U L R^2 / c_r \tag{6.47}$$

となる．よって，摩擦係数 μ は，軸受平均面圧 p_m（$= W/2RL$）と軸回転速

※6　軸心軌跡と呼ばれる．

度 N（$=U/2\pi R$）を用いて，

$$\mu = \frac{M}{RW} = 2\pi^2 \left(\frac{R}{c_r}\right)\cdot\left(\frac{\eta N}{p_m}\right) \tag{6.48}$$

と表される．このように，無限幅かつ無偏心状態での摩擦係数の式を**ペトロフの式**（Petroff's law）と呼ぶ．ペトロフ（N. Petroff）は，1883年に，ニュートンの粘性の式から軸受の摩擦を求める式を導出した[4]．式(6.48)で計算された摩擦係数をストライベック曲線に書き入れると，図5.1（➡64ページ）のようになる．実際の軸受では，軸受幅が有限であり，また，偏心によって圧力流れの項が存在するが，式(6.48)では，それらは考慮されていない．しかしながら，式(6.48)は軸受の摩擦係数の近似式として現在でもよく用いられており，特に，ゾンマーフェルト数が大きいとき[※7]，式(6.48)で計算した値は実際の実験値によく一致することが確認されている．

例題 6.2

> 図6.7に示す無限幅の真円ジャーナル軸受において，ゾンマーフェルトの条件に基づいて油膜圧力分布を算出するとき，軸の回転時における摩擦係数を求めよ．

〈解答〉

軸の回転時における油膜の速度分布は，式(6.13)

$$u = \frac{h-y}{h}\cdot U_1 + \frac{y}{h}\cdot U_2 - \frac{1}{2\eta}\cdot\frac{\partial p}{\partial x}\cdot y(h-y)$$

において，$U_1=U$，$U_2=0$ とすればよいので，

$$u = \frac{h-y}{h}\cdot U - \frac{1}{2\eta}\cdot\frac{\partial p}{\partial x}\cdot y(h-y)$$

となる．よって，軸壁面における流体せん断力 τ は，

$$\tau = \eta\left.\frac{\partial u}{\partial y}\right|_{y=0} = -\frac{\eta U}{h} - \frac{h}{2}\cdot\frac{\partial p}{\partial x}$$

であり，$x=R\theta$ および式(6.22)

$$\frac{dp}{d\theta} = 6\eta RU\left(\frac{1}{h^2} - \frac{h_m}{h^3}\right)$$

を用いると，

※7 すなわち，粘性の効果の寄与が相対的に大きいとき．

$$\tau = -\frac{\eta U}{h} - \frac{h}{2R} \cdot 6\eta RU\left(\frac{1}{h^2} - \frac{h_m}{h^3}\right) = -\eta U\left(\frac{4}{h} - \frac{3h_m}{h^2}\right) \quad (1)$$

となる．摩擦モーメント M は，

$$M = \int_0^{2\pi} |\tau| RL d\theta \cdot R$$

で定義されるので，式(1)を代入して計算すればよい．その際，$h = c_r(1 + \varepsilon \cos\theta)$ であり，h を含む項の積分はゾンマーフェルト変換：$1 + \varepsilon \cos\theta = \dfrac{1-\varepsilon^2}{1-\varepsilon\cos\gamma}$ を用いれば容易に計算でき，次式が得られる．

$$M = \frac{\eta ULR^2}{c_r} \cdot \left\{\frac{8\pi}{(1-\varepsilon^2)^{1/2}} - \frac{h_m}{c_r} \cdot \frac{6\pi}{(1-\varepsilon^2)^{3/2}}\right\} = \frac{\eta ULR^2}{c_r} \cdot \frac{4\pi(2\varepsilon^2+1)}{(2+\varepsilon^2)\sqrt{1-\varepsilon^2}}$$

負荷容量 W は式(6.39)

$$W = W_t = \eta UL\left(\frac{R}{c_r}\right)^2 \cdot \frac{12\pi\varepsilon}{(2+\varepsilon^2)\sqrt{1-\varepsilon^2}}$$

で算出されるので，摩擦係数は以下となる．

$$\mu = \frac{M}{RW} = \frac{c_r}{r} \cdot \frac{2\varepsilon^2+1}{3\varepsilon} \quad \cdots \text{(答)}$$

6.5　修正レイノルズ方程式

　トライボロジーの分野においては，対象とする油膜が極めて薄いため，粘性流れのみを取り扱えばよく，また，厚み方向への圧力勾配を無視できることから，一般的な流れの式に比べてより簡単なレイノルズ方程式の適用が有用であることをすでに述べた．レイノルズ方程式とは，流体の物理的ふるまいを規定する式と，各地点における質量保存則を1つにまとめたものであることはすでに述べたが，ふるまいを規定する式においては，当然，その状況に見合った適切な仮定を導入することが求められる．6.2節の仮定とは別に，それぞれの状況に応じた仮定から導いた基礎式を，総じて**修正レイノルズ方程式**と呼ぶ．以下に，すでによく用いられ一般化している修正レイノルズ方程式をあげる．その内容および詳細は参考文献などを参照してほしい．

- 非ニュートン流体レイノルズ方程式（ポリマー，グリース潤滑のとき）[5]
- 圧縮性流体レイノルズ方程式（気体潤滑のとき）[6]

- 表面粗さの影響を含む修正レイノルズ方程式（混合流体潤滑状態に近く，表面粗さの影響が無視できないとき）[7]
- 乱流レイノルズ方程式（流れが高速のとき）[8]
- 希薄気体レイノルズ方程式（ハードディスクドライブのディスク–ヘッド間のような数十 nm オーダの気体膜を扱うとき）[9]

また，温度の影響に関しては，レイノルズ方程式に組み込んで定式化したものはなく，一般的には，レイノルズ方程式とエネルギー方程式を連立させて解いていく手法がとられる．このように温度の影響を考慮に入れて解く手法を，熱流体潤滑解析（Thermohydrodynamic Lubrication Analysis）と呼ぶ．

6.6 流体潤滑理論の応用

6.6.1 動圧軸受

例題 6.1 で示した傾斜平板軸受のように，支持物体の移動や回転に伴って流体が連れ動き，それによって発生した油膜圧力によって物体を非接触に支持する軸受を，**動圧軸受**（hydrodynamic bearing）と呼ぶ．一般的には，軸受面に段あるいは溝を設けることによって油膜圧力を発生させるものが多い．

動圧軸受けの代表例に，**図 6.11** に示すような**レイリーステップ軸受**（段付き軸受）がある．無限幅を仮定した場合の圧力分布は，ステップ位置を頂点とする三角形状となり，負荷容量 W は，$k=B_1/B$，$m=h_1/h_2$ として，

$$W = \frac{\eta U B^2}{h_2^2} \cdot \frac{3k(1-k)(m-1)}{k+(1-k)m^3} \tag{6.49}$$

と表される．負荷容量 W を最大にする軸受形状パラメータの値は，$k=0.718$，$m=1.87$ である．

また，面の移動に伴って流体を溝に沿う方向に導入し，そのポンプイン作用によって油膜圧力をより積極的に高めて物体を非接触に支持する**スパイラル溝付き軸受**や**ヘリングボーン溝付き軸受**（図 6.12[10]）もある．これらは，高荷重を支持しうるというよりむしろ，軸の精密な回転精度を達成しうる軸受として，近年，精密機器のスピンドルに多く使用されている．

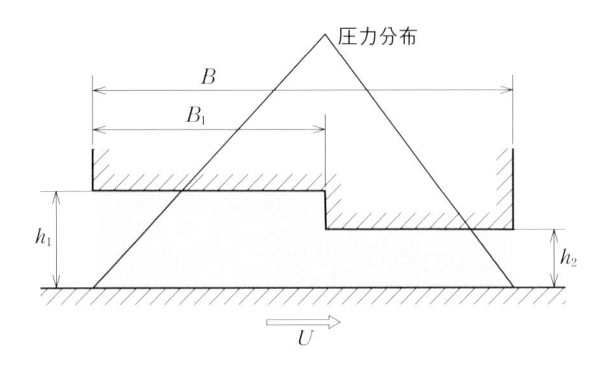

図 6.11　レイリーステップ軸受と圧力分布

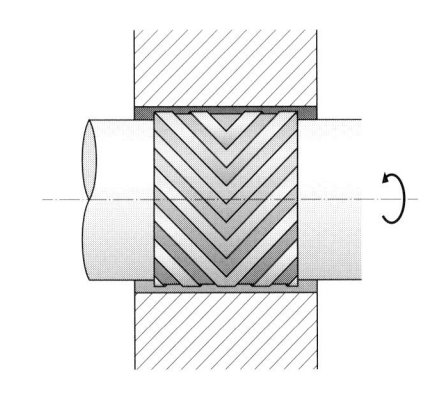

図 6.12　ヘリングボーン溝付きジャーナル軸受[10]

6.6.2　静圧軸受

　壁面の移動に伴う流体の連れ動きによって圧力を発生する動圧軸受に対し，外部油圧源の圧力を利用して負荷容量を得る形式の軸受を**静圧軸受**（hydrostatic bearing）と呼ぶ．軸が回転していなくとも流体潤滑油膜を確保でき，また，作動条件に関係なく安定した軸受特性が得られるといった特長をもつ反面，外部からの潤滑油供給源が必要であるため使用は限定されがちである．

　最も単純な**円板型油静圧スラスト軸受**の模式図を図 6.13 に示す．軸受面中央には深めのポケットが設けられており，ここでの圧力は p_r で一定と考えることができる．

　式(6.8)に示されるレイノルズ方程式を極座標に展開すると，次となる．

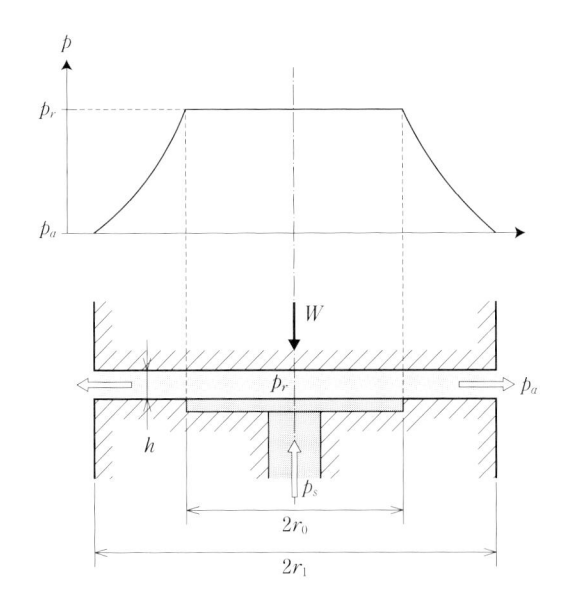

図 6.13　円板型油静圧スラスト軸受

$$\frac{1}{r}\frac{\partial}{\partial r}\left(\frac{rh^3}{\eta}\cdot\frac{\partial p}{\partial r}\right)+\frac{1}{r^2}\frac{\partial}{\partial \theta}\left(\frac{h^3}{\eta}\cdot\frac{\partial p}{\partial \theta}\right)=6\omega\frac{\partial h}{\partial \theta} \qquad (6.50)$$

すきまは周方向にも半径方向にも一定であることから，

$$\frac{d}{dr}\left(r\frac{dp}{dr}\right)=0 \qquad (6.51)$$

と簡易化できる．これはすなわち，半径方向へのポアズイユ流のみを考えればよいことを意味している．これを境界条件

$$r=r_0 \text{ で } p=p_r,\ r=r_1 \text{ で } p=p_a\ (\text{ただし，}p_a \text{ は周囲圧力}) \qquad (6.52)$$

の下で解くと，

$$p=(p_r-p_a)\cdot\frac{\log(r_1/r)}{\log(r_1/r_0)}+p_a \quad (r_0 \leq r \leq r_1) \qquad (6.53)$$

が得られる．これを積分することにより，軸受負荷容量 W は，

$$W=\int_0^{r_1}(p-p_a)\cdot 2\pi r dr=\frac{\pi(r_1^2-r_0^2)}{2\log(r_1/r_0)}\cdot(p_r-p_a) \qquad (6.54)$$

となる．式(6.54)を見るかぎり，すきま h は式(6.54)中に現れておらず，W は h にかかわらず一定であるように見える．しかしながら，その場合，W

6.6　流体潤滑理論の応用

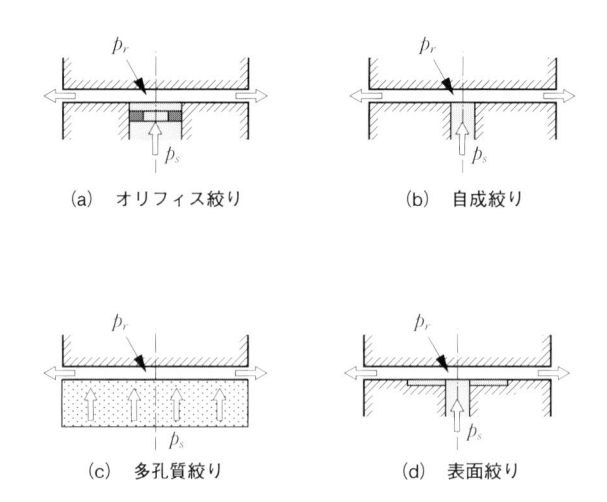

(a) オリフィス絞り	(b) 自成絞り
(c) 多孔質絞り	(d) 表面絞り

図 6.14 静圧軸受の代表的な絞り形式

の変動をすきまの変化で補償できず，軸受として機能しないことになる．したがって，W をすきま h に応じて変化させるためには，p_r が h の関数でなければならない．p_r をすきまに応じて変化させるには，静圧軸受には**絞り**を設ける必要がある．静圧軸受で使用される代表的な絞り形式を図 6.14 に示す．なお，これらの絞り形式に対応する p_r および軸受負荷容量の計算方法に関しては，参考文献[11]を参照してほしい．

6.7 弾性流体潤滑理論

一般的なジャーナル軸受では，軸と軸受の曲率差は小さく，発生する平均油膜圧力はたかだか数 MPa のオーダである．しかしながら，転がり軸受や歯車など，すきまを構成する 2 面の曲率中心がそれぞれ油膜を挟んで異なる側に位置するとき，流体潤滑理論に基づいて計算される油膜圧力は極めて大きな値となり，実際の現象と不一致が生じてしまう．そのような状況では，壁面に弾性変形が生じていると考えられ，レイノルズ方程式と壁面の弾性方程式を連立して解く必要があることが歴史的に証明されてきた．これを**弾性流体潤滑**（Elasto-Hydrodynamic Lubrication：**EHL**）**理論**といい，本節ではその基本的な考え方について説明する．

6.7.1　古典理論の修正①：弾性変形

　すきまを構成する2面を剛体として計算する一般的な「流体潤滑理論」に対し，2面を弾性体と考え，面の変形も考慮に入れて解く理論を「弾性流体潤滑理論」という．ここでは，壁面の弾性変形量を求める際に用いる基礎式を導出する．

　すきまを構成する壁面を半無限弾性体（図 6.15 の $y \geq 0$ の領域）であるとする．この半無限弾性体の表面において，z 方向に単位長さ当たり P' の力が線状に作用している場合を考える．平面弾性力学理論より，この応力関数は，

$$\phi = -\frac{P'}{\pi} \cdot x \tan^{-1} \frac{x}{y} \tag{6.55}$$

と表され，各応力成分 σ_x, σ_y, τ_{xy} および各ひずみ成分 ε_x, ε_y, ε_z, γ_{xy} は以下のように書くことができる．

$$\sigma_x = \frac{\partial^2 \phi}{\partial y^2} = -\frac{2P'x^2 y}{\pi(x^2+y^2)^2} \tag{6.56}$$

$$\sigma_y = \frac{\partial^2 \phi}{\partial x^2} = -\frac{2P'y^3}{\pi(x^2+y^2)^2} \tag{6.57}$$

$$\tau_{xy} = -\frac{\partial^2 \phi}{\partial x \partial y} = -\frac{2P'xy^2}{\pi(x^2+y^2)^2} \tag{6.58}$$

$$\varepsilon_x = \frac{\partial u}{\partial x} = \frac{1}{E}\{\sigma_x - \nu(\sigma_y + \sigma_z)\} \tag{6.59}$$

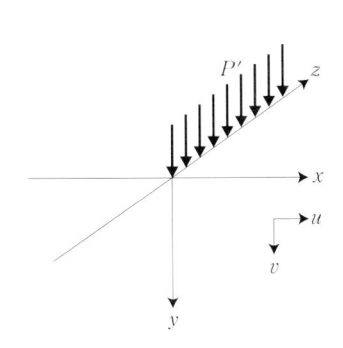

図 6.15　半無限弾性体とそれにかかる力

$$\varepsilon_y = \frac{\partial v}{\partial y} = \frac{1}{E}\{\sigma_y - \nu(\sigma_x + \sigma_z)\} \tag{6.60}$$

$$\varepsilon_z = 0 = \frac{1}{E}\{\sigma_z - \nu(\sigma_x + \sigma_y)\} \tag{6.61}$$

$$\gamma_{xy} = \frac{\partial u}{\partial y} + \frac{\partial v}{\partial x} = \frac{\tau_{xy}}{G} = \frac{2(1+\nu)}{E}\tau_{xy} \tag{6.62}$$

ここで，G は横弾性係数（剛性率），E は縦弾性係数（ヤング率），ν はポアソン比，u, v は x, y 方向への変位を表す．いま，面に力が作用しているときの変位 y を求めたいので，式(6.61)を用いて，σ_z を消去し，式(6.60)を y について積分すると，

$$v = -\frac{P'}{E\pi}\left[\nu(1+\nu)\cdot\frac{x^2}{x^2+y^2}+(1-\nu^2)\right.$$
$$\left.\cdot\left\{\log(x^2+y^2)-\frac{y^2}{x^2+y^2}\right\}\right]+\mathrm{const} \tag{6.63}$$

が得られる．ここで，単位長さ当たりの荷重 P' の代わりに，幅 ds の帯状領域に圧力 p が，$x=s$ 上に作用していると考えると，式(6.63)は，

$$v = -\frac{pds}{E\pi}\left[\nu(1+\nu)\cdot\frac{(x-s)^2}{(x-s)^2+y^2}+(1-\nu^2)\right.$$
$$\left.\cdot\left\{\log\{(x-s)^2+y^2\}-\frac{y^2}{(x-s)^2+y^2}\right\}\right]+\mathrm{const} \tag{6.64}$$

となる．圧力が $x=s_1$ から $x=s_2$ の間で $p=p(s)$ にしたがって，分布しているとして式(6.64)を s について積分し，さらに，$y=0$ を代入すると，

$$v = -\frac{1-\nu^2}{\pi E}\int_{s_2}^{s_1}p(s)\log[(x-s)^2]ds \tag{6.65}$$

式(6.55)は，半無限弾性体表面において，圧力分布 $p(s)$ が作用したときの任意の位置 x での変形量を与える基礎式である．

6.7.2　古典理論の修正②：高圧粘度

　一般的な液体は，高圧になるにつれて分子構造が密になり，粘度が上昇する．これを流体の高圧粘度特性と呼ぶ．各種高分子流体の粘度測定結果の一例を図 6.16 に示す[12]※8．弾性流体潤滑状態のような高圧場においては，この高圧粘度特性を考慮する必要がある．

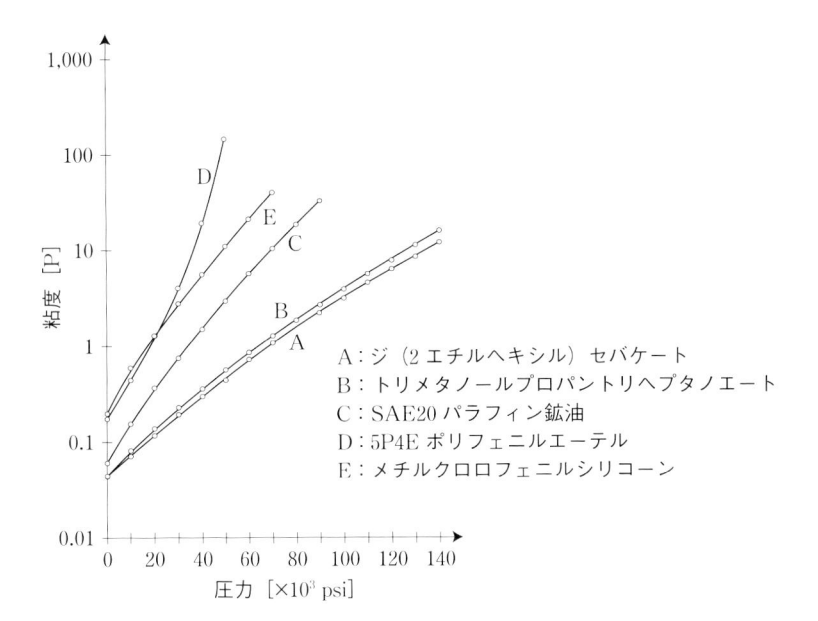

図6.16 各種潤滑油の高圧粘度特性[12]

A：ジ（2エチルヘキシル）セバケート
B：トリメタノールプロパントリヘプタノエート
C：SAE20 パラフィン鉱油
D：5P4E ポリフェニルエーテル
E：メチルクロロフェニルシリコーン

潤滑油の高圧粘度特性は，最も簡便には，バラスの式[13]

$$\eta = \eta_0 \cdot \exp(\alpha p) \tag{6.66}$$

で表されることが多い．ここで，η は圧力 p の下での粘度，η_0 は大気圧下での粘度，α は粘度の圧力指数である．

6.7.3　弾性流体潤滑理論の基礎式

弾性流体潤滑状態が最も生じやすい系として，2円筒転がり接触面がある．ここでは，まず円筒面を剛体と仮定し，流体潤滑理論に基づいてその基礎式を導出する．

図6.17において，2円筒間のすきま h は，

$$h = h_0 + h_1 + h_2 \tag{6.67}$$

で与えられる．h_1 および h_2 は基準すきまに対するすきまの増加分であり，$x \ll r_1$ および r_2 の場合，

$$h_1 \fallingdotseq x^2/2r_1, \quad h_2 \fallingdotseq x^2/2r_2 \tag{6.68}$$

※8　psi とは重量ポンド毎平方インチを指し，1 psi = 6895 Pa である．

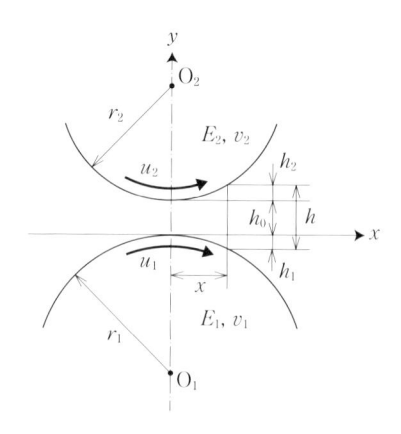

図 6.17　2 円筒間の潤滑すきま

と表され,等価半径 R ($1/R=(1/r_1)+(1/r_2)$) を用いると,2円筒間のすきま h は,

$$h = h_0 + x^2/2R \tag{6.69}$$

となる.

以上を踏まえると,1 次元の EHL 問題を解くのに必要な式は次のようにまとめることができる.

・レイノルズ方程式(式(6.9)): $\dfrac{dp}{dx} = 6\eta(U_1+U_2)\cdot\left(\dfrac{1}{h^2}-\dfrac{h_m}{h^3}\right)$ (6.70)

・高圧粘度式:(式(6.66)): $\eta = \eta_0 \cdot \exp(\alpha p)$ (6.71)

・弾性変形式(式(6.65)): $v = -\dfrac{1-\nu^2}{\pi E}\displaystyle\int_{s_2}^{s_1} p(s)\log[(x-s)^2]ds$ (6.72)

・すきまの式: $h = h_0 + x^2/(2R) + v$ (6.73)

EHL 問題を解くことは,式(6.70)〜(6.73)を連立して解くことにほかならない.なお,式(6.73)はその 2 面の形状に応じて変更する必要がある.

6.7.4　弾性流体潤滑下における油膜の形状

解析によって得られる 1 次元 EHL 油膜の形状と圧力分布を図 6.18 に示す[14].図 6.18(a)は,2 円筒を剛体かつ潤滑油の粘度を一定と仮定して解く

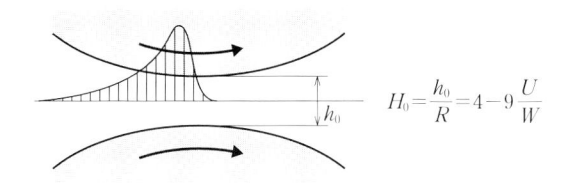

(a) マーチンの条件
（剛体かつ潤滑油粘度を一定とするモデル）

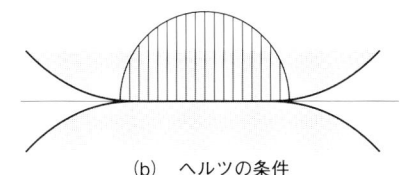

$$H_0 = \frac{h_0}{R} = 4 - 9\frac{U}{W}$$

(b) ヘルツの条件
（弾性体かつ潤滑油が存在しない場合のモデル）

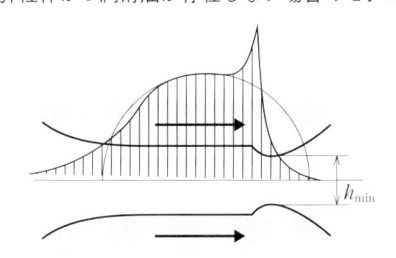

(c) 弾性流体潤滑条件
（弾性体かつ潤滑油の高圧粘度特性を含むモデル）

図 6.18　2 円筒間油膜の形状と圧力分布[14]

古典理論（**マーチンの条件**と呼ぶ）による解析結果であり，図 6.18(b) は潤滑油の存在を仮定しないヘルツ接触の理論に基づく圧力分布，そして図 6.18(c) は EHL 理論に基づいて算出した結果である．これより，EHL 理論を用いて算出した油膜形状は，古典理論による解析結果と大きく異なることが見てとれる．圧力分布の右端に見られる圧力の急激な上昇を**圧力スパイク**と呼び，典型的な EHL に見られる特徴の 1 つである．

すきまの最小値は，以下の無次元パラメータを用いて容易に計算することができる．

無次元すきま：$H = h/R$　　　　　　　　　　　　　　(6.74)

荷重パラメータ：$W = w/E'R$　　　　　　　　　　　　(6.75)

速度パラメータ：$U = \eta_0 \bar{u}/E'R$　　　　　　　　　　(6.76)

$$材料パラメータ：G = \alpha E' \tag{6.77}$$

ただし，R は等価半径（$1/R = (1/r_1) + (1/r_2)$），E' は等価弾性係数[※9]，w は単位長さ当たりの荷重，η_0 は常圧粘度，$\bar{u}$（$= 0.5 \cdot (u_1 + u_2)$）は平均速度，α は粘度の圧力指数である．

古典理論（マーチンの条件）による最小油膜厚さは，円筒の材質にはかかわらず，

$$H_{\min} = 4.9 \cdot \frac{U}{W} \tag{6.78}$$

で計算することができる．しかしながら，式(6.78)で算出される油膜厚さは極めて薄く，場合によっては表面粗さを大きく下回るオーダとなってしまう．それに対し，EHL 理論による最小油膜厚さは，次式で計算することができる[14][※10]．

$$H_{\min} = 2.65 \cdot \frac{G^{0.54} U^{0.7}}{W^{0.13}} \tag{6.79}$$

式(6.79)より算出される値は，式(6.78)で算出される値より 100 倍程度大きく，実際の現象によく合致している．式(6.79)より，油膜厚さは速度の影響を最も大きく受けるが，荷重の影響は比較的小さいことが読みとれる．

6.7.5 点接触およびだ円接触での EHL 油膜形状と油膜厚さ

球と球を用いた場合の点接触 EHL 油膜は，図 6.19 のような馬蹄形の薄膜部をもつ形状となることが知られている[15]．中央部の膜厚はほぼ一様であり，最小油膜領域は馬蹄形の両翼内もしくは馬蹄形中央部に形成される．このとき，最小油膜厚さ $h_{\min}$ および中央油膜厚さ h_0 は，次式で計算することができる[16]．

$$\frac{h_{\min}}{R} = 1.80 \left(\frac{\eta_0 \bar{u}}{E' R}\right)^{0.68} (\alpha E')^{0.49} \left(\frac{P}{E' R^2}\right)^{-0.073} \tag{6.80}$$

$$\frac{h_0}{R} = 3.05 \left(\frac{\eta_0 \bar{u}}{E' R}\right)^{0.68} (\alpha E')^{0.49} \left(\frac{P}{E' R^2}\right)^{-0.073} \tag{6.81}$$

[※9] $1/E' = 0.5 \cdot \{(1-\nu_1^2)/E_1 + (1-\nu_2^2)/E_2\}$，$E_1$, E_2 は各円筒の縦弾性係数（ヤング率），ν_1, ν_2 は各円筒のポアソン比である．

[※10] ただし，線接触 EHL 油膜の最小油膜厚さはさまざまな研究者によって提唱されており，ここに示すのは「ダウソン-ヒギンソン（Dowson-Higinson）表示」と呼ばれるものである．

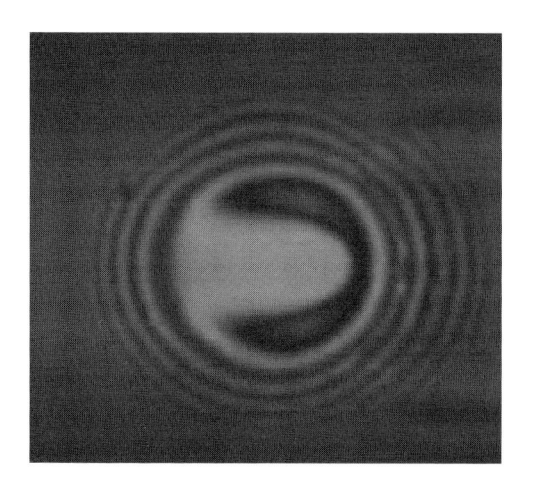

図 6.19 点接触時の典型的な EHL 油膜形状

ただし，ここで P は 2 球の押し付け力であり，その他の変数は前節と同じである．より汎用的にだ円接触における油膜厚さを書き表すと，以下のようになる[16]．

$$\frac{h_{\min}}{R} = 3.68 \left(\frac{\eta_0 \bar{u}}{E'R}\right)^{0.68} (\alpha E')^{0.49} \left(\frac{P}{E'R_x^2}\right)^{-0.073}$$
$$\left[1 - \exp\left\{-0.67\left(\frac{R_y}{R_x}\right)^{0.67}\right\}\right] \quad (6.82)$$

$$\frac{h_0}{R} = 4.31 \left(\frac{\eta_0 \bar{u}}{E'R}\right)^{0.68} (\alpha E')^{0.49} \left(\frac{P}{E'R^2}\right)^{-0.073}$$
$$\left[1 - \exp\left\{-1.23\left(\frac{R_y}{R_x}\right)^{0.67}\right\}\right] \quad (6.83)$$

ただし，R_x，R_y は，両面の移動方向を x 方向としたとき，それぞれ $y=0$，$x=0$ の断面における等価半径である．

図 6.19 は，光干渉法システムを用いて計測された結果の一例であり，現在も，本システムを用いてさまざまな状況に応じた EHL 油膜形状が調べられている．

参考文献

1) A. Cameron: Beauchamp Tower centenary lecture, Proceedings of the Institution of Mechanical Engineers, 193 (1979) 177-193.
2) O. Reynolds: On the theory of lubrication and its application to Mr. Beuchamp Towers experiments, Phil. Trans. R. Soc., 177 (1886) 157-234.
3) 矢部寛：流体潤滑の基礎理論．関西潤滑懇談会 (2005).
4) N. P. Petroff: Friction in machines and the effect of lubricant, Engineering Journal, St. Petersburg, 1-4 (1883).
5) I. K. Dien and H. G. Elrod: A generalized steady-state Reynolds equation for non-Newtonian fluids, Journal of Lubrication Technology, 105, 3 (1983) 385-390.
6) O. Pinkus and B. Sternlicht: Theory of Hydrodynamic Lubrication, McGraw-Hill (1961).
7) N. Patir and H. S. Cheng: Application of average flow models to lubrication between rough sliding surfaces, Journal of Lubrication Technology, 101 (1979) 220-230.
8) V. N. Constantinescu: On turbulent lubrication, Proceedings of the Institution of Mechanical Engineers, 173 (1959) 881-900.
9) 福井茂寿，金子礼三：ボルツマン方程式に基づく薄膜気体潤滑特性の解析．日本機械学会論文集 C 編，53，487 (1987) 829-838.
10) G. G. Hirs: The load capacity and stability characteristics of hydrodynamic grooved journal bearings, Tribology Transactions, 8, 3 (1965) 296-305.
11) 十合晋一：気体軸受設計ガイドブック．共立出版 (2002).
12) F. C. Brooks and V. Hopkins: Viscosity and density characteristics of five lubricant base stocks at elevated pressures and temperatures, Tribology Transactions, 20, 1 (1977) 25-35.
13) C. Barus: Isothermals, isopiestics and isometrics relative to viscosity, American Journal of Science, 45 (1893) 87-96.
14) D. Dowson: Elastohydrodynamics, Proceedings of the Institute of Mechanical Engineers, 182, Part 3A (1967-68) 151-167.
15) C. A. Foord, L. D. Wedeven, F. J. Westlake and A. Cameron: Optical elastohydrodynamics, Proceedings of the Institute of Mechanical Engineers, 184, Part 1, 28 (1969-70) 487-505.
16) R. J. Chittenden, D. Dowson, J. F. Dunn and C. M. Taylor: A Theoretical Analysis of EHL Concentrated Contacts: Parts I and II, P. Roy. Soc. A, 387 (1985) 245-269 and 271-295.

第 7 章
摩 耗

「摩擦による固体表面部分の逐次減量現象」と定義される摩耗 (wear) は，機械の故障と寿命の原因の 75 %を占めるといわれる．工業におけるトライボロジーの実態調査では，発生したトライボロジー問題およびその対策の 65 %以上が摩耗に起因したものであると報告されている[1]．

軸受部におけるわずかな摩耗が振動や騒音の発生源となり，ピストン部のわずかな摩耗がエンジンの性能および効率を低下させる．また，しゅう動部のわずかな摩耗が所望される機能の発揮を不可能にする．このような現象は，ときに機械全体の破壊を誘発し，摩耗した機械要素のみならず，機械システム全体の廃棄を余儀なくさせる．また，このような不具合に対する保全費・部品費，故障で生じる波及損失，設備投資費，メンテナンス費などの保守管理には，膨大なコストとエネルギーが費やされる．省資源・省エネルギーの観点から「摩耗」が経済効果へ及ぼす影響は計り知れない[2]．

一方，優れた耐摩耗システムの構築は，機械システムの長寿命に伴う経済効果のみならず，無段変速機[3]，電子ビーム描画装置用超精密位置決め装置[4]など，新しい工業技術や新しい工業分野の開拓をも可能にする．本章では，耐摩耗システム構築のための摩耗抑制に必要となる基礎知識について説明する．

第 7 章のポイント
・摩耗現象の基本的な捉え方を理解しよう．
・摩耗機構の分類とそれぞれの特徴を理解しよう．
・摩耗形態図による耐摩耗設計の考え方を理解しよう．

7.1 摩耗に関する用語と摩耗の捉え方

固体表面に摩擦が付与された面を**摩耗面** (wear surface) といい，摩耗面において固体表面部分が減量した体積を**摩耗量** (wear amount) という．またこのとき，固体表面から脱落する小片を**摩耗粒子** (wear particle) といい，一般的には摩耗粒子の総和が摩耗量となる[*1]．摩耗面の状態（損傷状

表 7.1 摩耗に関する用語[5]

	用語	説明
損傷形態	スカッフィング	歯車歯面などのすべり接触面に接触面に生じる固相凝着による局部的表面損傷。日本ではスコーリングと呼ばれていたが，ISO でスカッフィングに統一された。
	フレーキング	転がり軸力が軸方向荷重を受けて運転するとき，歯車や転動体の軌道や転動体の表面がうろこ状にはがれる現象。
	ピッチング	歯車を運転しているうちに歯車面に生じる小穴。すべりを伴いながら転がり接触面を繰り返し受けて表面に生じる損傷。生じ始めの大きさのものをスポーリング，小さいものを分けるというちおよび方向分けをすることもあるが，最近は表面が亀裂することにより成長するものをピッチング，内部に生じる高いせん断応力により内部にき裂が発生しさらに成長するものをスポーリングと呼ぶ場合が多い。
	スポーリング	転がり接触面において高い応力の繰り返しにより表面下内部よりき裂が起こり，大きな金属片が表面から脱落して生じる損傷。ピッチングがひとつながったもののスポーリングということがある。
	スクラッチング	すべり方向につく明瞭な線状傷。
接触状態	すべり摩耗	転がり接触時に接触面から物質が脱落していく現象。
	転がり摩耗	転がり接触時に接触面から物質が脱落していく現象。主として転がり接触面のすべりおよび垂直荷重の繰り返し負荷によりはがれによる生じる。
	衝撃摩耗	固体表面間の繰り返し衝突によって材料表面に生じる損傷。
	フレッチング摩耗	接触する2固体間に生じる外的な振動に伴う接線方向の，一般的には100μm以下の微小な往復すべりに起因した表面損傷。
摩耗の程度	スラリー摩耗	土砂が混入した水のように固体と液体が混合した環境下で接触面から物質が脱落していく現象。
	マイルド摩耗	表面損傷の少ないなめらかな表面を特徴とし数μm 以下の微細な摩耗粒子の発生を特徴とする。表面からの脱落が少ない。凝着摩耗の一形態として用いられることもある。
	シビア摩耗	摩擦面間で激しい移着を伴い，著しい粒径の大きい摩耗粒子を発生する凝着摩耗の一形態。表面からの脱落が多い。
摩耗時期	初期摩耗	同一箇所を繰り返して摩擦する場合，摩擦の初期において生じる摩耗率の高い摩耗。
	定常摩耗	繰り返し摩擦において初期摩耗が終わった後に現れる摩耗率が激減した摩耗状態。
摩耗状態	酸化摩耗	酸素または酸化性雰囲気物質との摩擦面での化学反応と，表面に生成した酸化物が摩耗現象を支配している状態の摩耗。
	溶融摩耗	過酷な摩擦条件，あるいは2面間に電流が流れる条件下で固体表面の一部が溶融するために起こる摩耗。摩擦面が高温になる酸化溶融する場合など，酸化物が生成される状態の摩耗。

第7章 摩 耗

態),摩擦状態,摩耗の程度,摩耗の発生時期などに基づき,さまざまな摩耗に関する用語が使用されている(**表7.1**)[5].

実際の機械システムのしゅう動部においては,材料の組合せや摩擦条件に応じてさまざまな摩耗面(**図7.1**)[6]が形成され,さまざまな形状の摩耗粒子(**図7.2**)[7]が発生する.

(a) 玉軸受用鋼球　(b) 焼結含油系軸受

(e) ピストンスカート部

(c) 玉軸受内輪　(d) 玉軸受用セラミックス球

図7.1　機械システムのしゅう動部において発生する摩耗面[6]
[日本トライボロジー学会(編):トライボロジー故障例とその対策,養賢堂(2003).(a) 写真2.42 (p.36),(b) 写真2.12 (p.14),(c) 写真2.43 (p.36),(d) 写真2.47 (p.37),(e) 写真3.24 (p.88)]

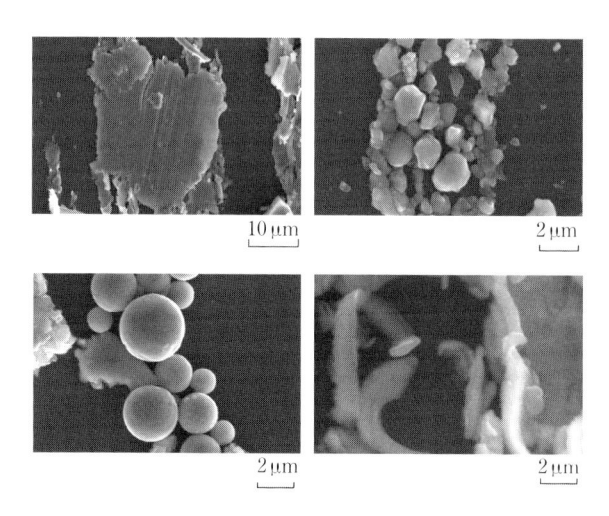

図7.2　機械システムのしゅう動部において発生する摩耗粒子[7]
(フェログラフィー法により観察された)

※1　摩耗粒子の脱落機構によって例外はある.

7.1 摩耗に関する用語と摩耗の捉え方………107

ゆえに，摩耗抑制のために必要な知識は，発生するさまざまな摩耗形態と摩耗粒子の形成機構であり，摩耗形態ならびに摩耗粒子の発生条件である．これらの知識は，過酷な摩擦条件にも適応できる材料ならびに要求を満足する機械システムのための適切な摩擦条件を設計するための基礎となる．

一般に，真実接触点における厳しい接触条件下では，摩擦熱が発生し，化学反応が促進される．これら熱的要因による溶融，化学的要因による拡散や腐食は，材料を減量させる摩耗形態の一種である．これらの発生条件を理解するためには，真実接触点での接触状態および摩擦熱に起因した接触面近傍の温度分布の理解が必要となる．

このような溶融，拡散，腐食そのものによる材料減量現象を除けば，摩耗は，機械的要因により固体表面あるいは表面下に発生した**き裂**（crack）の伝播によって，表面の一部が小片として脱落する破壊の問題として考えられる．すなわち，摩耗形態と摩耗粒子の発生機構ならびにそれらの発生条件を明らかにするということは，固体間の接触応力場における摩擦とその繰り返しが，固体の表面と内部にいかなるき裂を形成し，固体の特性として有する破壊の条件をいかに満たすかを明らかにすることである．このとき，摩擦場のさまざまな雰囲気の中での摩擦とその繰り返しにより発生する塑性変形，摩擦発熱，化学反応，発生した摩耗粒子のふるまいなどのさまざまな現象に基づき，いかなる表面層が形成され，それにより接触応力場や摩耗粒子の発生を意味する破壊条件がいかに変化するかの把握が重要となる．

このような意味において，表7.1に示したさまざまな摩耗に関する用語は，摩耗形態や摩耗粒子の発生機構を表すものとしては不十分であることがわかる．しかし，これらは多くの経験に基づき使用されている用語であり，摩耗現象の把握と摩耗原因を推測するために有益な用語として認識されている．

7.2 摩耗の評価

摩耗量，摩耗面の性状および摩耗粒子の形状は，その摩耗状態を評価し特徴づけるための重要な情報である．なかでも**すべり距離**（sliding distance）や繰り返し回数など稼働時間に対する摩耗量の増加の程度（単位すべり距離に対する摩耗量）は，**摩耗率**（wear rate）と呼ばれ，摩耗進行速度を定量的に評価する重要なパラメータである．通常，単位は［mm^3/m］で表す．

図7.3にすべり距離（稼働時間）に対する摩耗量の変化の典型的な3種類

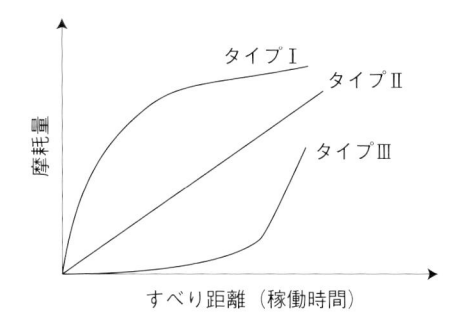

図 7.3　すべり距離（稼働時間）に対する摩耗量の変化の典型的な 3 種類のパターン

のパターンを示す．このグラフの傾きが摩耗率である．タイプⅡはすべり距離（稼働時間）に比例して摩耗量が増加する場合であり，摩耗率が常に一定となる摩耗である．タイプⅢは摩擦初期には摩耗量が少なく，ある期間を経て，摩耗量が増加する場合である．タイプⅠは摩擦開始初期に摩耗率が大きく，その後，摩耗率が比較的低く安定した状態となる場合である．タイプⅠは通常の機械システムの多くの場合に見られ，摩擦初期の相対的に高い摩耗率を示す摩耗は**初期摩耗**，相対的に低い摩耗率を示す摩耗は**定常摩耗**と呼ばれる．一般的な機械システムの摩耗においては，タイプⅠ，Ⅲのようにすべり距離により摩耗率が異なる場合も多く，摩耗を定量評価するためには，**摩耗進行曲線**の把握が重要となる．

一方，荷重や材料の組合せなどの摩擦条件が異なる場合の摩耗の定量評価には，単位すべり距離，単位荷重当たりの摩耗量を意味する**比摩耗量**（specific wear rate）および比摩耗量に硬さを乗じた**摩耗係数**（wear coefficient）（無次元数）を使用する．通常，比摩耗量の単位は [mm^3/N·m] で表す．これらの値により摩耗形態の推定や実用の可能性を検討することが可能となる．一般に，無潤滑下のすべり摩擦の場合，比摩耗量が 10^{-6} mm^3/N·m 以下であるとき，耐摩耗に優れると評することが多い．摩耗体積で決定される寿命の予測や摩耗形態の分類など，摩耗の定量評価は目的に応じて摩耗量，摩耗率，比摩耗量，摩耗係数を用いることが肝要となる．また，摩耗量，摩耗率，比摩耗量，摩耗係数により，摩擦する 2 つの材料それぞれの摩耗が評価されるが，例えば，ボールオンディスク式試験機（➡第 9 章）においては，ボールの摩耗は単位すべり距離当たりの摩耗量とし

て，ディスクの摩耗はときに繰り返し数に対する摩耗量として，評価することが有益な場合もあり，摩擦システムに応じた摩耗の定量評価が必要となる．

例題 7.1

> 密度 10 g/cm³ の 1 辺 10 cm の立方体が平面上をすべっている．1 km すべらせたとき，立方体の表面全体が深さ方向に 1 μm 摩耗した．このときの比摩耗量を求めよ．

〈解答〉

摩耗体積：10 cm×10 cm×1 μm＝10 mm³

荷重：10 cm×10 cm×10 cm×10 g/cm³×9.8 m/s²＝98 N

よって，

$$比摩耗量 = \frac{摩耗体積}{荷重 \times すべり距離} = \frac{10 \text{ mm}^3}{98 \text{ N} \times 1 \text{ km}}$$

$$= 1.02 \times 10^{-4} \text{ mm}^3/\text{N·m} \quad \cdots (答)$$

7.3 摩耗に影響を及ぼす因子

機械的，熱的，化学的特性などの材料の物性値により，その摩耗の程度は

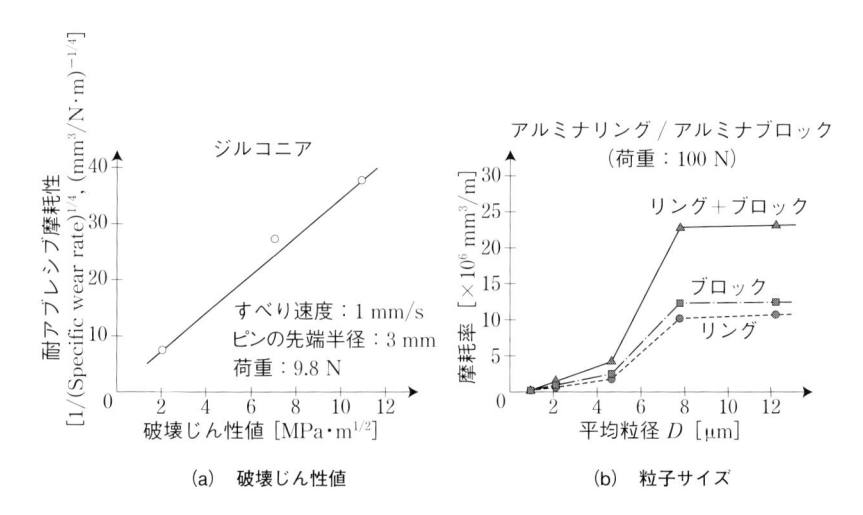

(a) 破壊じん性値

(b) 粒子サイズ

図 7.4 セラミックス同士の摩擦における摩耗への破壊じん性値および材料を構成する粒子サイズの影響[8),9)]

大きく変化する．エンジニアリングセラミックス（以後，セラミックス）同士の摩擦における摩耗への破壊じん性値[8]および材料を構成する粒子サイズ[9]の影響の一例を図7.4に示す．摩耗抑制のためには，高い破壊じん性値および小さな粒径を有するセラミックスが有効であることを示しており，摩耗抑制のための材料開発の意義を見てとれる．

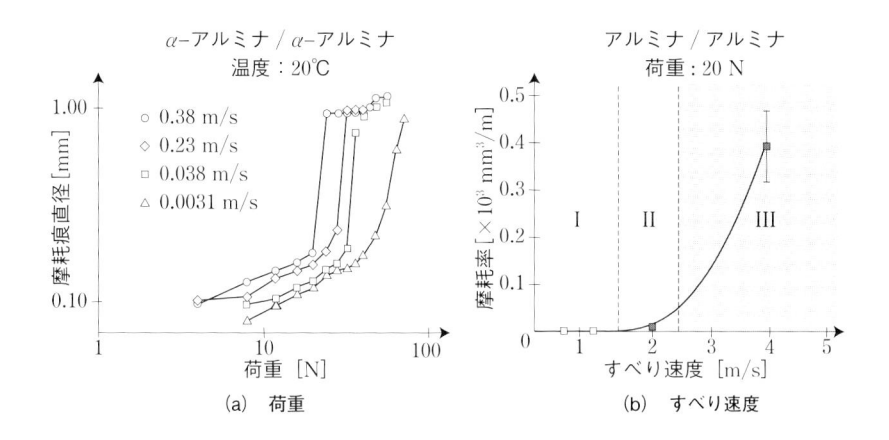

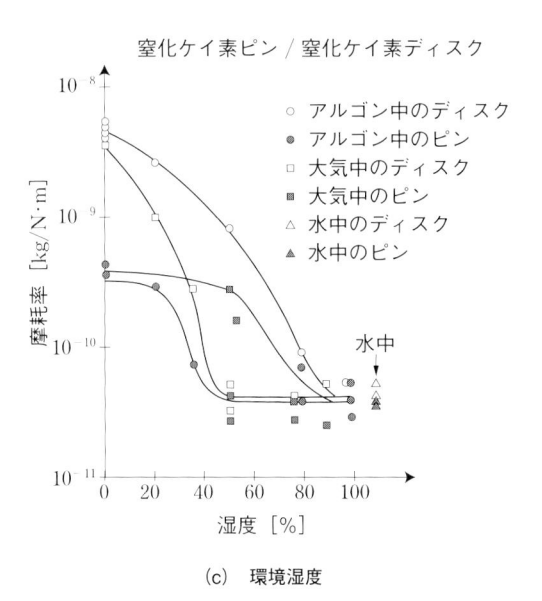

図7.5 セラミックス同士の摩擦における摩耗への荷重，すべり速度，環境湿度の影響[10)～12)]

7.3 摩耗に影響を及ぼす因子

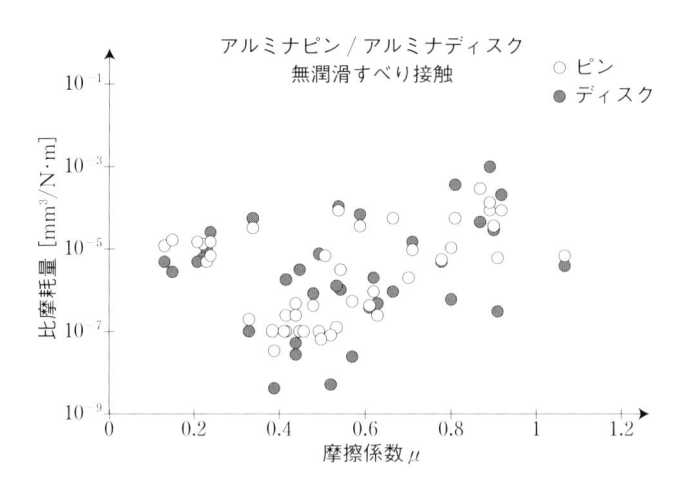

図7.6 アルミナ同士の無潤滑すべり摩擦における摩擦係数と比摩耗量の関係

続いて，セラミックス同士の無潤滑すべり摩擦における摩耗への荷重[10]，すべり速度[11]，環境湿度[12]の影響の一例を図7.5に示す．同一材料の摩擦対であっても摩耗は，荷重，すべり速度，環境湿度などの摩擦条件によって大きく変化しており，摩耗抑制のための機械設計の意義を見ることができる．

さらに，アルミナ同士の無潤滑すべり摩擦において，荷重，すべり速度，環境温度を大幅に変化させた場合に得られた摩擦係数と比摩耗量の関係の一例を図7.6に示す．同じ材料の組合せにおいても，摩擦条件により比摩耗量は6桁の幅に分布する．すなわち摩耗は，硬さやヤング率のような材料固有の特性ではなく，荷重，すべり速度，摩擦の形態などの「力学的因子」，雰囲気の湿度や温度，潤滑剤などの「環境因子」，摩擦をする相手材料，表面粗さ，機械的・熱的・化学的特性などの「材料因子」に代表される接触面を構成する多因子に敏感なシステムの応答特性である（図7.7）．それゆえ，耐摩耗システム構築のためには，耐摩耗材の開発に加え機械の作動（摩擦，潤滑）条件を含めた「機械システムとしての耐摩耗設計」が必要となる．

7.4 耐摩耗設計

7.4.1 摩耗形態と耐摩耗材料

摩耗粒子の発生原因に基づき，摩耗形態は一般に4種類（図7.8）に分類される[13]．これらは，どのような摩耗粒子がどの程度発生するかを示すもの

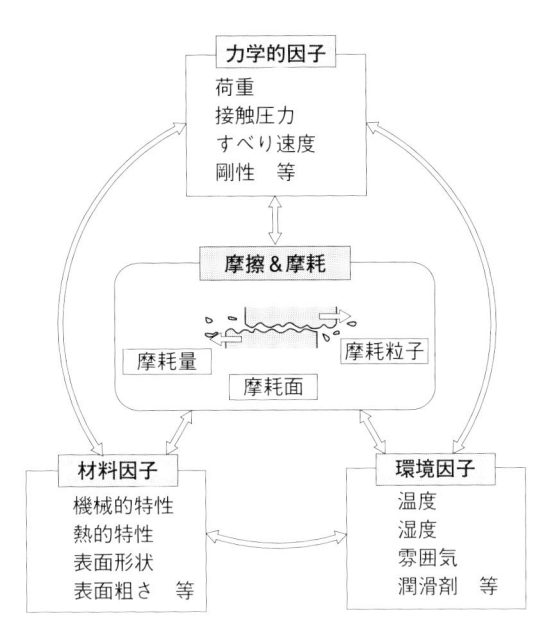

図7.7 摩耗に及ぼす影響因子

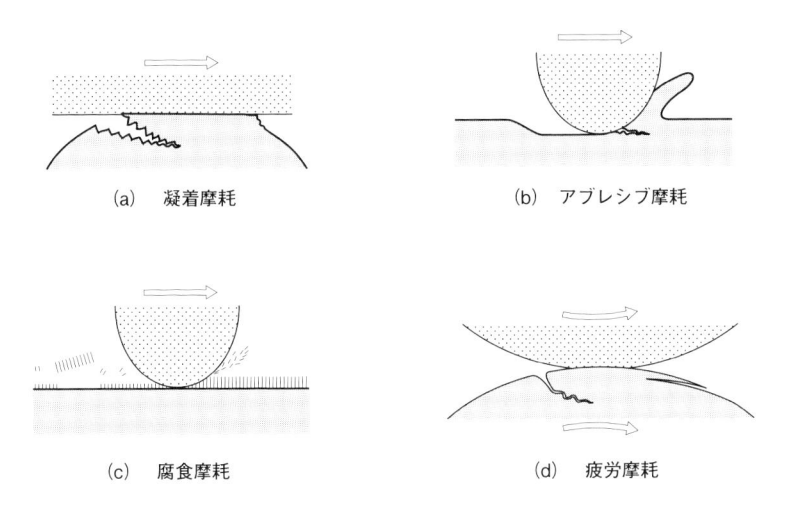

(a) 凝着摩耗
(b) アブレシブ摩耗
(c) 腐食摩耗
(d) 疲労摩耗

図7.8 摩耗粒子の発生原因に基づき分類される4種類の摩耗形態

ではないが，いかなる原因によって摩耗粒子が発生するかを示しており，耐摩耗材料として求められる特性を知ることができる．

(1) 凝着摩耗

第2章に述べたように，2つの固体の真実接触面積は非常に小さく，凝着が発生するのに十分な接触圧力が負荷されている．せん断力を与え，この凝着部分を破壊するのに必要な力が摩擦力であり（「摩擦の凝着説」），このとき，凝着部の破壊に伴い摩耗粒子が発生する摩耗形態が**凝着摩耗**（adhesive wear）である．

いかなる摩耗粒子が生成されるかを規定するものではないため，凝着摩耗時の摩耗量を正確に予測するには至ってはいない．ここでは，**アーチャードの凝着摩耗モデル**に基づく摩耗式[14]を示す．

摩擦面には，半径 a の円型突起が n 個存在し，この突起が距離 $2a$ 移動して次の接触が起き（図7.9），半径 a の凝着部において発生確率 k で半径 a の半球状の摩耗粒子が発生すると仮定した場合，すべり距離 L を摩擦する間に発生する摩耗量 V は次式で表される．

$$V = k \cdot n \frac{2}{3} \pi a^3 \cdot \frac{L}{2a} \tag{7.1}$$

ここで，真実接触点すべてが凝着するほどに過酷な塑性接触であると仮定すると，n 個の接触面積 $n\pi a^2$ は，W/H（W は荷重，H は軟らかい材料の硬度）で表すことができるため，式(7.1)の摩耗量 V は次式に整理される．

$$V = \frac{k}{3} \cdot \frac{WL}{H} \tag{7.2}$$

式(7.2)に基づけば，凝着摩耗量 V は，荷重 W とすべり距離 L に比例し，硬度 H に反比例することがわかる．一方，このときの比摩耗量 w_s は次式で表され，結果として，摩耗の程度は比摩耗量の値によって評価される．

$$w_s = \frac{V}{WL} = \frac{k}{3H} \tag{7.3}$$

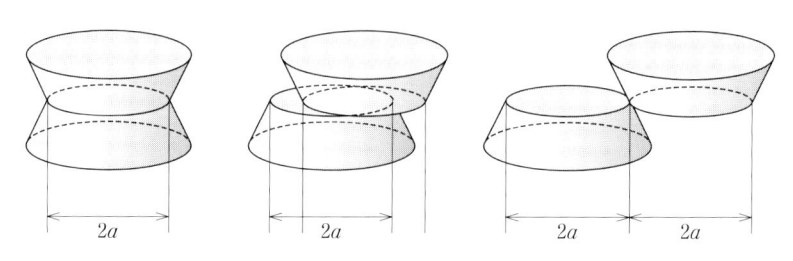

図7.9　アーチャードの凝着摩耗モデル

一般に，無潤滑時の凝着摩耗時の比摩耗量は，$10^{-7} \sim 10^{-3}$ mm^3/N·m の値を示すといわれている．

一方，凝着摩耗抑制のためには凝着ならびに凝着面積の抑制が有益であり，そのためには，低表面自由エネルギー，変形の少ない高剛性，高硬度，高温軟化を抑制するための耐熱性などが耐凝着摩耗材料に必要となる．

(2) アブレシブ摩耗

凝着力が小さい真実接触点において塑性接触状態で摩擦を与えた場合，硬い突起は塑性変形している軟らかい表面を引っかくこととなる．このような切削により材料が除去される摩耗形態が**アブレシブ摩耗**（abrasive wear）である．

いかなる摩耗粒子が生成されるかを規定するものではないため，アブレシブ摩耗時の摩耗量を正確に予測するには至ってはいない．ここでは，硬い円すい型突起が軟らかい材料に押し込まれ，摩擦により直角方向に移動したときに，突起が押しのけた部分がすべて除去されると仮定したモデルに基づく摩耗式を示す．

摩擦面には，半頂角 θ の硬い円すい型突起が n 個存在し，相対的に軟らかい表面に深さ d で食い込んだ接触が起き，すべり距離 L を摩擦する間に接触部において発生確率 k で図 7.10 に示される体積の摩耗粒子が発生すると仮定した場合，摩耗量は V 次式で表される．

$$V = k \cdot n \cdot d^2 \cdot \tan\theta \cdot L \tag{7.4}$$

接触点が過酷な塑性接触であると仮定すると，この接触面積 $n\pi(d \cdot \tan\theta)^2/2$ は，W/H（W は荷重，H は軟らかい材料の硬度）で表すことができ，式(7.4)で表される摩耗量 V は，次式に整理される．

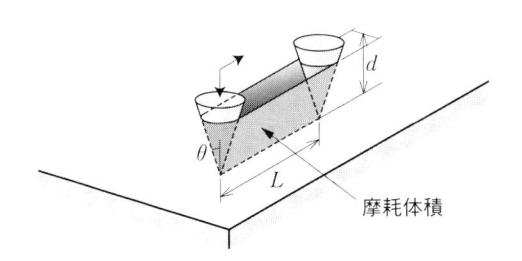

図 7.10 突起を円すい型と仮定し簡略化したアブレシブ摩耗モデル

$$V = \frac{2k}{\pi \cdot \tan\theta} \cdot \frac{WL}{H} \tag{7.5}$$

式(7.5)に基づけば，アブレシブ摩耗量は，荷重とすべり距離に比例し，硬度に反比例することがわかる．一方，この際の比摩耗量は次式で表されることとなり，結果として摩耗の程度は，比摩耗量の値によって評価される．

$$w_s = \frac{V}{WL} = \frac{2k}{\pi H \cdot \tan\theta} \tag{7.6}$$

一般に，無潤滑時のアブレシブ摩耗時の比摩耗量は，$10^{-4} \sim 10^{-2}$ mm^3/N·m の値を示すといわれている．

一方，ぜい性材料における硬質な突起によるアブレシブ摩耗モデル（図7.11）に基づくと，ラテラルクラックやメディアンクラックの発生に伴いぜい性破壊に起因した摩耗が発生する．このときの摩耗量は近似的に次式

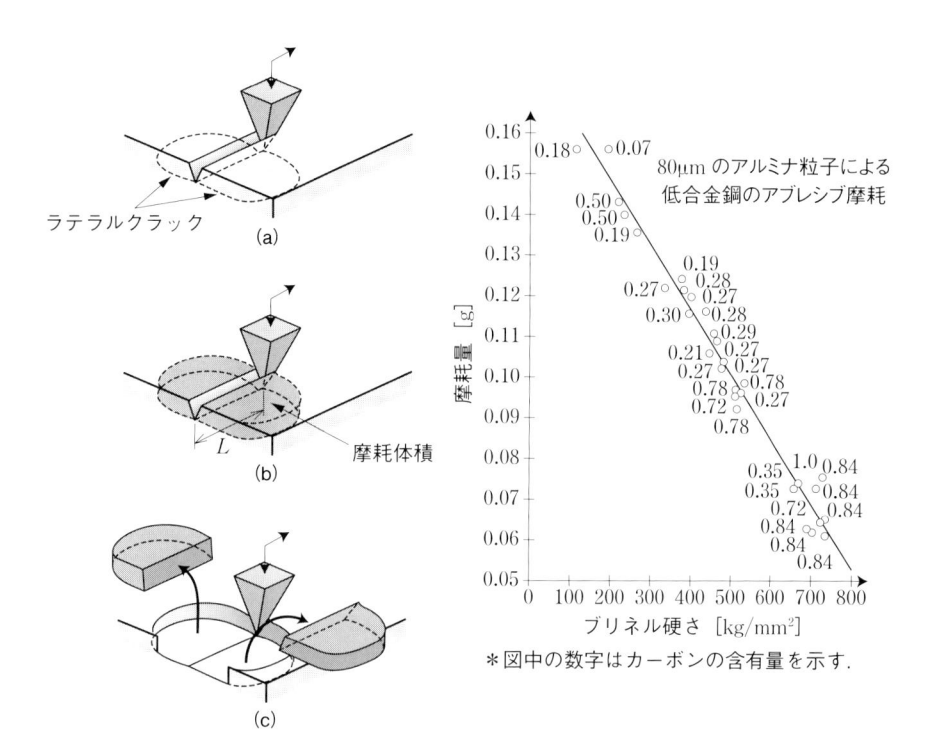

図7.11 ぜい性材料における硬質な突起によるアブレシブ摩耗モデル

図7.12 延性材料のアブレシブ摩耗に及ぼす硬さの影響[15]

＊図中の数字はカーボンの含有量を示す．

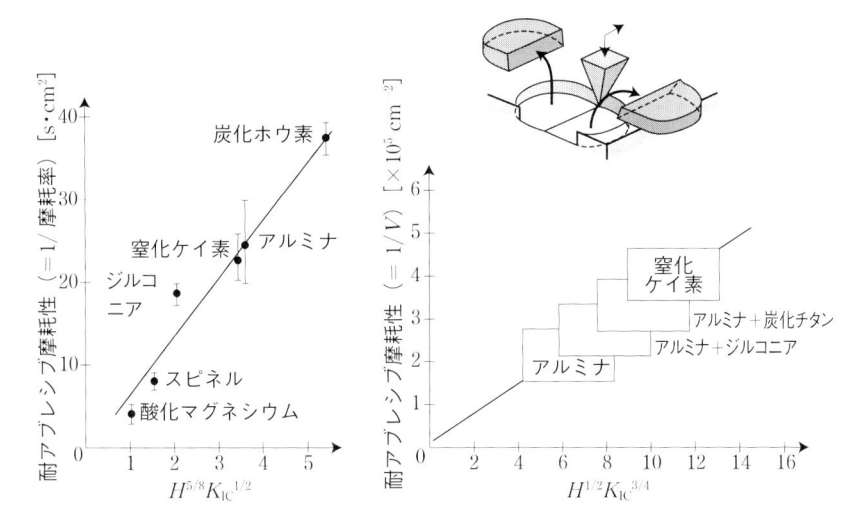

図7.13　ぜい性材料のアブレシブ摩耗に及ぼす硬さと破壊じん性値の影響[16),17)]

で表される．

$$V \propto \frac{WL}{H^{0.5}K_{IC}^{0.5}} \tag{7.7}$$

式(7.5)，(7.7)にしたがえば，高硬度（図7.12）[15)]および高破壊じん性値（図7.13）[16),17)]を有する材料が耐アブレシブ摩耗材料として求められることとなる．

(3)　腐食摩耗，酸化摩耗

摩擦熱に起因した高温下や腐食性雰囲気下では，酸化をはじめとする化学反応の結果，摩擦面には表面層が形成される．摩擦に伴う機械的作用もしくは腐食作用の結果，それら表面層が除去され，再び表面層が形成される．**腐食摩耗**（corrosive wear）では，摩擦面と腐食雰囲気との腐食作用により形成される反応生成物層が摩耗を支配している．その摩耗率は，表面の化学反応速度に強く律則されるため，腐食摩耗，酸化摩耗抑制のためには，化学的に安定な材料が求められることとなる．

(4) 疲労摩耗

　主に見かけ上弾性接触下において繰り返し摩擦の結果，微小領域での応力集中箇所での微小ひずみの蓄積により，疲労き裂が発生・伝播する．**疲労摩耗**（fatigue wear）では，摩擦の繰り返しによる表面の疲労破壊に起因して摩耗粒子が形成される．表 7.1 における**フレーキング**，**ピッチング**，**スポーリング**がその代表といえる．疲労摩耗の抑制のためには，疲労き裂の起点となる欠陥の存在しない均質性の高い材料が求められることとなる

　以上の 4 つの摩耗機構に基づけば，耐摩耗材料に求められる特性として，次があげられる．

- 耐凝着摩耗性向上：「低表面自由エネルギー」「高剛性」「高温強度」
- 耐アブレシブ摩耗性向上：「高硬度」「高じん性」
- 耐腐食摩耗性向上：「化学的安定性」
- 耐疲労摩耗性向上：「均質性」

　一方，機械システムとしての摩耗を抑制するためには，接触する固体双方の摩耗を抑制することが重要である．それゆえ，ここで示す耐摩耗材料としての特性に加え，相手攻撃性も考慮した機械システムとしての耐摩耗性という考え方が必要不可欠となる

(5) フレッチング摩耗

　接触する 2 固体間に**微小なすべり**が繰り返されるとき，多くの場合，酸化摩耗粒子を伴う表面損傷が発生する．この表面損傷を総称として**フレッチング**という[5]が，後述するように，さまざまな悪影響を機器に及ぼす．なお，2 固体間に繰り返される微小なすべりそのものをフレッチングと呼ぶこともある[18]．

　フレッチングが発生しやすい場所としては，相対運動を拘束することを目的とした部分[※2]，本来相対運動を予想していない摩擦面[※3]，微小往復揺動を

※2　例えば，軸の圧入部や各種継手など．
※3　例えば，外部振動あるいは微小往復運動を受ける運転されていない転がり軸受や歯車など．

受け持つ摩擦面[※4]がある．フレッチングが発生すると，局部的摩耗によるガタや振動・騒音，締付力[※5]の低下，焼付きのトラブルが生じることがある．また，フレッチングが電気接点に生じると，接触電気抵抗の変化とそれに伴うノイズの発生が問題となる．一方，フレッチングは疲労破壊の起点となる微小き裂を早期に発生させるため，変動荷重を受け持つ部材では疲労強度を著しく低下させることがある．一般に，摩耗が問題となる損傷を**フレッチング摩耗**（fretting wear），疲労強度の低下が問題となる損傷を**フレッチング疲れ**（fretting fatigue）と呼んで区別することが多い．

フレッチングは，微小な相対運動の下で発生するため，相対すべり速度が極めて低く，また摩擦面の一部または大部分が常に接触した状態で生じる損傷である．そのため一般の往復摩擦と比べて潤滑が難しく，また潤滑油が摩擦面に供給されにくいこと，発生する摩耗粒子が摩擦面内に長く留まりやすいことなどが特徴である．フレッチングは，上述の(1)～(4)で述べた摩耗機構がすべて関与する摩耗と考えられ，主に接触面間の相対運動の大きさにより摩耗機構が変化するものと考えられている[19]．

(6) エロージョン

エロージョンは主に次の4種類に大別される．

①固体粒子によるエロージョン

微小な硬い固体粒子を含む流体（気体や液体）が固体表面に衝突したときに生じる損傷である．このときの摩耗率は，固体粒子の衝突角度の影響を強く受け，固体表面が延性材料であるとき，衝突角度（固体表面に対する固体粒子の流入角度）$\theta=20°$付近で最大となり，ぜい性材料のときは$\theta=90°$で最大となる[20]．前者では主にアブレシブ摩耗機構が，後者では疲労摩耗機構が作用するものと考えられる．

②流体によるエロージョン

高速流体が表面に衝突する圧力が材料の降伏強度以上となる場合，固体表面には繰り返し塑性変形が生じ摩耗が進行する．

※4　例えば各種機械の関節部分など．
※5　ボルトやナットなどをしっかり締め付けている力のこと．

③キャビテーションエロージョン

　固体と流体が相対運動するとき，微小な気泡が発生することがある．一般に，それらの気泡は不安定であり，固体表面ではじけると高い圧力を生じる．このような高圧を繰り返し受けると，固体表面は比較的短時間のうちに局所的な摩耗を生じる．この損傷は，ポンプのベーンや船のスクリューの表面などに生じる．

④固体間の放電に起因するスパークエロージョン

　電車の架線と接触するパンタグラフやモータの整流子などに見られる損傷である．なおこの現象は，ワイヤーカットなどのように，加工に積極的に利用されることもある．

7.4.2　摩耗形態図

　摩耗抑制のためには，耐摩耗材料としての特性に加え，相手攻撃性も考慮した機械システムとしての耐摩耗設計が求められる．

　一方，摩耗は，材料の特性ではなく多因子に敏感なシステムの応答特性であるがゆえに，ある摩擦系で求められる耐摩耗の解に一般性を求めることは難しい．それゆえ，機械システムとしての耐摩耗設計のためには，さまざまな条件下で発生する摩耗の整理および摩耗理論の体系化が求められる．このためには以下の理解が有効である．

- 摩耗に影響を及ぼす因子．
- 各種摩擦条件下で発生する摩耗形態の分類．
- 摩耗形態の発生条件．
- 摩耗形態の遷移を支配する因子．

　これらの理解に基づき摩耗形態の遷移条件を統一的に整理した図を**摩耗形態図**（wear map）といい，摩耗の統一的総合評価として有効である．摩耗形態図を用いることにより，摩耗形態の発生条件や摩耗粒子の発生条件を把握することが可能である．また，過酷な摩擦条件にも適応できる材料ならびに要求を満足する機械システムのための適切な摩擦条件を設計することもできる．

　図7.14[21]に，無潤滑下の鋼同士のすべり接触を対象にした代表的な摩耗

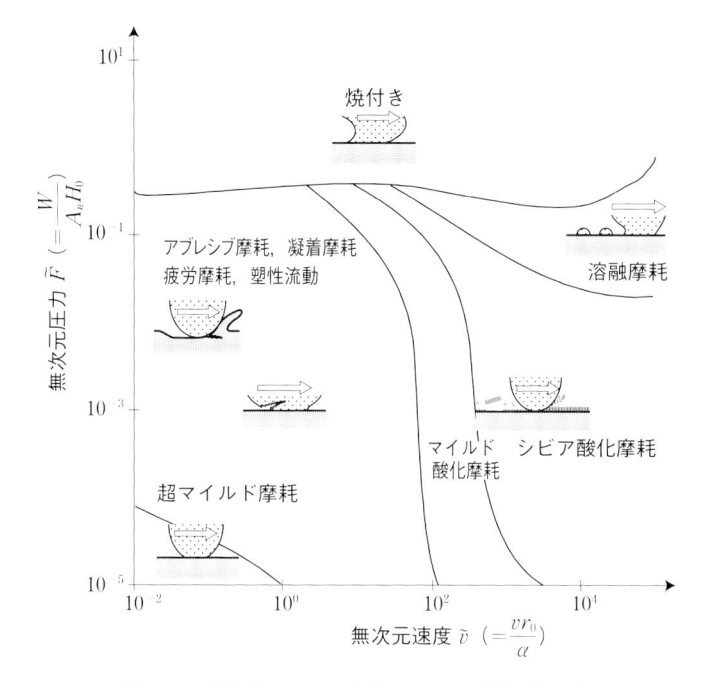

図 7.14 鋼と鋼のすべり摩擦における摩耗形態図[21]

形態図を示す．幅広い摩擦条件下で発生する焼付き，溶融摩耗，シビアな酸化摩耗，マイルドな酸化摩耗，マイルドな摩耗などの摩耗形態の発生条件を次式で定義される無次元圧力 $\widetilde{F}$ と無次元速度 $\widetilde{v}$ を両軸に整理したものである．

$$\widetilde{F} = \frac{W}{A_n H_0} \tag{7.8}$$

$$\widetilde{v} = \frac{v r_0}{\alpha} \tag{7.9}$$

ここで，W は荷重，A_n は見かけの接触面積，v はすべり速度，H_0 は室温における硬さ，α は温度伝導率，r_0 はピンの半径である．

　無次元圧力が大きいほど，高荷重または軟質であり，塑性接触域が大きいことを意味し，無次元速度が大きいほど，高速または材料の熱拡散が少なく局所的に高温になることを意味している．発生する摩耗形態を考慮したうえで鋼同士の接触を想定したしゅう動面設計をすることが可能となる．

　図 7.15[22] は，半球状の突起のすべり摩擦によって発生する切削型，突起

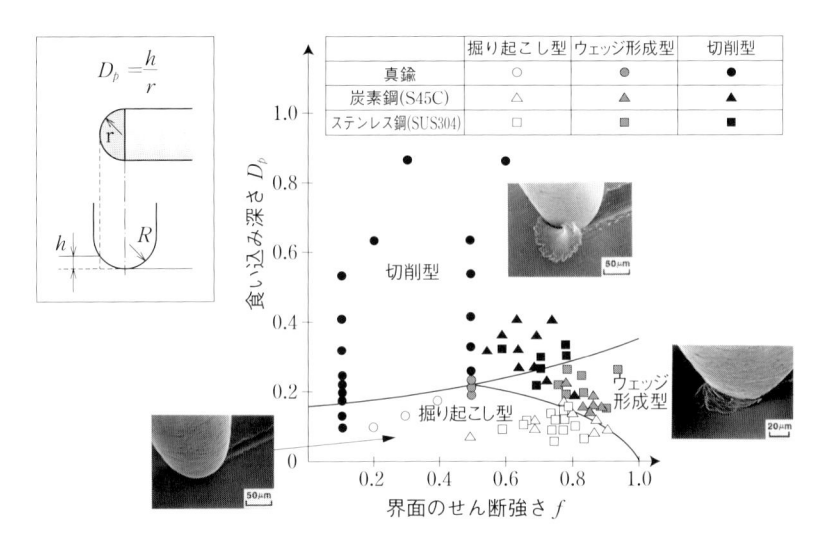

図 7.15　金属のアブレシブ摩耗における摩耗形態図[22]

の前方に盛り上がりが形成され脱落するウェッジ形成型，塑性変形のみで小片の脱落は発生しない掘り起こし型の 3 種類のアブレシブ摩耗形態の発生条件を表す摩耗形態図である．縦軸と横軸はそれぞれ次式で定義される接触の過酷さを表す食い込み深さ D_p と潤滑状態を表す接触面の無次元せん断強さ f である．

$$D_p = \frac{h}{r} = R\left(\frac{\pi \mathrm{HV}}{2W}\right)^{1/2} - \left(\frac{R^2 \mathrm{HV}}{2W} - 1\right)^{1/2} \tag{7.10}$$

$$f = \frac{\tau}{k} \tag{7.11}$$

ここで，HV はビッカース硬さ，W は荷重，R は突起の曲率半径，r は接触半径，τ は接触界面のせん断応力，k は材料のせん断降伏応力である．

このような摩耗形態図により，相手材を十分にアブレシブ摩耗させうる材料の組合せであっても，摩擦条件により切削型，ウェッジ形成型，掘り起こし型の異なる形態の摩耗が発生すること，ならびにそれらの発生条件を理論的に理解することが可能である．

図 7.16[23] は，セラミックス同士の無潤滑すべり摩擦によって発生する**マイルド摩耗**と**シビア摩耗**の発生条件を表す摩耗形態図である．

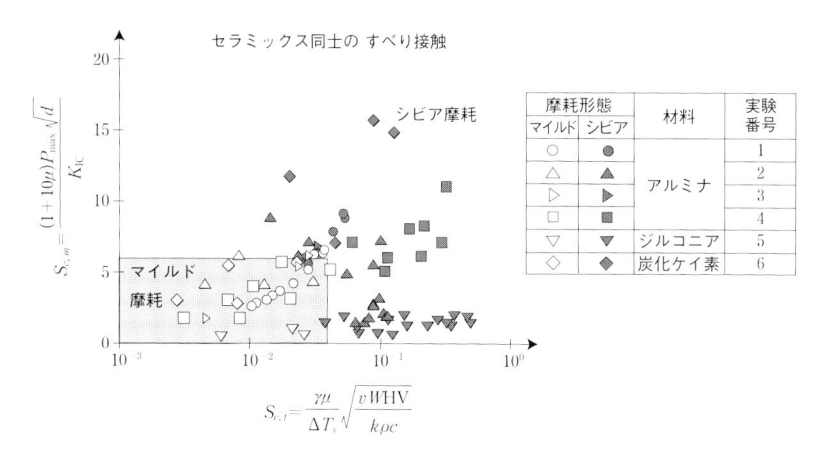

図7.16 セラミックス同士のすべり摩擦における摩耗形態図[23]

- マイルド摩耗
  $R_z/D_g < 0.2$, $w_s < 10^{-6}$ mm^3/N·m
- シビア摩耗
  $R_z/D_g > 0.5$, $w_s > 10^{-6}$ mm^3/N·m

ここで，R_zは摩耗面の表面粗さ，D_gは結晶粒子サイズ，w_sは比摩耗量である．金属に代表される一般の工業材料の場合，無潤滑すべりにおいて10^{-6} mm^3/N·m 以下の低摩耗率の実現は困難であり，セラミックスのマイルド摩耗は，従来の工業材料では実現不可能な優れた耐摩耗性を示すと同時に，摩耗面が常に平滑面となる摩耗形態である．

縦軸と横軸はそれぞれ次式で定義される機械的な接触の過酷さを表すパラメータ$S_{c,m}$と熱的な接触の過酷さを表すパラメータ$S_{c,t}$である．

$$S_{c,m} = \frac{(1+10\mu)P_{\max}\sqrt{d}}{K_{IC}} \tag{7.12}$$

$$S_{c,t} = \frac{\gamma\mu}{\Delta T_s}\sqrt{\frac{vWHV}{k\rho c}} \tag{7.13}$$

ここで，μは摩擦係数，$P_{\max}$は最大ヘルツ応力，dはき裂長さ，K_{IC}は破壊じん性値，γは熱分配率，vはすべり速度，Wは荷重，HVはビッカース硬さ，ΔT_sは熱衝撃抵抗値，kは熱伝導率，ρは密度，cは比熱である．

無潤滑すべりにおけるセラミックスのマイルド摩耗とシビア摩耗の発生領

域は図 7.16 により統一的に説明され，以下の 2 式を同時に満たすことが従来の工業材料では実現不可能な優れた耐摩耗性を示すマイルド摩耗のための必要条件であり，耐摩耗材料ならびに耐摩耗システムのための設計指針となる．

$$S_{c,m} = \frac{(1+10\mu)P_{\max}\sqrt{d}}{K_{IC}} \leq 6 \tag{7.14}$$

$$S_{c,t} = \frac{\gamma\mu}{\Delta T_s}\sqrt{\frac{vWHV}{k\rho c}} \leq 0.04 \tag{7.15}$$

摩耗はシステムの応答特性であるがゆえに，耐摩耗システム構築のためには，力学的因子，材料因子，潤滑剤を含む環境因子すべてを考慮した設計が必要である．図 7.16 における両軸である機械的な接触の過酷さを表すパラメータ $S_{c,m}$ と熱的な接触の過酷さを表すパラメータ $S_{c,t}$ には，それらの因子が複合的に含まれており，システムとして摩耗を制御することを表す一例である．

与えられた条件での発生するさまざまな摩耗形態とそれらの遷移現象の把握をもとにした耐摩耗システム設計の指針を得るために，摩耗形態図は有効な手段である．

参考文献

1) 津谷裕子：工業規格に定められた摩擦摩耗試験法，トライボロジスト，35 (1990) 475-479.
2) 化学技術戦略推進機構：化学技術戦略推進機構の委託調査報告「ST/GSC 技術開発プログラム構想-ST 戦略の具体化に向けて」，(2002).
3) 町田尚，相原了：自動車用トラクションドライブ式無段変速機の開発，トライボロジスト，38 (1993) 593-598.
4) EB 描画の新機構システム開発，日刊工業新聞，(1998.11.26).
5) 日本トライボロジー学会（編）：トライボロジー辞典，養賢堂 (1995).
6) 日本トライボロジー学会（編）：トライボロジー故障例とその対策，養賢堂 (2003) 14, 36, 37, 88.
7) 川畑雅彦：潤滑油中の摩耗粒子による設備診断事例，日本機械学会［No. 03-98］講習会教材「成功/失敗事例に学ぶ機械の設計ノウハウとメンテナンス」，(2004) 5-10. 他
8) T. E. Fischer, M. P. Anderson and S. Jahanmir: Influence of fracture toughness on the wear resistance of yttria-doped zirconium oxide, J. Am. Ceram. Soc., 72, 2 (1989) 252-257.
9) K.-H. Zum Gahr, W. Bundschuh and B. Zimmerlin: Effect of grain size on friction and sliding wear of oxide ceramics, Wear, 162-164 (1993) 269-279.
10) Y. S. Wang, S. M. Hsu and R. G. Munro: Ceramic wear maps: alumina, Lubrication

Engineering, 47, 1 (1991) 63-69.
11) A. Blomberg, M. Olsson and S. Hogmark: Wear mechanism and tribo mapping of Al_2O_3 and SiC in dry sliding, Wear, 171 (1994) 77-89.
12) T. E. Fischer and H. Tomizawa: Interaction of tribochemistry and microfracture in the friction and wear of silicon nitride, Wear, 105 (1985) 29-45.
13) J. T. Burwell: Jr, Survey of possible wear mechanisms, Wear, 1 (1957/58) 119-141.
14) J. F. Archard: Contact and rubbing of flat surfaces, J. Appl. Phys., 24, 8 (1953) 981-988.
15) F. Borik: Testing for abrasive wear, Selection and Use of Wear Tests for Metals, Paper No. 3, ASTM Special Technical Publication, 615, 8 (1976) 30-44.
16) A. G. Evans and D. B. Marshall: Fundamentals of friction and wear of materials, ASM, (1981) 439-452.
17) S. T. Bujan and V. K. Sarin: The future of silicon nitride cutting tools, Carbide Tool J., May/June, (1985) 4-7.
18) ウォーターハウス（著），佐藤準一（訳）：フレッチング損傷とその防止法，養賢堂（1984）2.
19) 志摩政幸，地引達弘：フレッチング摩耗，トライボロジスト，53（2008）462-468.
20) J. A. Williams: Engineering Tribology, Oxford science publications, (1993) 191.
21) S. C. Lim and M. F. Ashby: Wear-mechanism maps, Acta Metallurgica, 35, 1 (1987) 1-24.
22) K. Hokkirigawa and K. Kato: An experimental and theoretical investigation of ploughing, cutting and wedge formation during abrasive wear, Tribology Int., 21 (1988) 51-57.
23) K. Adachi, K. Kato and N. Chen: Wear map of ceramics, Wear, 203-204 (1997) 291-301.

第8章 トライボマテリアルと表面改質

トライボロジー特性[※1]の向上を図るためには，摩擦・摩耗のメカニズムを理解したうえで，目的とする性能に合った潤滑状態を定め，これを実現するための方策をとる必要がある．まずは，機械システムの設計仕様より，しゅう動条件を割り出し，これに適した潤滑剤（➡第4章）としゅう動面の組合せを選ぶことになる．しゅう動面を構成するトライボマテリアルの摩擦・摩耗特性は，強度特性や耐熱性などの材料そのものの性質だけでは決まらず，相手しゅう動面や潤滑剤との相互作用に大きく影響を受けることになる．そのため，同じ材料でも，使い方によって特性が異なることに注意しなければならない．また，同じ材料を使いながらも，表面改質によって必要とされる性質をしゅう動面のみに付与することによって，トライボロジー特性を改善できる．本章では，軸受などに使われる基本的なトライボマテリアルと，トライボロジー特性向上のための表面改質技術について説明する．

第8章のポイント
- トライボマテリアルに必要とされる性質を理解しよう．
- トラボマテリアルには，どのような種類があるか理解しよう．
- 表面改質技術の分類と手法について理解しよう．

8.1 トライボマテリアルに求められる性質

第1章で述べたように，機械システムで要求されるトライボロジー特性は，しゅう動の用途や状況によってさまざまである．例えば，摩擦と摩耗を低減するために必要な固体表面の性質を考えよう．摩擦低減には，無潤滑であれば固体潤滑性が必要となり，潤滑条件下であれば十分な油膜の形成を可能にする表面性状が必要となる．また，混合潤滑状態では膜厚比を上げるための表面平滑性が，境界潤滑状態では潤滑剤との化学反応性が有効に機能

[※1] しゅう動部における摩擦・摩耗にかかわる性能．

する必要がある．耐摩耗性の向上には，凝着摩耗，アブレシブ摩耗のどちらが支配的な状態であっても，それらの基本メカニズムから表面硬度は高い方が好ましい．ただし，凝着摩耗では相手しゅう動面との親和性を考慮する必要があり，アブレシブ摩耗では相手面への攻撃性から相対的な硬さと表面性状を考慮する必要がある．腐食摩耗では，表面の化学的安定性が重要になる．疲労摩耗では，破壊起点となる欠陥が少なく，破壊じん性の高い表面が求められる．

一般の機械構造材料と比べ，特にトライボマテリアルとして求められる特性としては，①硬さ，②表面性状，③非凝着性と固体潤滑性，④化学的特性の4つがあげられる．

8.1.1 硬　さ

第2章で述べたように，塑性流動圧力が高いほど，つまり押込み硬さが大きいほど真実接触面積は小さくなり，凝着摩擦と凝着摩耗はともに低減する．また，アブレシブ摩耗を受ける表面では，硬さが高いほど相手しゅう動面の突起による押込み深さが浅くなるため耐摩耗性は向上する．さらに，転がり摩擦では，硬さと関係する弾性率の向上は，弾性ヒステリシス損失を減らすうえで有効に働く．

硬度の高い材料としては，セラミックスがある．通常のセラミックスは，ビッカース硬さでHV1000〜3000程度である．さらに高い硬度を示す材料としては，CBN（立方晶窒化ホウ素）やダイヤモンドがあり，これらは主に工具材料として使用されている．トライボマテリアルとしてのセラミックスは，バルク材としてよりも，薄膜として利用されることが多い．セラミックスの破壊じん性が低いこと，また難加工性ゆえに製造コストが高いことが，バルク材としての利用のネックとなっている．硬さと破壊じん性を両立させる材料としては，硬質セラミックス粒子を金属バインダーで結合した超硬合金を含むサーメット類があり，広く使用されている．金属材料の場合は，焼入れや浸炭，窒化などの表面処理をした鉄鋼材料でもHV1000を超えるものはなく，バルク材としては硬いものでもHV700程度で用いられている．しゅう動面のみの硬さを向上させる手段としては，焼入れなどの熱処理や，湿式めっきによる硬質クロム膜，CVD（Chemical Vapor Deposition）法やPVD（Physical Vapor Deposition）法によるTiN，CrN，DLCなどの

硬質薄膜，溶射法によるサーメットやセラミックス膜のコーティングなどがある．硬質な被膜をコーティングすれば，容易に表面硬度を上げることができるが，実用上は被膜のはく離や信頼性，相手面への攻撃性なども考慮しなければならない．一方の表面の硬さを上げることが，トライボシステム[※2]の摩擦・摩耗特性向上に単純に結びつくわけではない．

　すべり軸受などでは，ライニング合金表面のオーバレイめっきに軟らかい金属を用いることで，なじみと焼付き性の向上を図っている（➡図11.16）．トライボマテリアルに軟らかい材料を用いる目的は，低いせん断力による固体潤滑性，接触面積の拡大と接触面圧の減少による油膜の維持，異物の取り込みによる表面損傷の回避などである．

8.1.2　表面性状

　トライボロジーは2つの固体表面によって成り立つため，一方の性能のみを向上させても有効な改善効果は得られない．むしろ，硬さの向上によって相手面への攻撃性が増し，摩耗を増大することもある．相手面へのアブレシブ性は，硬さと表面粗さに大きく依存するため，硬質膜をコーティングするような場合は十分に注意する必要がある．表面性状は，表面の最終仕上げ加工によって決定されるが，硬質膜のような難加工材料では，最終表面性状が膜組成や成膜プロセスに大きく依存する場合もある．例えば，ダイヤモンドライクカーボン（DLC）膜の場合，CVD法では非常に平滑な表面が得られるが，アークイオンプレーティング（AIP）法では表面にドロップレットに起因する凸部が形成されるため，そのままではしゅう動面に使用することができない．

　一般に表面の平滑化は，相手攻撃性を緩和することに加え，膜厚比の向上により，混合潤滑から流体潤滑への遷移を促進する効果をもたらす．その一方で，内部に気泡をもち表面に凹部を形成する一部のポーラス材料では，凹部が油溜（あぶらだまり）効果を発揮して，境界潤滑下での耐荷重能を向上させる場合がある．表面の凹部は，摩耗粒子や異物をトラップする役目も発揮する．このように，表面性状は単に平滑化を進めることが好ましいとはいえず，むしろ積極的に表面性状を付与することにより，しゅう動特性の改善を図ることもで

[※2]　トライボロジー特性を決定するしゅう動面と潤滑剤からなる系．

きる．このような表面性状に着目した表面改質技術が表面テクスチャリング（■➡ 8.3.5 項）である．

8.1.3 非凝着性と固体潤滑性

真実接触部での摩擦抵抗は，凝着界面のせん断力に比例する．そのため，凝着を起こしにくい非凝着性物質や，凝着してもせん断力の小さい物質が固体潤滑性を示す材料となる．

凝着性は表面エネルギーと関係し，表面エネルギーが低いほど非凝着性となる．しかし，表面エネルギーは材料固有のものではなく，界面をどのような物質と構成するかにより決まる．すなわち，固体接触面では，相手材料との組合せが凝着性を支配することになる．図 8.1 に純金属間の相互溶解度を示す[1]．相互溶解度が高く親和性のよい組合せほど凝着性が高いため，摩擦係数は大きく[2]，摩耗量も多くなる[3]．しゅう動面の設計において，同種材の組合せである「ともがね」を極力避けるのはこのためである．ただし，通常のしゅう動条件下では金属表面には酸化物が必ず存在し，酸素を介在する

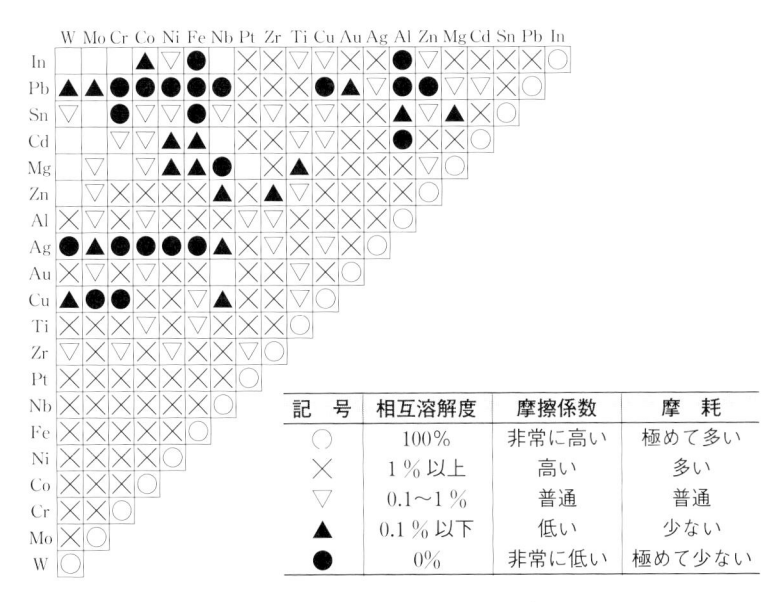

記号	相互溶解度	摩擦係数	摩耗
○	100%	非常に高い	極めて多い
×	1 % 以上	高い	多い
▽	0.1～1 %	普通	普通
▲	0.1 % 以下	低い	少ない
●	0%	非常に低い	極めて少ない

図 8.1　純金属間の相互溶解度[1]

ことで相互溶解度が大幅に増す組合せもあることに注意が必要である．

固体潤滑性の高い材料としては，軟質金属の金や銀など，層状化合物の二硫化モリブデン（MoS_2）やグラファイトなど，表面エネルギーの低いフッ素樹脂などが知られている．これらは単体では十分な構造強度がないため，コーティング膜や複合材料としてトライボマテリアルに利用されている．

また，表面組成のわずかな変化によって固体潤滑性を発現する材料もある．鉄鋼表面に拡散浸透させた硫黄は，表層に硫化物を形成し摩擦低減効果をもたらす．DLCは，摩擦によって最表面にグラファイトを形成し固体潤滑性を示すと考えられている．400℃を超えるような高温環境下では，フッ化カルシウムやフッ化バリウムなどが固体潤滑性を示すとともに，溶融することによって高温固体潤滑性を発揮する材料もある．

8.1.4 化学的特性

トライボマテリアルの化学的特性でまず重要なのは，しゅう動環境下において劣化を起こさないことである．特に高分子材料の場合には，膨潤や溶解など潤滑油との相性に注意が必要である．また，しゅう動面では，局所的に高圧や高温状態が生じるため，**トライボケミカル反応**と呼ばれる特異的な化学反応が進行する．このため，静的環境下における耐薬品性や耐腐食性が，しゅう動面においてそのまま機能するとは限らない．さらに，高温潤滑下では，**コーキング**と呼ばれる潤滑油の炭化が起こることが知られているが，このような潤滑油の劣化には，触媒性など表面の化学的特性が大きく関係する．

一方，境界潤滑において添加剤が機能を発現するためには，摩擦面での化学反応が重要な役割を果たす．通常の潤滑剤は，既存の鉄や銅系のしゅう動材料用に開発されたものであるため，新しい素材からなる硬質膜などを使用する場合には，それらの有効性に注意が必要である．例えば，化学的安定性の高いDLC膜は大気中無潤滑下では低い摩擦と耐摩耗性を示すが，金属系材料用の潤滑油中では添加剤との反応が進まないために摩擦・摩耗特性が劣る場合もある．このような場合，DLC膜に効果を発揮する新しい添加剤を用いるか，あるいは金属元素をDLC膜に添加[4]することで既存添加剤との反応性を改善するなどの対策が必要なる．

8.2 トライボマテリアルの種類

しゅう動部品材料は，構造を維持するための十分な機械的強度を有する必要がある．そのうえで，求められるトライボロジー特性を発揮できるものは，バルク材のまましゅう動面に適用されることになる．一方，トライボロジー特性は優れるものの機械的強度が劣る材料や，コストなどで量が限られる材料などは，これらを補う別の材料との複合化により，しゅう動部品に適用されることになる．

8.2.1 金属材料

主な軸受用金属材料を表 8.1 に示す．

(1) すべり軸受材料

ブッシュやすべり軸受材料として使用される金属には，鋳鉄，高力黄銅，ホワイトメタル，銅鉛合金（ケルメットメタル），青銅（鉛青銅，リン青銅），アルミニウム合金などがある．

ホワイトメタル（white metal）には，スズ（Sn）基と鉛（Pb）基がある．ホワイトメタルは，耐焼付き性，順応性，埋収性に優れるが負荷能力に劣るため，動荷重用軸受では負荷能力が短所となり，静荷重用軸受でも高荷重や高油温では限界がある．船舶用の大型軸受は大径シャフトが軟軸であり，湯流れ，鋳造接着性が良好のため，ホワイトメタルが広く使用されている．

銅鉛合金は負荷能力に劣るホワイトメタルに代わって開発された材料で，発明者にちなんで**ケルメットメタル**（Kelmet metal）とも呼ばれる．**鉛青銅**（lead bronze）は銅鉛合金にスズを添加したもので，揺動や低速回転の高荷重用ブシュに広く使用されている．耐摩耗性および耐食性が優れ，耐熱性もあるが，銅鉛合金に比べ耐焼付き性は劣る．これらの合金の製造法には，焼結方式と鋳造方式がある．

アルミニウム合金（aluminum alloy）は耐摩耗性と耐食性に優れ，機械的強度や熱伝導も高い．Al-Sn 合金では，スズの添加量を増加させるとともに，耐焼付き性が向上する．また，硬質 Si を添加した Al-Sn-Si 合金は，耐摩耗性および耐疲労性に優れるため，自動車エンジン用軸受材料の主流となっている．

表 8.1 主な軸受用金属材料

区分		合金名	規格	特徴と用途
すべり軸受	ホワイトメタル	Sn 基	T2	しゅう動面の順応性に優れるが,耐疲労性,耐高温性が低い.静荷重軸受や船舶用大型軸受に使用.
		Pb 基	—	
	銅系合金	銅鉛合金	S1, S2	銅鉛合金は高い耐疲労性を有し,エンジン用軸受ではめっき付きで使用.鉛青銅は耐摩耗性に優れ,ブッシュ等に広く使用.
		鉛青銅	S3, S4, S5, S6 (*)	
	アルミニウム合金	Al-Sn 合金	R1, R2	機械的強度や熱伝導性が高く,エンジン用軸受からブッシュまで広く使用.高面圧軸受にも使用できる.
		Al-Sn-Si 合金	R3	
		Al-Zn 合金	R4	
	オーバレイ	Sn-Pb 合金	—	順応性や耐食性の改善上を目的に,上記の合金表面上に 20 μm 程度の膜厚でめっきして使用.
転がり軸受	高炭素合金鋼	高炭素クロム鋼	JIS SUJ2 (ANSI 52100) (DIN 100Cr6)	炭素を約 1 %,Cr を 1 % 程度含み,耐摩耗性に優れている.SUJ2 は,転がり軸受材料として一般的で,ANSI 52100 や DIN 100Cr6 と同等.SUJ3 は Mn を,SUJ5 は SUJ3 に Mo を添加して焼入れ性を向上したもの.
	はだ焼鋼 (浸炭鋼)	Cr 鋼 Cr-Mo 鋼 Ni-Cr-Mo 鋼	JIS SCr420 JIS SCM420 JIS SNCM420	硬さとじん性を兼ね備えており,耐衝撃性に優れるため,円すいころ軸受に使用.小中型軸受には Cr 鋼,Cr-Mo 鋼,大型軸受には Ni-Cr-Mo 鋼が浸炭処理して使用される.
	耐食軸受鋼	マルテンサイト系ステンレス鋼	JIS SUS440C	焼入れ,焼戻し性がよく,高強度,高硬度で耐食性にも優れる.
	高速度鋼	W 系 Mo 系	JIS SKH4 AMS M50	JIS SKH4 は,Cr を約 4 %,W を約 18 %,Co を約 10 % を含み,AMS M50は,Crを約4%,Moを約4%,Vを約1%含む.ともに高強度で耐熱性が高い.

*ISO 3547-4 Table2 Material code

なお，一般的なすべり軸受（➡図 11.16）は，構造を支持する鋼の裏金にこれらの軸受合金をライニングした 2 層構造や，さらに Sn-Pb 合金などをオーバレイした 3 層構造で構成されている．

(2) 転がり軸受材料

転がり軸受材料には，高い転がり疲れ強さと圧縮弾性限界が必要とされる．また，軸受寿命は酸化物などの介在物の影響を大きく受けるため，軸受材料の製造に際しては，真空脱ガス処理などによる厳しい品質管理が行われている．転がり軸受材料として一般に多く使われているのは，**高炭素クロム鋼**（high carbon chromium steel）（JIS SUJ2）である．耐食性に乏しくさび止め油の塗布が必要になるため，これを嫌う真空やクリーン環境では，さび止め油を必要としない**マルテンサイト系ステンレス鋼**（martensitic stainless steel）（JIS SUS440C）が使われる．

図 8.2 に示すように[5]，高炭素クロム鋼は焼戻し温度を超える 180 ℃以上では硬さが低下して使用できないが，マルテンサイト系ステンレス鋼はロックウェル硬さ HRC55 以上の高い硬度を維持する 300 ℃までは使用できる．300 ℃を超える高温領域では，耐熱用の高速度鋼（JIS SKH4, AMS M50）が使われる．特殊な例としては，チタン合金（Ti6Al4V 合金）やベリリウ

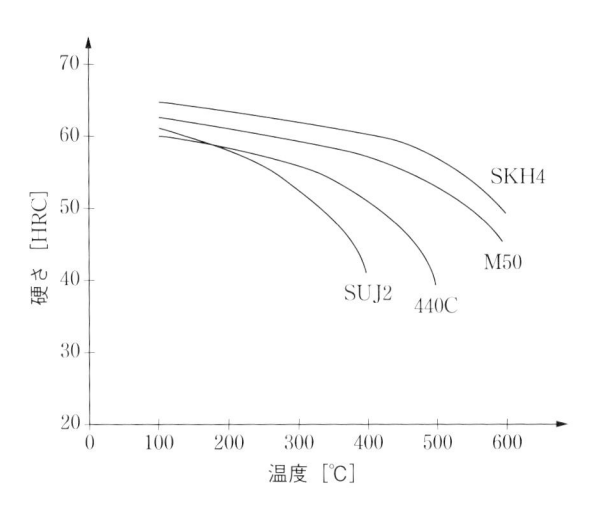

図 8.2　各転がり軸受鋼の高温硬さ[5]

表8.2 一般的な肉盛材料の化学成分とビッカース硬さ[6]

材料		化学成分 [mass %]									HV
		Co	Cr	W	C	Ni	Fe	Mo	B	Si	
Co基合金	ステライト No. 6	Bal.	28.0	4.5	1.0	≦3.0	≦3.0	—	—	1.0	412
	ステライト No. 12	Bal.	29.0	8.5	1.4	≦3.0	≦3.0	—	—	1.0	458
	ステライト No. 21	Bal.	27.0	—	0.25	≦3.0	≦3.0	5.5	—	1.5	302
	トリバロイ T-900	Bal.	18	—	≦0.8	16	≦3.0	23	—	2.7	544
	トリバロイ T-800	Bal.	18	—	≦0.08	≦1.5	≦1.5	28	—	3.4	613
	トリバロイ T-400	Bal.	8.5	—	≦0.08	≦1.5	≦1.5	29	—	2.6	595
Ni基合金	コルモノイ No. 4	—	10	—	0.3	Bal.	3	0.6	2	3.5	392
	コルモノイ No. 5	—	12	—	0.5	Bal.	3	0.6	2.8	4	513
	コルモノイ No. 6	—	15	—	0.7	Bal.	3	0.6	3	4.5	697

Bal.：その他の残りを意味する．

ム銅が非磁性用軸受材料として使用されている．

（3）被覆材料

耐摩耗性に加え，高い耐食性と耐熱性を付与するための非鉄系材料として，コバルト（Co）基合金やニッケル（Ni）基合金がある．これらは粉末を原料として，**肉盛法**（surfacing）や**溶射法**によりしゅう動面に被覆されることが多い．**表8.2**に一般的な肉盛材料を示す[6]．なお，ステライトやトリバロイという名称は商品名である．

8.2.2 セラミックス材料

セラミックス材料は，焼結製バルク材とコーティング膜に大別される．**図8.3**に示す混合栓用フォーセットバルブは，アルミナと炭化ケイ素のバルクで構成され，炭化ケイ素表面にはDLCコーティングが施されている．このように，実際の機械部品では，さまざまな材料が組合されて用いられる．

表8.3に主な焼結製セラミックスの特性を示す．なお，セラミックスの特性は，焼結方法や焼結助剤成分などによって変化する．**ファインセラミックス**（fine ceramics）とも呼ばれるこれら材料は，密度が低い，硬度が高い，耐食性に優れる，熱膨張係数率が小さい，高温強度に優れるなどの特長をもつ．そのため，高温や腐食性雰囲気など特殊環境下での過酷なしゅう動条件で利用されることが多い．なお，セラミックスの摩擦・摩耗特性は，雰囲気

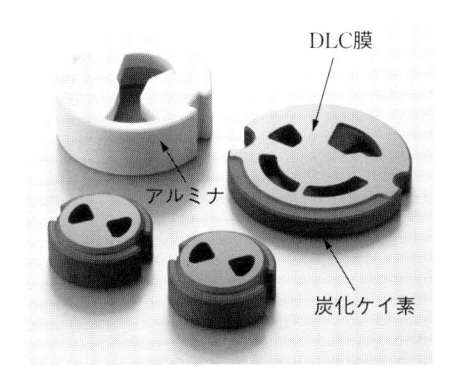

図 8.3 混合栓用フォーセットバルブ
[写真提供：京セラ株式会社]

表 8.3 主な焼結製セラミックスの特性（概略値）

項目＼材料	アルミナ Al_2O_3	ジルコニア ZrO_2	炭化ケイ素 SiC	窒化ケイ素 Si_3N_4
密度 [g/cm³]	3.8	6.0	3.1	3.2
線膨張係数 [1/℃]	7.1×10^{-6}	10.5×10^{-6}	3.9×10^{-6}	3.2×10^{-6}
ビッカース硬さ [HV]	1600	1200	2200	1500
ヤング率 [GPa]	350	220	380	320
ポアソン比	0.25	0.31	0.16	0.29
3点曲げ強さ [MPa]	300	1400	500	1100
破壊じん性値 [MPa·m$^{1/2}$]	3.5	5	4	6

の影響を受けやすい[7]．これは，雰囲気中の水との反応によって最表面に形成されたわずかな水和物層であっても耐摩耗性に優れ，ほとんど損傷の起こらない摩擦面では，その影響が顕著に現れやすくなることに起因する．

アルミナ（Al_2O_3）は，耐食性が高く焼結性もよい．そのため，大型の焼結体が構造部材やしゅう動案内面材として使用されている．ただし，機械的強度は他のセラミックスに劣るため，転がり軸受にはあまり使用されてない．切削工具には硬質薄膜として使用されている．また，3次元アブレシブ摩耗対策として，溶射膜として使用されることも多い．

ジルコニア（Zr_2O）の多くは，イットリア（Y_2O_3）を添加して破壊じん性を高めた部分安定化ジルコニア（Partially Stabilized Zirconia：PSZ）として使用されている．PSZは機械的強度が高く，緻密な構造と機械加工性

のよさから平滑な表面が得やすいなどの利点がある．一方，熱伝導率が低いため，摩擦面温度が高くなりやすいという欠点がある．PSZ の相変態に起因する強度強化機構は，高温では機能しないだけではなく，水などの極性分子の吸着によって応力腐食割れを引き起こす原因ともなる．そのため，ジルコニアの優れたしゅう動特性を生かすには，使用環境に十分な配慮が必要である．溶射法による PSZ 膜は，ポーラス構造のためガスタービンなどの熱遮蔽膜（しゃへい）（Thermal Barrier Coating：TBC）として使用されているほか，アブレーダブルシールとしての用途もある．

炭化ケイ素（SiC）は，硬度が高く，高い熱伝導率と高温強度をもち，耐食性に非常に優れることから，メカニカルシールやポンプ部品に広く使用されている．特に水潤滑下おいては，図 8.4 のように非常に低い摩擦係数を示す[8]．

窒化ケイ素（Si_3N_4）は，高温における強度とじん性，および耐熱衝撃性に最も優れており，耐食性や絶縁性も高い．極低温のロケットエンジンから高温，高速，高真空などの極限環境で使用されるセラミックス軸受（図 8.5）には，不可欠な材料となっている．最近では，風力発電用軸受などの電食対策として応用が広がっている．

サーメット（cermet）は，ceramics（セラミックス）と metal（金属）からの造語で，炭化物や窒化物などの硬質セラミックス粒子を金属バインダーで焼結した複合材料で，工具や金型などに広く使用されている．タングステ

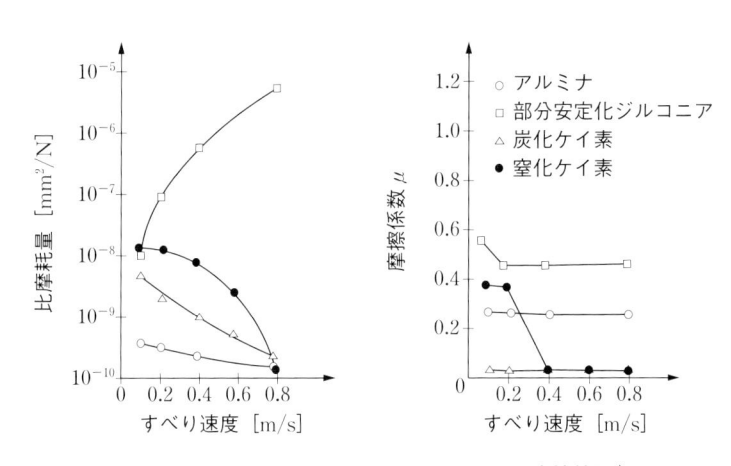

図 8.4　水潤滑下における各種セラミックスの摩擦特性[8]

図 8.5 セラミックス転がり軸受
［写真提供：株式会社ジェイテクト］

ンカーバイド（WC）を Co 基合金で焼結したものは特に**超硬合金**（ultrahard metal）と呼ばれ，サーメットと区別されることもある．硬質セラミックス粒子には，炭化チタン（TiC），炭窒化チタン（TiCN），炭化ニオブ（NbC），炭化タンタル（TaC），炭化モリブデン（MoC_2）などが，金属バインダーには Co 基合金や Ni 基合金が使用されている．また，ダイヤモンドに次ぐ硬さをもつ CBN（立方晶ホウ化窒素）焼結体は，切削工具として使用されている．

硬質薄膜（hard thin layer）は，PVD 法や CVD 法などにより，サブ μm ～数十 μm の膜厚で母材上に成膜される．チタン，アルミニウム，クロムなどの窒化物，炭化物，酸化物およびそれらを複合化した膜（TiN，TiCN，AlN，CrN，TiAlN，Al_2O_3 など）が，工具や金型などの製造部品のほか，宝飾用としても広く使用されている．膜の硬度は通常 HV2000～3000（約 20～30 GPa）程度であるが，50 GPa 以上の超硬質ナノ積層膜もすでに工具として実用化されている（図 8.6）[9]．膜の耐久性や信頼性を確保するうえでは母材との密着性が重要になるため，コーティング方法や組成などにはさまざまなノウハウが必要とされる．

8.2.3 炭素系材料

図 8.7 に示すように，炭素同素体には，ダイヤモンド，グラファイト，フラーレン類の 3 つがある．

ダイヤモンド（diamond）は，天然鉱物の中で最も硬い材料であり，人工

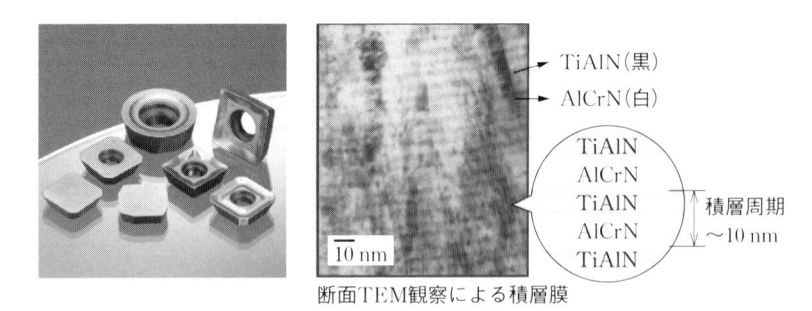

図 8.6　ナノ積層コーティングチップの例[9]
［写真提供：住友電気工業株式会社］

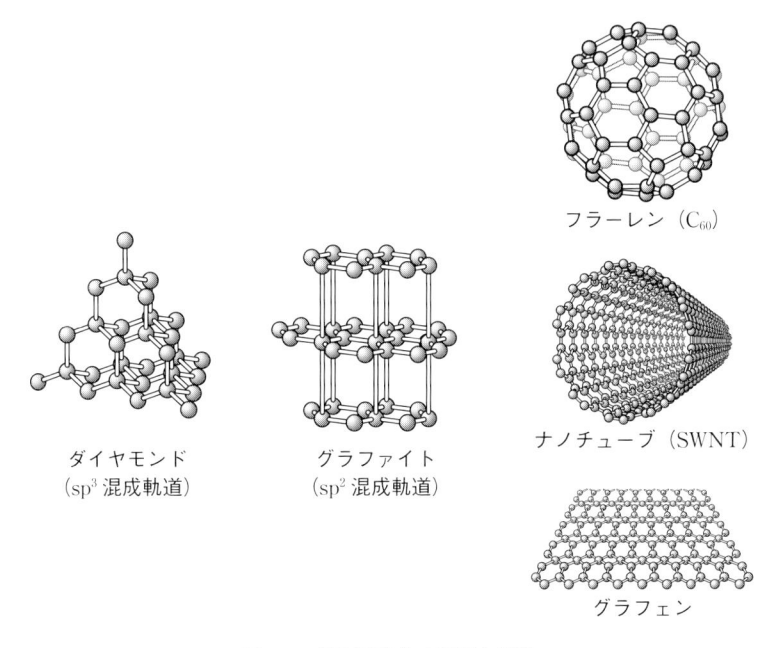

図 8.7　炭素同素体の種類と構造

合成ダイヤも含め工具や特殊な精密軸受材料として使用されている．
　グラファイト（graphite）は，層状の結晶構造をもつ固体潤滑剤を代表する材料である．導電性があることから，電気接点としてモータブラシやパンタグラフなどに使用されている．ただし，325 ℃以上では酸化して炭酸ガスとなるため，大気中高温下での使用には限界がある．グラファイトの固体潤

滑性は，雰囲気の水分の影響を強く受けることが知られている[10]．また，真空中では固体潤滑性が失われるため，宇宙用固体潤滑剤には同じ層状構造をもつ二硫化モリブデン（MoS_2）が使用されている．

炭素同素体としての**フラーレン**（fulleren）**類**は，1985年のクロトー（H. W. Kroto）らによるC_{60}の発見[10]に始まり，**ナノチューブ**（nanotube）[11]や**グラフェン**（graphene）[12]などの新規物質の発見・合成へと研究が展開した．C_{60}を発見したクロトーら3名は，1996年にノーベル化学賞を受賞している．また，グラフェンの分離に初めて成功したガイム（A. Geim）とノボセロフ（K. Novoselov）は，2010年にノーベル物理学賞を受賞している．

グラフェンは，層状構造のグラファイトの1枚の層からなる2次元物質で，特異的な電磁気特性などを示すことで注目されている．ナノチューブは，このグラフェンシートが筒状になった構造をしており，単層と多層のものをそれぞれSWNT（シングルウォールナノチューブ），MWNT（マルチウォールナノチューブ）と呼んでいる．C_{60}は直径7Åの球状をした分子であることから，発見当初より究極のベアリング球として潤滑剤への応用が注目されている．現在は，ナノチューブやグラフェンとともに，超潤滑トライボシステムの実現を目指した基礎研究が行われている[13]．

炭素系材料で，近年急速に実用化が進んだのは，**DLC**（Diamond-like Carbon）**膜**である．トライボマテリアルとしてのDLC膜の利点は，硬さと平滑性，そして化学安定性であり，低摩擦かつ耐摩耗性を発揮しやすい素質をもっている．**図8.8**に示すように，DLC膜はダイヤモンド構造のsp^3結合とグラファイトのsp^2結合が混在した構造をしており，混成軌道の割合と水素含有量によって膜の性質は大きく異なる．また，炭素と水素の他に，窒素やシリコン，金属元素などを添加することにより，DLC膜の性質を変えることができる．DLC膜の利点である大気中における低摩擦の原因は，摩擦によって表面層がグラファイト化し，これが固体潤滑効果を発現するためと考えられている．また，水素雰囲気中では，最表面の炭素が水素終端されることにより，超潤滑状態が得られるといわれている[14]．

このほか炭素系材料としては，炭素繊維とカーボンマトリックスからなる**C/Cコンポジット**がある．C/Cコンポジットは，軽くて高温強度が高く耐摩耗性にも優れることから，航空機やスポーツカーのブレーキディスク[15]や電車のパンタグラフすり板[16]などに使用されている．

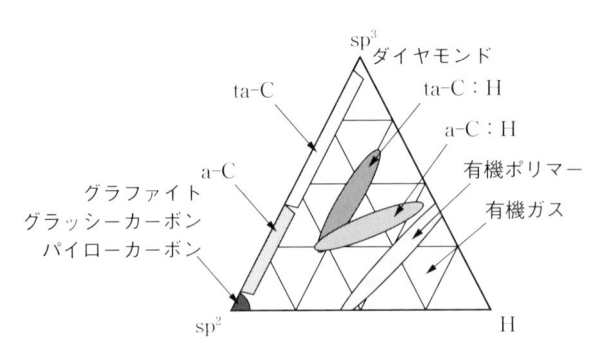

図 8.8　DLC 膜の分類

8.2.4　高分子材料

　高分子材料は，樹脂（プラスチック），ゴム，繊維に大別され，多種多様なものが使用されている．主な高分子材料を**表 8.4** に示す．高分子材料のトライボマテリアルとしての特徴は，その変形が粘弾性的に起こることにある．そのため，摩擦・摩耗特性には荷重ならびに速度依存性があり，特に非晶質ゴムの場合には，粘弾性の影響が顕著に現れる．

　プラスチック（plastic）は，熱可塑性樹脂と熱硬化性樹脂に分類され，耐熱温度が 100 ℃以上で引張強さ 49 MPa 以上，曲げ弾性率 2.5 GPa 以上のものをエンジニアリングプラスチック（エンプラ），さらに耐熱温度が 150 ℃以上のものをスーパーエンジニアリングプラスチック（スーパーエンプラ）と呼んでいる．プラスチックは自己潤滑性があり，軽量で成形性がよいことから，家電や情報精密機器などの歯車や軸受部材（**図 8.9**）として広く使用されている．近年では，材料性能の向上により，自動車部品などの過酷な条件のしゅう動面にもその適用範囲を広げている．プラスチック素材を単体で使用する場合もあるが，通常は複数のプラスチックを混合したポリマーアロイや，繊維などを分散強化した複合材として使用することが多い．また，トライボロジー特性を改善するため，固体潤滑剤や潤滑油を充填した複合材も使用されている．

表 8.4　主な高分子材料

分類			材料
プラスチック	汎用プラスチック	熱可塑性	ポリプロピレン（PP） ポリエチレン（PE）
		熱硬化性	フェノール樹脂（PF） ジアリルフタレート（DAP）
	エンジニアリングプラスチック	熱可塑性	ポリアセタール（POM） ポリアミド（PA） ポリエチレンテレフタレート（PET） ポリブチレンテレフタレート（PBT） ポリフェニレンエーテル（PPE） ポリカーボネート（PC） 超高分子量ポリエチレン（UHMWPE）
		熱硬化性	エポキシ樹脂（EP）
	スーパーエンジニアリングプラスチック	熱可塑性 熱硬化性	ポリフェニレンサルファイド（PPS） ポリイミド（PI） ポリエーテルエーテルケトン（PEEK） ポリエーテルサルフォン（PES） ポリアミドイミド（PAI） ポリアリレート（PAR） 四フッ化エチレン（PTFE） ポリフッ化ビニリデン（PVDF） 液晶ポリエステル（LCP） ポリベンゾイミダゾール（PBI）
ゴム			天然（NR） クロロプレン（CR） ニトリル（NBR） エチレンプロピレン（EPDM） ブチル（IIR） ウレタン（U） フッ素（FKM） シリコーン（VMQ）
繊維			POM UHMWPE PPS PAR PEEK アラミド

図 8.9　プラスチック製の軸受や歯車
［写真提供：オイレス工業株式会社］

　熱可塑性樹脂（thermoplastics resin）は成形性がよく，代表的なものとしてはポリアセタール（POM），ポリアミド（PA），ポリブチレンテレフタレート（BBT）などが広く使用されている．POM は，成形性，機械的強度，寸法安定性，耐摩耗性などに優れるため単独で用いられることもあるが，強度や潤滑性を向上するために，ウレタンとのポリマーアロイ化や含油化して用いる場合も多い．ナイロンという名称で知られる PA は，強度や耐摩耗性に優れるが，吸湿性と熱膨張率に難があるので，使用に際しては注意が必要である．
　テフロンという名称で知られる四フッ化エチレン（PTFE）は，自己潤滑性と耐薬品性に優れるとともに，$-250\,℃\sim 280\,℃$ までの広い温度範囲で使用することができる．耐クリープ性に劣るため，強化材と複合化したものがシールや軸受に使用される．固体潤滑剤として他のプラスチックなどに分散して用いられる場合もある．
　ポリエチレン（PE）類では，結晶性と密度の高い高密度ポリエチレン（HDPE）のなかでも，摩擦特性と耐摩耗性に優れる分子量が数百万の超高分子量ポリエチレン（UHMWPE）が，食品機械や人工関節などに使用されている．なお，人工股関節用ソケットには，耐摩耗性をさらに改善するため，γ 線照射処理により架橋レベルを向上させたクロスリンク（網目構造）・ポリエチレンが使用されている（図 8.10）．

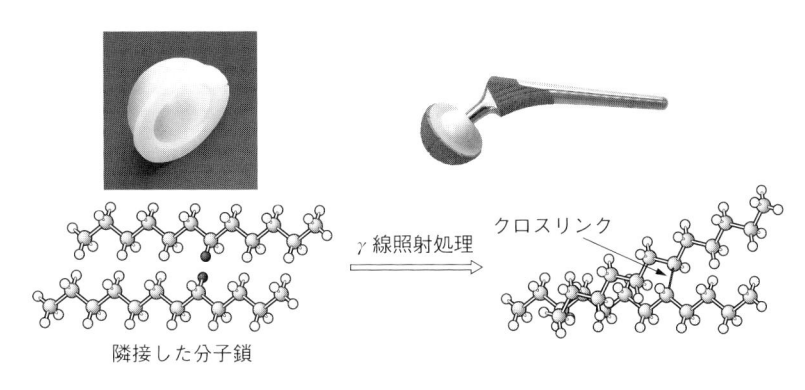

図 8.10　クロスリンク・ポリエチレン製人工股関節用ソケット
［写真提供：京セラメディカル株式会社］

　高温，高荷重，高速などの過酷なしゅう動条件下での用途には，スーパーエンプラのポリフェニレンサルファイド（PPS）やポリエーテルテーテルケトン（PEEK），ポリエーテルサルフォン（PES），ポリアミドイミド（PAI），ポリイミド（PI）などが使用されている．耐熱性の点では，PAIとPEEKが約250℃，PIが約300℃までの高温環境下で連続使用が可能である．さらに，高温での使用には，荷重たわみ温度435℃，ガラス転移温度が427℃という優れた耐熱性をもつポリベンゾイミダゾール（PBI）が使用される．

　熱硬化性樹脂（thermosetting resin）では，フェノール樹脂（PF）がブレーキや摩擦材として広く使用されている．フェノール樹脂は，水中でのしゅう動特性に優れることから，水中軸受などにも多く使用されている．耐熱性が要求される場合には，ジアリルフタレート樹脂（DAP）などが使用される．固体潤滑剤のマトリックス材として，エポキシ樹脂が使用されることもある．

8.3　表面改質

　構造部材として材料に求められる性質と，外部との境界をなす材料表面に求められる性質とは必ずしも一致せず，場合によっては相反する特性が求められることもある．**表面改質**（surface reforming）は，表面に必要とされる性質を内部とは独立に付与し，部品全体での高性能化を図る材料創製技術で

ある.産業界における表面改質の用途の多くは,トライボロジー特性改善にかかわるものであるといわれている.これ以外の用途としては,耐腐性やぬれ性,耐熱性,電磁気・光学特性などの機能の付与や創製が主な用途としてあげられる.一方で,表面改質は多岐にわたり,また目的は同じであっても技術体系の異なる手法間での性能比較などはあまり行われていない.ここでは,一般的な表面改質方法の分類にしたがって,トライボマテリアル創製の観点からそれぞれの手法の特徴について説明する.表面改質法の分類と具体的方法を図8.11に示す.表面改質は次の4つに大別される.

- **熱処理法**(heat treatment method):温度履歴による組織制御や外から表面内部への元素拡散によって母材表面の特性を改善する.

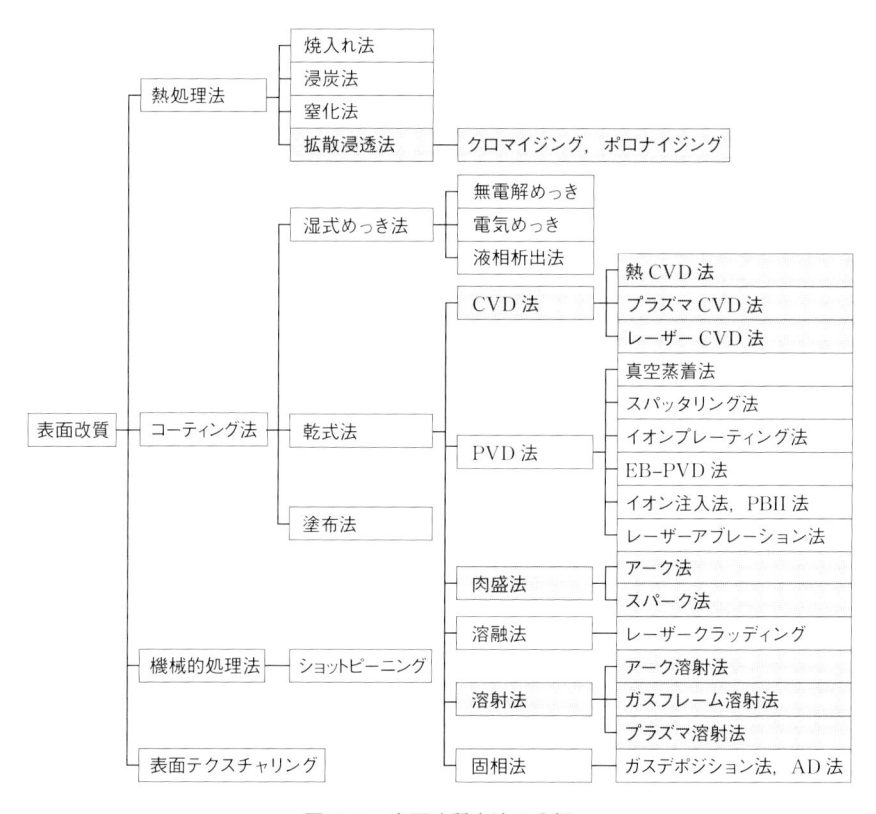

図8.11 表面改質方法の分類

- **コーティング法**（coating method）：母材とは異なる物質を被覆することで表面に新しい機能を付与する．
- **機械的処理法**（mechanical treatment method）：機械的エネルギーによって表面物性を変化させる．
- **表面テクスチャリング**（surface texturing）：表面幾何形状によって新しい機能を発現させる．

8.3.1 熱処理法

熱処理法には，焼入れ法，浸炭法，窒化法，拡散浸透法などがある．熱処理法は斬新さという点において注目されることが少ないが，トライボ要素（➡第11章）にはなくてはならない製造技術である．また，すでに確立された信頼性の高いプロセス製造技術ではあるが，エネルギー効率や環境負荷の面からは，改善されるべき課題も多い．

焼入れ法（induction hardening）は歴史の古い手法であるが，従来の炎焼入れや高周波焼入れとともに，近年ではレーザー焼入れや電子ビーム焼入れなどの新しい手法が取り入れられ，いまも機械部品の最も重要な表面改質技術であることには変わりない．

浸炭法（carburizing）や**窒化法**（nitriding）においても，よりよい品質と省エネルギー性向上を求めて真空浸炭法やイオン窒化法などの新しい手法の導入が進んでいる．

拡散浸透法（cementation）は，炭素や窒素のみならず，ボロンや硫黄，さらにはアルミニウム，クロム，チタン，バナジウムなどの金属元素を表面から内部に熱拡散させて，表面の硬度向上や耐熱性，耐食性向上を図るもので，多くの機械部品に用いられている．

熱処理法の利点は，母材と表面改質層との組成が連続的に変化することにある．コーティング法のように膜厚が厚くなるほど顕著になる「はく離の問題」がないため，浸炭法や窒化法では数 mm の深さまで改質層を形成することも可能である．このような熱処理法の特徴を生かし，コーティング法との複合処理方法も開発されている．

8.3.2 コーティング法

コーティング法には，湿式めっき法，化学蒸着（CVD）法，物理蒸着

(PVD）法，溶射法，塗布法など多くの手法がある．コーティング技術は，近年，トライボマテリアル創製技術として著しい発展を遂げ，その用途も急速に拡大している．

(1) 湿式めっき法

湿式めっき法（wet process plating）には，電気めっき，無電解めっきなどがあり，トライボコーティング[※3]としては硬質クロムめっきや無電解ニッケルめっきがさまざまな機械部品に広く使われている．湿式めっき法は，プロセスで必要となる劇毒物薬品の管理や廃液の処理などの課題があり，その利用は縮小の方向にある．しかしながら，性能とコストの面から，いまだに大きなアドバンテージがあり，乾式法への移行は簡単には進んでいない．

湿式電解めっき法によって成膜する硬質クロムめっきは，HV1000程度の高い硬度を有し，用途によって数 μm～数百 μm までの膜が広く用いられている．また，同じ湿式めっきでも，無電解ニッケルめっき法はカニゼン（Catalytic Nickel Generation）めっきとも呼ばれ，プラスチックやセラミックスなどの不導体にも均質に成膜できるという特徴がある．Ni-P系合金膜の硬さはHV500程度で，熱処理を加えることでHV900程度の硬質化も可能である．また，セラミックス粒子や固体潤滑粒子などを分散した複合めっき膜も実用化されている．

(2) 蒸着法

蒸着法（vapor deposition）には化学的手法による **CVD**（Chemical Vapor Deposition）法と物理的手法による **PVD**（Physical Vapor Deposition）法がある．

CVD法は，コーティング膜のもとになる原料に有機金属ガスなどを用い，反応室内に作った高温状態によって原料ガスを反応させ，基板上にコーティングを行う手法である（図8.12）．CVD法によるトライボコーティングには，TiC，TiCN，TiAlN，CrN_x，Al_2O_3，CrC，SiC，DLCなどがあり，主に金型や切削工具などに使用されている．PVD法に比べ，10 μmを超える厚膜形成が容易であることや密着性やつきまわり性がよいなどの利点があ

※3 トライボロジー特性改善を主目的とするコーティング．

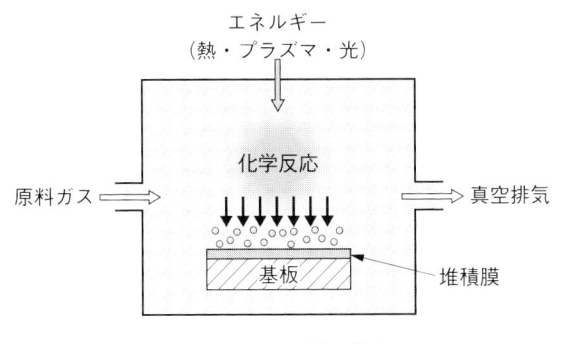

図8.12 CVD法の概念

る．一方で，原料ガスの分解反応に高いエネルギーが必要なため，基板処理温度が600℃を超える高温となることもあり，適用可能な母材は制約される．これを克服するため，触媒や紫外線レーザーの利用によるプロセスの低温化に関する研究も行われている．

　CVD法のもう1つの課題は，反応ガスの後処理である．プロセスの安全性や環境対策の観点から，一般にCVD法が敬遠される傾向があることは否定できない．ただし，半導体製造プロセスなどとは異なり，トライボコーティングの場合には有毒性の高い原料ガスを利用することはまれである．DLCの場合には，平滑面が得られることに加え，低コスト化を担う有力なプロセス技術として，今後の発展が期待されている．

　PVD法は，固体を原料として，これをいったん蒸発させてから固相を析出させてコーティングを行う手法である（図8.13）．真空蒸着法，スパッタリング法，イオンプレーティング法などがあり，新しい手法としては，電子ビーム蒸着（EB-PVD）法やレーザーアブレーション（パルスレーザーデポジション，Pulsed Laser Deposition：PLD）法などがある．

　また，被膜形成という定義からは外れるが，関連する手法にイオン注入法がある．被膜の密着性を高め，複雑形状への均一コーティングを目的に，イオン注入法とCVD，PVD法を融合した**プラズマイオン注入**（Plasma-Based Ion Implantation：PBII）**法**が開発されている（図8.14）．

　PVD法には，固体原料を用いることからさまざまな元素を選択することができ，反応ガスの後処理設備が不要であることなどの利点がある．PVD法による水素を含まないDLC（水素フリーDLC）は，水素含有DLCに比

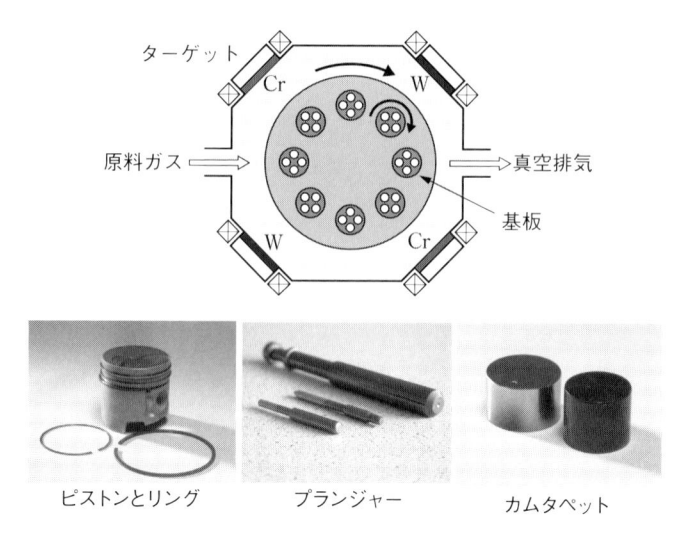

図 8.13　PVD コーティング装置と適用例
［写真提供：Hauzer Techno-Coating B. V.］

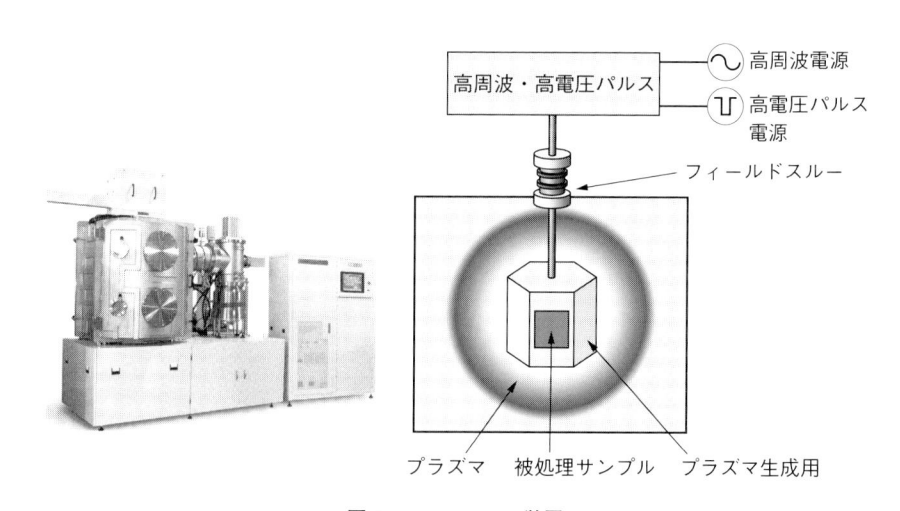

図 8.14　PBII & D 装置
［写真提供：パーカ熱処理工業株式会社］

べて硬度が高く，潤滑油中で非常に低い摩擦特性を示すことが知られている[17]．PVD法によるトライボコーティングとしては，TiN，TiCN，TiAlN，CrN，DLCなどが実用化されており，多くの場合はイオンプレーティング法によって成膜されている．**イオンプレーティング**（ion plating）**法**は，蒸発した固体粒子をなんらかの方法でイオン化し，負のバイアス電圧を印加した基板に堆積させることによってコーティングを行う手法である．手法の違いにより，活性化反応蒸着法，中空陰極放電（Hollow Cathode Discharge：HCD）法，アークインプレーティング（Arc In Plating：AIP）法，クラスターイオンビーム法などが開発されている．AIP法は，固体原料を陰極として真空アーク放電を起こすため，アークスポットのエネルギー密度を高めることで高融点材料や合金などのコーティングも可能である．ただし，アークスポットで発生するドロップレットと呼ばれる大きい粒子が被膜に取り込まれることがあり，平滑なコーティング面を得るにはコーティング装置に工夫が必要になる[18]．

(3) 溶射法

溶射法（thermal spraying）は，他のコーティング方法と比較して被膜形成速度が速く，トライボマテリアルに求められる厚膜の作製に適している[19]．また，溶射法は，溶射材料および被溶射材料に制限が少ないこと，基板の大きさに制限がなく広い面積や限定された部分への溶射も可能であることから，広い分野で利用されている．トライボマテリアルとしては，Fe-Moやステライトなどの金属合金，タングステンカーバイド（WC）や炭化クロム（CrC）などの硬質粒子をCo基合金などに分散したサーメット，アルミナやジルコニアなどのセラミックスが使用されている．溶射の原理は，溶射粉末と搬送ガスに高いエネルギーを付与することで，粉末を溶融させるとともに，熱膨張により搬送ガス速度を加速し，高速で溶融粒子を基板に衝突させることによって被膜を堆積させるものである（図8.15）．エネルギー源に燃焼炎を用いるのがガスフレーム溶射法で，なかでもガス速度が音速を超える高速フレーム溶射（High Velocity Oxygen Fuel：HVOF）法は，カーバイド系サーメットに最適な溶射手法として利用が拡大している．このほか，エネルギー源の違いによってアーク溶射法，プラズマ溶射法，レーザー溶射法などがある．一般に原料となる溶射粒子は数十μm程度で，被膜形成

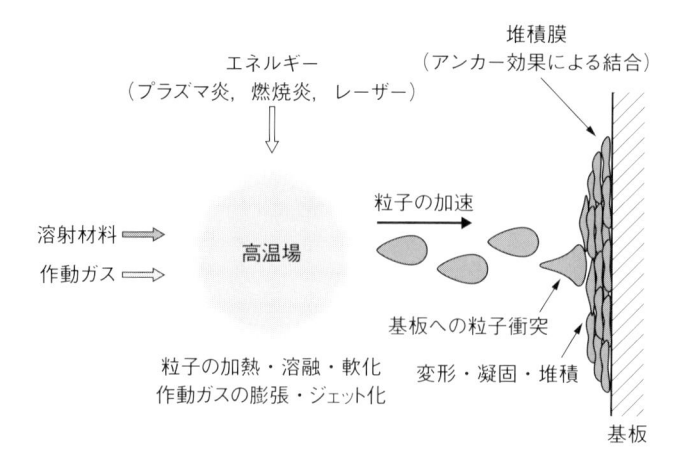

図 8.15 溶射法の概念

速度は 1 mm/分程度と高く，数 mm の厚膜も形成可能である．ただし，溶射被膜の密着力は，界面の幾何学的なアンカー効果のみによって生じるため，密着性の向上には限界がある．また，数十 μm の粒子が堆積することで被膜化することから，被膜中には空孔や欠陥が多く発生する．減圧プラズマ溶射法は，これらの欠点を改善するために開発されたもので，真空チャンバ内に溶射ガンおよび被溶射母材を組み込み，アルゴンなどの減圧雰囲気中で溶射を行う手法である．減圧雰囲気中ではプラズマ炎領域が拡大するとともにプラズマジェットの流速も上昇するため，溶射粉末の溶融が進み，母材との衝突速度も増す．その結果，空孔の少ない被膜形成が可能となり，さらに大気溶射で問題となる被膜の酸化や窒化も防ぐことができる．ただし，高融点材料については，完全な溶融状態での被膜形成が依然として困難なため，緻密性ならびに密着性の点で問題の残ることもある．最近では，レーザーとの組合せによって，これらの問題を克服する手法も開発されている[20]．

一方で，溶射被膜のポーラス性を生かした**アブレイダブルコーティング**という手法も実用化されている．これを利用したアブレーダブルシールは，削られやすい材料をガスタービンのハウジング内面に溶射し，タービン翼がコーティングに接触してもダメージを受けないようにすることで，翼とハウジング間とのすきまを最小限に抑え，高いシール性実現に貢献している．

(4) 塗布法

塗布法（paint-on method）によって作製される主なトライボコーティングとしては，固体潤滑被膜があげられる．PTFEや二硫化モリブデン，グラファイトなどの固体潤滑剤にバインダーを加えたものをしゅう動面に塗布し，加熱などによりバインダーを揮発あるいは固化させることでコーティング膜を形成する手法である．高温や真空などの極限環境下での使用が余儀なくされるしゅう動部品に利用されている．塗布法による究極のトライボコーティングは，ハードディスクドライブに用いられている．ディスク表面には表面を保護するフッ素系潤滑剤がスピンコート法によって塗布されているが，記録密度を上げるためにはディスクと磁気ヘッドの間隔を少し狭めることが必要となり，数nmの膜厚をさらに薄くするための研究開発が行われている．ナノスケールの薄膜では表面の潤滑剤は液体としてのふるまいよりも，固体的な性質が現れるようになると予想される．自己組織化膜（Self-Assembled Monolayer：SAM）や超分子プレートによる表面修飾法なども，トライボマテリアルのナノ薄膜コーティングとして，今後の展開が期待される（➡第12章）．

8.3.3 機械的処理法

ショットピーニング（shot peening）に代表される機械的処理法は，材料の疲労強度特性向上を目的として普及した技術である．通常は，サブ〜数mmの粒子（ショット）を加工物に投射することで，表面を塑性変形させて圧縮残留応力を付与する．最近では，レーザーピーニング法やキャビテーションピーニング法など，粒子を用いない手法も実用化されている．トライボマテリアルとしては，二硫化モリブデン微粒子（粒径20 μm以下）をショットに用いたアルミニウム合金の表面改質処理[21]において，固体潤滑剤の転写による潤滑性能の向上効果が実証されている．これを契機として，**マイクロショットピーニング法**が，トライボマテリアルのプロセス技術として注目されることとなった．マイクロショットピーニング法では，残留応力の付与とショット材料の転写に加え，表面粗さの最適化も同時に追求することが可能である．

8.3.4 表面テクスチャリング

表面テクスチャリングは，主に表面の流体抵抗低減やぬれ性の制御，光の反射・吸収特性の改善などに用いられてきた手法である．最近のレーザー技術の進展による加工コストの低減ともあいまって，トライボマテリアルのプロセス技術としての重要性が再認識されつつある．工作機械の動圧すべり案内面に施される「きさげ」は，古くからある表面テクスチャリングの一例と考えることができる．また，レシプロエンジンのシリンダボア内面に施されるホーニング加工も典型的な成功例といえよう．

表面テクスチャリングによるトライボロジー特性向上に期待される効果としては，①潤滑油溜まりによる油切れの改善，②異物の捕捉による3次元アブレシブ摩耗の抑制，③流体潤滑域の拡大があげられる[22]．

表面にミクロンサイズの微細テクスチャ[23]を施すためには，レーザー微細加工，マイクロサンドブラスト加工，精密機械加工，湿式／ドライエッチング加工など適用可能な手法はさまざまであるが，面積の広いしゅう動面に実用化する場合にはコストがネックとなるケースもある．図8.16にレーザー表面テクスチャリング（Laser Surface Texturing：LST）法によるしゅう動特性改善効果の一例を示す[24]．窒化ケイ素や炭化ケイ素などのシリコン系セラミックスは，トライボケミカル反応によって摩擦表面にシリコン水和物を形成し，これによって水中での優れた低摩擦特性を示すことが知られている[8]．しかし，摩擦開始直後や高荷重・低摩擦速度領域では，水和物による低摩擦特性が発現しにくいため，その改善が求められている．そこで，窒化ケイ素表面にLST法によりディンプルパターンを形成し，トライボロジー特性の改善を試みた．LST法にはグリーン光YAGレーザー（波長532 nm，出力7 W @ 30 kHz）とガルバノヘッドからなる微細加工装置を用い，ディンプルの直径，深さ，配列方法，面割合をパラメータとしてさまざまなパターンを形成し，広範にわたるしゅう動条件の下で改善効果を調べた．その結果，ディンプル形状のテクスチャを施した表面では，軸受特性数の小さい領域（低速・高荷重域）において低摩擦特性が顕著に現れることが確認された．これは表面に付与したディンプルが，摩耗粉のトラップによるアブレシブ摩耗の抑制と，ディンプルに蓄積された水和物を摩擦面に適度に供給する効果によるものと考えられる．LST法としては，フェムト秒レーザーを用いたナノ周期溝加工によるしゅう動特性改善効果も報告されてい

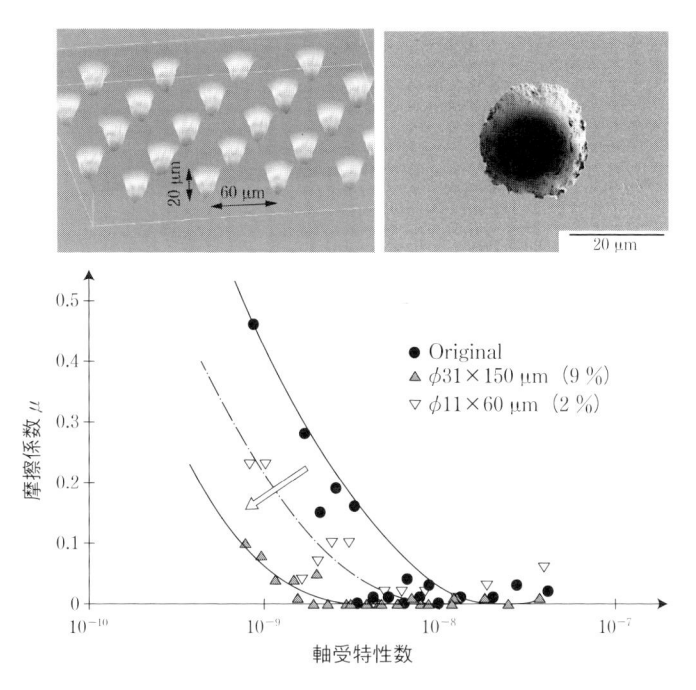

図 8.16 LST 法による窒化ケイ素の水潤滑特性の改善[24]

る[25].

　しゅう動部品にもさまざまな特性,機能が求められるようになり,表面とバルクという深さ方向の1次元制御のみではなく,平面方向も含めた空間的な機能配置の重要性も増している.このため,表面テクスチャリングとのシナジー効果を狙った他の表面改質技術との複合化の試みも行われている.焼入れ硬さや被膜組成の違いを利用して表面に意図的な不均一性を導入することにより,期待する微細構造を自己再生する機能性表面の創製もその一例である.

　図 8.17 はマルチスケール・テクスチャリング (multiscale texturing) の概念を示したものである.この概念は,表面の形状および組成の空間分布をナノ・マイクロからマクロレベルまでの連続したスケールで捉え,それぞれのレベルで支配的となるトライボロジー現象を包括的に扱うことによって,トータル性能の向上を目指すもので,表面改質すべてに共通する概念ともいえる.マルチスケール・テクスチャリングを実現するためには,図 8.18 に

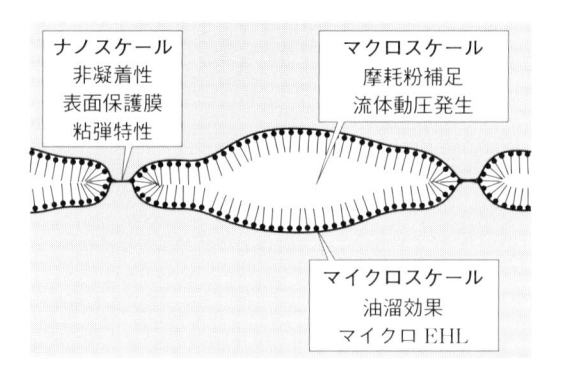

図 8.17　マルチスケール・テクスチャリングの概念

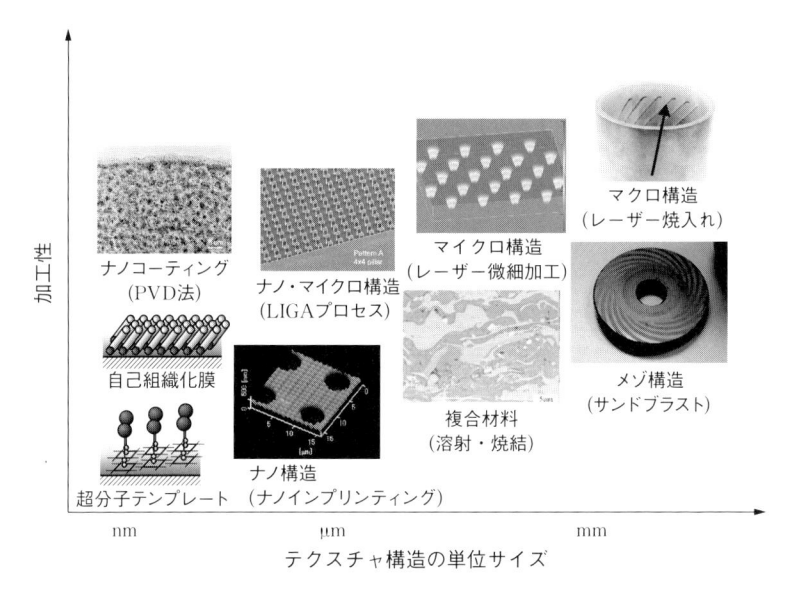

図 8.18　マルチスケール・テクスチャリングのための加工プロセス

示すようなさまざまな加工技術を組合せることにより，シームレスな構造を創製するプロセス技術の開発も重要となる．

参考文献

1) R. W. Bruce : CRC handbook of Lubrication and Tribology, Vol. 2, CRC Press (2012) 6-2.
2) E. Rabinowicz : The Determination of the Compatibility of Metals through Static Friction Tests, ASLE Trans., 14, 3 (1971) 198-205.
3) 笹田直, 野呂瀬進, 三科博司：摩耗に対する金属間相互溶解度の影響, 潤滑, 22, 3 (1977) 169-176.
4) 沼田俊允, 佐々木信也, 森誠之：チタン添加 DLC 上における潤滑油添加剤の反応メカニズムの解明, 日本機械学会論文集 C 編, 71, 703 (2005) 1097-1101.
5) 竹林博明：特殊環境用軸受 (Koyo EXSEV 軸受) について (1), KOYO Engineering Journal, 156 (1999) 66-72.
6) 杉山憲一, 川村聡, 長坂浩志, 三橋克広, 屋代利明, 近藤鉄也：耐食・耐摩耗性を備えた肉盛材料の開発, エバラ時報, 207, 4 (2005) 50-57.
7) S. Sasaki : The effects of the surrounding atmosphere on the friction and wear of alumina, zirconia, silicon carbide and silicon nitride, Wear, 134 (1989) 185-200.
8) 佐々木信也：セラミックスと環境 ―水―, トライボロジスト, 34, 2 (1989) 103-106.
9) 福井治世, 今村晋也, 大森直志, 木村則秀, 高梨智裕, 山崎勲, 沖田淳也, 山口浩司：TiAlN/AlCrN 超多層膜「スーパー ZX コート」の開発と切削工具への応用, SEI テクニカルレビュー, 169, 7 (2006) 60-64.
10) H. W. Kroto, J. R. Health, S. C. O'Brien, R. F. Curl and R. E. Smalley : C60 : Buckminsterfullerene, Nature, 318 (1985) 162-163.
11) S. Iijima : Helical microtubes of graphitic carbon, Nature, 354 (1991) 56-58.
12) K. S. Novoselov, A. K. Geim, V. Morozov, D. Jiang, Y. Zhang, S. V. Dubonos, I. Grigorieva and A. A. Firsov:Electric field effect in automically thin carbon films, Science, 306 (2004) 666-669.
13) 佐々木成朗, 三浦浩治：超潤滑のメカニズム, トライボロジスト, 51, 12 (2006) 855-860.
14) J. Fontaine, C. Donnet, A. Grill and T. LeMogne : Tribochemistry between hydrogen and diamond-like carbon films, Surface and Coatings Technology, 146-147 (2001) 286-291.
15) 岡本隆行：航空機用 C/C コンポジットブレーキ, セラミックス, 42 (2007) 958-960.
16) 土屋広志, 久保俊一：C/C 複合材のパンタグラフすり板への適用, Railway Research Review, 4 (2009) 10-13.
17) 加納眞：DLC コーティングの適用技術と課題, トライボロジスト, 52, 3 (2007) 186-191.
18) 村上浩, 三上隆司, 岡崎尚登, 緒方潔：フィルタードアーク法による DLC 薄膜の合成, 日新電機技報, 47, 1 (2002) 15-19.
19) 佐々木信也：溶射技術のトライボロジー分野における利用, トライボロジスト, 52, 1 (2007) 22-27.
20) 佐々木信也：レーザー・プラズマハイブリッド溶射法による表面改質, 材料科学, 32, 3 (1995) 104.
21) 荻原秀実：固体潤滑剤の微粒子ピーニングによる内燃機関ピストンしゅう動部の表面改質, トライボロジスト, 47, 12 (2002) 895-900.
22) 佐々木信也：トライボロジー特性改善のための表面テクスチャリング, 潤滑経済, 10 (2010) 2-15.
23) M. Nakano, K. Miyake, A. Korenaga, S. Sasaki and Y. Ando : Tribological properties of patterned NiFe-covered Si surfaces, Tribology Letters, 35, 2 (2009) 133-139.
24) H. Yamakiri, S. Sasaki, T. Kurita and N. Kasashima : Laser surface texturing of silicon nitride under lubrication with water, Tribology Int., 44, 5 (2011) 579-584.
25) 沢田博司, 川原公介, 二宮孝文, 森淳暢, 黒澤宏：フェムト秒レーザーによる微細周期構造のしゅう動特性に及ぼす影響, 精密工学会誌, 70, 1 (2004) 133-137.

第9章

摩擦・摩耗試験

　第2章から第7章までで摩擦・摩耗・潤滑の基礎メカニズムを学んだ．これらトライボロジー現象のさらなる解明を進めるうえで，摩擦・摩耗試験は必要不可欠なものである．また，実際の機械システムではさまざまな機械要素が複雑に関与しているため，特定のしゅう動部分に着目したトライボロジー特性を把握するためには，これを独立にしゅう動条件を模擬した摩擦・摩耗試験を行う必要がある．さらに，第8章で学んだトライボマテリアルと潤滑剤との組合せを選択するためのスクリーニング評価をはじめ，品質管理や保全や故障解析に至るまで，摩擦・摩耗試験はトライボロジーの研究開発において欠かすことができない．本章では，摩擦係数や摩耗量など基本的なトライボロジー特性を測定するための試験方法と，これらの試験を行ううえで留意すべきことについて説明する．

> **第9章のポイント**
> ・摩擦・摩耗試験の目的と分類を理解しよう．
> ・摩擦・摩耗試験の特徴と標準試験法の意義を理解しよう．
> ・さまざまな試験機の種類と，その活用の仕方を理解しよう．

9.1　摩擦・摩耗試験の目的と分類

　摩擦・摩耗試験は，界面での物理化学的現象の解明を目的とするものから，機械要素や機械システムの性能・信頼性評価に至るまで，その評価の対象と目的ならびに手法は，広範かつ多岐にわたっている．試験結果をどのように評価し活用するかはその目的によって異なるが，いずれの場合でも目的に適した情報が提供されなければ，いかに多くのデータを積み上げようと意味をなさない．摩擦・摩耗試験は，目的と意義によって次の3つに分類される．

　①カテゴリーⅠ：摩擦・摩耗メカニズムの科学的追究が目的．
　実機との相関性よりも，現象や機能発現の基礎的な解明に主眼を置く．試

験時間やコストを低く抑えられることが利点である．試験方法のなかには，工業規格として標準化されているものも多い．

②カテゴリーⅡ：しゅう動材料や潤滑剤の品質管理やスクリーニングが目的．

実機との相関性を考慮し，一定枠内での優劣評価に主眼を置く．実機よりも過酷な条件下での加速試験として用いられることも多い．

③カテゴリーⅢ：実機での摩擦・摩耗を再現することが目的．

実機との一致を前提として，性能確認や信頼性評価に主眼を置く．台上試験と呼ばれる歯車試験やエンジン試験など，大がかりな装置を用いた長時間にわたる試験が多い．

上記の分類は，けっして摩擦・摩耗試験方法や試験機の分類に対応するものではない．例えば，最も簡便な試験方法の1つであるピンオンディスク式試験機は，通常カテゴリーⅠの用途に用いられることが多いが，カテゴリーⅡの用途に適用されることも少なくない．重要なことは，摩擦・摩耗試験はその目的と意義を理解したうえで，方法や装置を選択することである．

9.2　摩擦・摩耗試験の特徴

日本のトライボロジー研究の礎(いしずえ)を築いた曽田範宗先生は，曽田四球式摩耗試験機をはじめとして数々の摩擦・摩耗試験機の開発を指導し，「トライボロジの試験研究について」と題して次のような言葉を残されている[1]．

「トライボロジの研究に関する試験機，測定機としてかかわりの深い現象のなかで，もっとも重要な評価点となるのは摩擦の大小，焼きつき限界点の高低，摩耗の大小，疲労はく離寿命（疲労寿命）の長短の4点がまっ先に挙げられよう．しかし上にあげた評価点の現象をみると，その値はばらつき易くかつきわめて不安定であるのがふつうで，むしろこのトライボロジ関連値の特定しにくさと不安定さのなかにこそトライボロジの実態があるともいえるのである．

トライボロジ現象にこうしたばらつきや不安定さが本質的に存在または発生し易いことによって，トライボロジの関連試験機や測定機の計画と利用において，摩擦現象にかかわる微妙な誤差原因は徹底的に除去する必要があり，具体的には試験機の剛性増や熱変形除去による片当たり防止，固形粒子の混入排除，機械の組みつけすき間の正しい調整管理等は，トライボロジにかかわる試験研究におい

てはとくに重要な意味をもつのである.」

「ばらつきや不安定さの問題が常に根底にあるのが摩擦・摩耗試験の本質である」とは,まさに的を射た指摘であり,計測制御技術の進歩によって格段に精度と情報量が向上した今日の摩擦・摩耗試験においても,その本質は変わっていない.

9.2.1 ばらつきと不安定性

試験結果の**ばらつき**(dispersion)と**不安定性**(instability)は,摩擦・摩耗の本質的な問題ではあるが,試験を行う際には極力その原因を排除する必要がある.摩擦・摩耗試験において想定されるばらつきや不安定性をもたらす因子を**表9.1**に示す.

一般に,摩擦・摩耗試験はマクロな現象を評価の対象にするが,基本となる現象は摩擦表面における原子・分子レベルの状態によって支配されるため,雰囲気の湿度の違いや試験片のごくわずかな汚れなどでも試験結果に大きな違いとなって現れることがある.また,摩擦面の状態は試験中に常に変

表9.1 摩擦・摩耗試験のばらつきや不安定性をもたらす因子

プロセス	項目	原因となる因子
試験片の準備	素材 加工 表面処理 洗浄 取り付け	純度,組成,均一性,内部欠陥,試験履歴 形状精度,表面粗さ,加工変質層,加工ダメージ プロセス条件,処理深さ,膜厚,酸化 清浄度,洗浄液のにじみこみ,再汚染 取り付け不良,試験片の汚染,損傷
試験方式・条件	雰囲気 温度 荷重 速度 潤滑	湿度,雰囲気組成,有機汚染物質,粉塵 温度測定法,測定点,温度制御方式 荷重負荷方式,荷重制御方式 駆動方式,速度検出方法,速度制御方式 潤滑油性状,供給方式,油量,コンタミの混入
試験中の測定	摩擦測定 外乱	摩擦力測定方法,固有振動数,剛性 振動,電磁ノイズ,漏電流
試験後の計測	重量測定 形状測定	摩耗粉の除去,潤滑油・洗浄液のにじみこみ,試験片の磁化,摩耗以外の試験片破損 測定方法,測定精度,測定箇所
その他	データ数	測定回数

化するが，変化の具合は摩擦面からの摩耗粉の排出しやすさなど，2次的な因子によっても影響を受けることになる．

　相対運動という動的かつ拘束されない系を扱うということも摩擦・摩耗試験の特徴の1つである．通常，摩擦・摩耗試験条件として明記されるのは，しゅう動方法，試験片形状，摩擦速度，荷重，温度，摩擦時間，潤滑状態などであり，試験機の荷重付加方式や摩擦力測定方式，ましてや装置剛性まで記述されることはほとんどない．しかし，試験機の静剛性および動剛性は摩擦面の振動や接触状態，摩耗粉の排出挙動などに直接関与するとともに，摩擦力測定にも影響を及ぼすことは古くから指摘されている[2]．実機との相関を必要とするカテゴリーⅡおよびカテゴリーⅢの試験機の場合には，剛性特性について特に注意が必要である．

　摩擦・摩耗試験は，データ取得までに複数のプロセスと時間を必要とすることも特徴の1つである．摩擦試験片の準備に限っても，素材の製造・加工から表面仕上げ，洗浄，取り付けまで，試験実施者が直接操作する以外のところでも多くのプロセスが関与している．これらの個々のプロセスにおける不確かさや誤りは，累積もしくは連成されて最終的な試験結果に影響を及ぼすことになる．また，データ取得までに時間がかかるため，データ点数を増やすことには限界があり，統計的にデータのばらつきを解析することが難しい場合も多い．

9.2.2　摩擦・摩耗試験における標準化の意義

　摩擦・摩耗試験におけるデータのばらつきと再現性の問題を学術的に取り上げたのは，日本では日本学術振興会第6委員会（1957年）が最初といわれている[3]．1964年にはOECD摩耗部会の発足を受けて日本摩耗部会が結成され，摩耗研究の調査が実施された[4]．そして，これを引き継ぐ形で日本潤滑学会（現日本トライボロジー学会）摩耗部会において「試験機の差異に基づく摩耗量の相違」についての協同研究が行われた[5]．国際的な取り組みとしては，VAMAS (the Versailles Project on Advanced Materials and Standards) の中に摩耗試験に関するワーキンググループ（TWA1 Wear Test Methods）[6]がつくられ，プロジェクト発足以来，試験結果のばらつきや再現性に関しての問題を解消するとともに，試験法の標準化などを目指した活動が行われた[7]〜[9]．摩擦・摩耗試験方法の標準化や体系化に関しては，

ドイツのBAM（ドイツ連邦材料試験研究所）が国際的な先導役を果たしてきた．国内では1999年に日本機械学会基準としてJSME S013「摩耗の標準試験方法」が策定され，2009年に改定が行われている[10]．また，2007年には日本トライボロジー学会より『摩擦・摩耗試験とその活用』[11]が出版されている．このような長年にわたる取り組みのなかで，世の中の技術動向に応えるべく新材料や特殊環境下での新しい試験法などが提案され，国際標準規格のISOやASTM，DIN，JIS，JASOなどの国内外の工業標準，産業界における社内評価基準などの策定に反映されている．

しかしながら，試験結果のばらつきと再現性の問題は解決されるには至っておらず，一般的な材料強度試験などと比べると，データの汎用性は著しく劣るのが現状である．試験結果のばらつきと再現性に対する現実的な解決策は，目的に応じた標準試験機を選定して利用する以外にはない．実機との対応という点では，各企業は製品に応じて独自の社内基準をもち，これに対応した試験方法を実施している．一方，より汎用性のある試験法の確立を目指し，同一もしくは同種の試験機を用いてデータのばらつきを極力抑えるための取り組みもある．その前提になるのは，世界的なシェアをもつ市販装置の存在である．市販装置がデファクトスタンダードとして認められるためには，評価目的に応じてその試験機に最適な試験法の標準化が図られる必要がある．同一機種の試験機を使用する利点は，試験条件の検証可能なデータを複数の機関から得られることである．データ解析や実機との対応づけなどの高度なノウハウが複数機関によって蓄積・共有化されることにより，デファクトスタンダードとしての国際的な地位が築かれていく．このようなデファクトスタンダード試験機で重要になるのは，オペレータに依存しない正確なデータ取得が，常に可能であることを保証することである．デファクトスタンダード機の1つであるドイツOptimol社のSRV試験機の場合には，毎年，国際的な規模でのラウンドロビンテストを実施し，装置メンテナンスの徹底とヒューマンエラー排除のための試験マニュアルの更新などを同時に推進することで，データの品質を担保する仕組みを確立している[12]．

9.3　摩擦・摩耗試験機

摩擦・摩耗試験は，通常1対の試験片を一定の荷重と速度の下でしゅう動させ，このときの摩擦力を測定するとともに，所定距離しゅう動後の摩耗量

を測定することによって行う．

9.3.1　摩擦の測定

　摩擦には転がり摩擦とすべり摩擦があること，動摩擦力は静止摩擦力よりも小さいことなど基礎的な摩擦のメカニズムは，第3章で学んだ．静止摩擦の測定には，斜面上に置かれた物体がすべり出すときの角度θを測定し，摩擦係数μ（$=\tan\theta$）を求めるシンプルな方法や，平面に置かれた荷重Wの物体に水平力を与え，これが動き出す瞬間の力Fを測定し，摩擦係数μ（$=F/W$）を求める方法がある．動摩擦の測定には，しゅう動面で発生する摩擦力や摩擦トルクをロードセルや回転トルク計などで直接計測する方法，振り子摩擦試験機のように摩擦による振動減衰挙動から求める方法，あるいは駆動モータの負荷電力から摩擦損失を求める方法などが用いられている．

　図9.1に曽田式T型振り子摩擦試験機を示す．比較的容易に高精度で再現性の高い測定が可能なことから，添加剤の油性効果を調べる基礎実験などにいまでも広く利用されている．T型形状をした振り子の支点部分は，1本の円筒軸（$\phi 2\times 30$ mm）とこれを支える両側2個ずつ4個のベアリング用鋼球（3/16インチ）から構成され，この支点部分を評価油に浸した状態で測定する．振り子を一定角度A_0から自然に振動させた際，支点の摩擦抵抗によって振り子が減衰振動する原理を利用し，次式によって動摩擦係数fを算出できる．ここで，nは振動回数，A_0 [rad] は初期振動（標準試験では$A_0=0.5$ rad），A_n [rad] は各振動回数目の振れ角，Cは比例定数（標準試験では$C=3.2$）である．

$$f = C\times \frac{A_0\times n-(A_1+A_2+A_3+\cdots\cdots +A_n)}{1+2+3+\cdots\cdots +n} \tag{9.1}$$

　摩擦挙動は潤滑状態やしゅう動条件によって大きく変化する．低粘性流体による流体潤滑状態や境界潤滑下の超潤滑と呼ばれる状態では，摩擦係数は0.001以下の極めて低い値を示す．一方で，2固体間で激しい凝着が生じる場合では，摩擦係数は10を超える高い値を示すこともある．そのため，摩擦力の測定に際しては，想定される測定範囲において十分な感度と精度を有するセンサを選択する必要がある．また，摩擦速度が速い場合には，センサおよび計測系の時間応答性にも注意が必要となる．

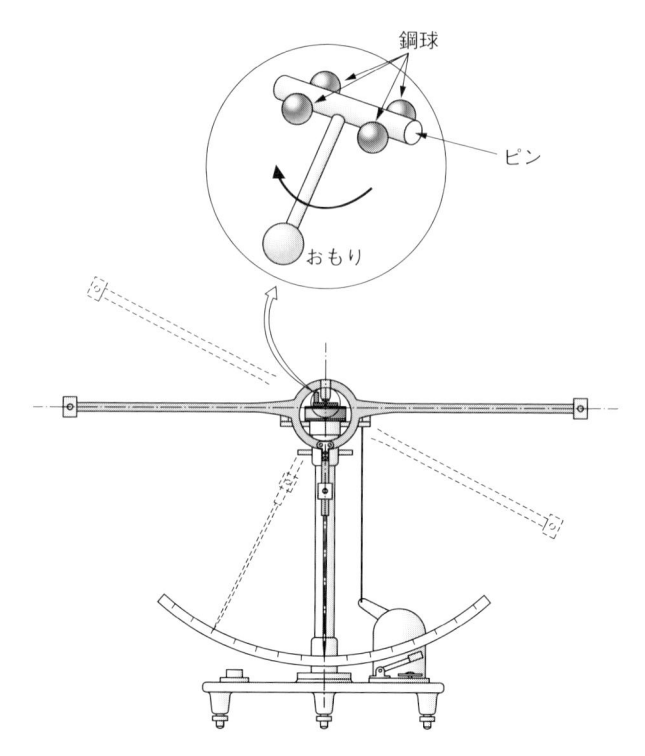

図9.1 曽田式T型振り子摩擦試験機

9.3.2 摩耗量の測定

摩耗の評価では，重さよりも形状の変化を対象とすることが多い．測定には，試験片の重量変化を測定する方法と，試験片の形状変化を測定する方法とがある．重量変化は全体の摩耗量を簡便に計測できるという利点があるが，一般的な電子天びんの分解能では 10 g 程度の試験片に対し μg 以下の変化を計測することは難しく，耐摩耗性に優れる材料の評価には適用が難しい．また，潤滑下での試験では，摩耗しているにもかかわらず試験前より質量が増すことも起こる．これは試験片への潤滑油のにじみこみが原因なのであるが，影響が顕著でないときは見逃す危険もあるので注意が必要である．
形状変化から摩耗量を求める場合，レーザー顕微鏡や走査型電子顕微鏡の普及により3次元計測が比較的容易になってきたが，摩耗体積全体を直接計測することはまだ一般的とはいえない．通常は，触針式表面粗さ計によって摩

耗痕深さや断面積を計測し，これから全体の体積を概算する方法が用いられている．ボール試験片の場合には摩耗痕径から摩耗量を求めることも行われる．

9.3.3 摩擦・摩耗試験機の種類

摩擦・摩耗試験は，試験片形状とすべり形態によって多種多様な組合せが可能となる．このため，**表9.2**に示すようなさまざまなしゅう動形態に対応する装置が利用されている．以下に示した摩擦・摩耗試験機はカテゴリーⅠやⅡの用途に利用されるもので，基本的に評価結果をそのまま実機に適用することは難しい．実機での特定の摩擦・摩耗現象を単純化してモデル試験を行う場合，摩擦形態は少しでも実機に近い状態がよいと考えがちであるが，形態一致の過剰な追求はむしろ本質を見失わせる危険性もあるので注意が必要である．

(1) 回転ピン（ボール）オンディスク式試験機

回転ピン（ボール）オンディスク式試験機は，図9.2に示すように回転部と固定したボールを押し当てる構造である．摩擦・摩耗に関連する学術論文の約半分がこの試験方法を採用しているともいわれるように，最も普及している摩擦・摩耗試験機である．また，試験片形状がシンプルなため難加工性の新素材など，さまざまなしゅう動材料が入手しやすいことも大きな利点の1つで，大学や研究機関などで基礎研究に利用されている事例が多い．関連する工業標準としては，ASTM G99-05[13]がある．

また，JISでは，構造用ファインセラミックス材料の耐摩耗性評価法（JIS R 1613（2010）[14]，JIS R 1691（2011）[15]）として，ボールオンディスク式が標準化されている．ボールオンディスク式は点接触から摩擦を開始するために当たりを出しやすいという長所がある．一方で，ボールの摩耗に伴って接触面積が増加するため，試験中に面圧が減少するという短所もある．

(2) 往復動ボールオンディスク式試験機

往復動ボールオンディスク式試験機はボールオンディスク式試験機と試験片形状が同じであるが，往復動しゅう動する点が異なる．関連する工業標準としては，ASTM D5706[16]，ASTM D5707[17]，ASTM D6425[18]などがあり，

表 9.2　摩擦・摩耗試験の形態と関連する工業標準

摩擦・摩耗試験	形 態	関連する工業標準
(1)　回転ピンオンディスク式		ASTM G99 JIS R 1613 JIS R 1691
(2)　往復動 　　　ボールオンディスク式 Optimol SRV		ASTM D5706 ASTM D5707 ASTM D6425
(3)　スラストシリンダ式 AND EFM-Ⅲ		JIS K 7218
(4)　ブロックオンリング式 FALEX　LFW1 Timken E.P. Tester		ASTM G77 ASTM D2714 ASTM D3704
(5)　四球式 曽田四球式 Shell 4-ball E.P. Tester		ISO 20623 ASTM D2266　ASTM D2596 ASTM D2783　ASTM D4172 ASTM D5183　ASTM F2161 JIS K 2519
(6)　ピン・ブロック式 FALEX Pin & Vee Block		ASTM D2625 ASTM D2670 ASTM D3233

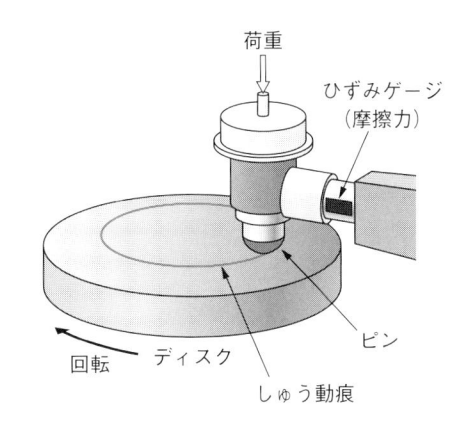

図 9.2　回転ピン（ボール）オンディスク式試験機

ドイツ Optimol 社の SRV 試験機（**図 9.3**）がこれに準拠している．SRV 試験機は主に潤滑油添加剤の摩擦特性評価用に開発されたもので，FALEX 試験機[19]と同様に国際的に普及している代表的なデファクトスタンダード機の1つである．往復動摩擦でも振幅が小さいときに起こる摩耗損傷はフレッチング摩耗と呼ばれ[20]，一般の摩耗現象と異なる点も多いことから，評価試験に関しては特別な配慮が必要とされる．フレッチング試験機で重要となるのは，接線方向に数百 μm までの小さい相対振幅を任意に与えることができる駆動機構をもつことで，カム駆動[21]，油圧サーボ[22]，ピエゾ駆動[23]，電磁アクチュエータ[25]，磁歪アクチュエータ[25]方式が用いられている．

(3)　スラストシリンダ式試験機

スラストシリンダ式試験機は，日本では鈴木式摩擦試験機とも呼ばれ，プラスチック系材料の摩耗試験方法として JIS（JIS K 7218（1986）[26]）に標準化されている．試験形態は円筒の端面を平板試験片に押し付ける面接触方式のため，摩耗の進行によっても接触面積が変化しない．すべり軸受材料などの耐焼付き性評価などに利用されることが多い．

(4)　ブロックオンリング式試験機

ブロックオンリング式試験機は，円筒側面にブロック試験片を押し付ける試験形態のため，摩擦開始直後は線接触であるがブロック試験片の摩耗に伴

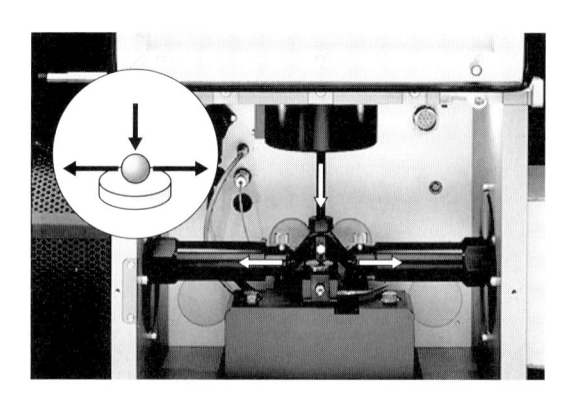

図 9.3　高速往復動ボールオンディスク式試験機（Optimol 社 SRV 試験機）

い面接触になる．このため，摩耗の進行に伴い面圧が変化するという点で，ボールオンディスク式と同様の問題を有している．境界潤滑下での摩擦・摩耗特性評価方法として ASTM 規格（ASTM G77-05[27] など）に標準化されており，FALEX 社の LFW1 試験機がこれに準拠している．また，チムケン式極圧試験機（⇒図 4.9）が，JIS（JIS K 2519[28]）に標準化されている．

(5)　四球式試験機

四球式試験機には，曽田四球式（⇒図 4.8）とシェル四球式の 2 種類の試験方法が存在する．供試する試験鋼球の大きさが，曽田四球式では 3/4 インチ，シェル四球式では 1/2 インチである点に違いがある．曽田四球式は JIS K 2519[28]，シェル四球式は ASTM D 2783[29] や ASTM D 4172[30] などの工業規格に準拠している．主に潤滑油の耐荷重能の評価に用いられる．

(6)　ピン・ブロック式試験機

ピン・ブロック式試験機は ASTM 規格（ASTM D2670[31] など）に採用され，FALEX 社の Pin & Vee Block 試験機（図 9.4）がこれに準拠している．回転するピンを 2 対の V 字ブロックで挟み込み，その押付け力を連続的に増していくことで，潤滑油の耐荷重能の評価に用いられる．

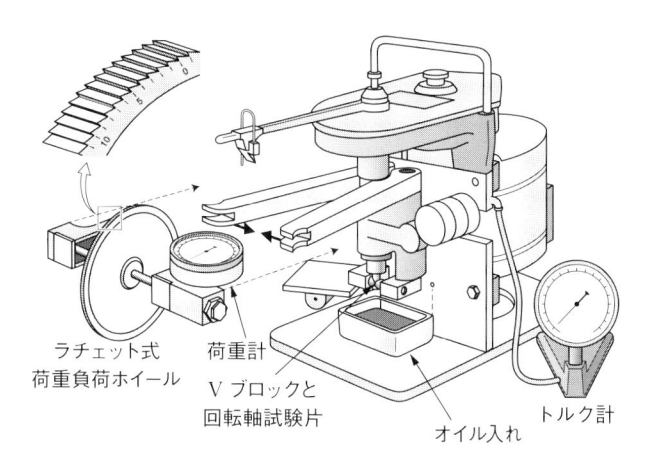

図 9.4　ピン・ブロック式試験機（FALEX 社 Pin & Vee Block 試験機）

9.4　摩擦・摩耗試験で留意すべきこと

　摩擦・摩耗試験の結果は，摩擦係数や摩耗量などの数値として表現され，その数値をもとにメカニズムの解釈や性能評価が行われることになる．摩擦・摩耗試験の場合に特に注意しなければならないのは，例えば金属材料の引張強さなどとは違って，それらの数値そのものには汎用性がないという点である．繰り返し述べたように，摩擦係数や摩耗量といった数値は，あくまでも個別の試験機のある試験条件において成立する値であって材料の固有値ではない．カテゴリーIでは，同一実験系における完結性が担保されれば目的は達成されるが，カテゴリーIIでは，他の試験データとの相関が必要になる．それゆえ，試験方法の標準化やデファクトスタンダード機の利用により試験条件を狭い範囲に限定することで，データの汎用性を担保する方策が行われている．しかし，この方策からは実機との相関を得るには限界があるため，実機との一致を目的としたカテゴリーIIIの摩擦・摩耗試験がどうしても必要になる．一方，カテゴリーIIIの試験を初期のスクリーニング段階から単純に適用することは現実的ではない．評価対象とする摩擦・摩耗現象の支配因子を抽出してカテゴリーごとのモデル試験を最適化するとともに，各段階での試験結果と実機との相関が連続するように一連の試験の流れを組み立てるところに，トライボロジストとしての腕が試されることになる．

参考文献

1) 神鋼造機株式会社ウェブサイトを参照　http://www.shinko-zoki.co.jp/shinko_jp/shikenki/pdf/manuscript.pdf
2) 水野万亀雄：摩耗の試験と評価，潤滑，22，3（1977）152-164.
3) 水野万亀雄：すべり摩耗試験法の動向，潤滑，34，5（1989）354-357.
4) 岩元兼敏：国内摩耗試験研究施設の調査結果，潤滑，15，11（1970）752-757.
5) 笹田直：摩耗協同研究報告　第1報，潤滑，14，12（1969）671-676.
6) VAMASの活動　http://www.vamas.org/
7) H. Czichos, S. Becker and J. Lexow: Multilaboratory tribotesting, Wear, 114, 1 (1987) 109.
8) H. Czichos, S. Becker and J. Lexow: International multilaboratory sliding wear tests with ceramics and steel, Wear, 135, 1 (1989) 171.
9) Y.Enomoto and K. Mizuhara: Characterization of wear behavior of steel and ceramics in the VAMAS round robin tests, Wear, 162-164, 1 (1993) 119.
10) JSME S 013（1999）：日本機械学会基準　摩耗の標準試験方法.
11) トライボロジー学会（編）：摩擦・摩耗試験機とその活用，養賢堂（2007）.
12) M. Woydt and J. EbrEcht: Influence of test parameters on tribological measurements, Tribotest Journal, 10, 1 (2003) 59.
13) ASTM G99-05: Standard Test Method for Wear Testing with a Pin-on-Disk Apparatus.
14) JIS R 1691：ファインセラミックスのボールオンディスク法による潤滑下の摩耗試験方法.
15) JIS R 1613：ファインセラミックスのボールオンディスク法による摩耗試験方法.
16) ASTM D5706: Standard Test Method for determining extreme pressure properties of lubricating greases using a high-frequency linear oscillation (SRV) test machine.
17) ASTM D5707: Standard Test Method for Measuring Friction and Wear Properties of Lubricating Grease Using a High-Frequency, Linear-Oscillation (SRV) Test Machine.
18) ASTM D6425（DIN51834）：Standard Test Method for Measuring Friction and Wear Properties of Extreme Pressure (EP) Lubricating Oils Using SRV Test Machine.
19) 米国FALEX社　http://www.falex.com/
20) ウォーターハウス（著），佐藤準一（訳）：フレッチング損傷とその防止法，養賢堂（1984）.
21) 志摩政幸：フレッチング摩耗試験，トライボロジスト，34，5（1989）364-366.
22) O. Jin and S. Mall: Effects of slip on fretting behavior, Wear, 256 (2004) 671-684.
23) E. Mariu, H. Endo, N. Hasegawa and N. Mizuno: Prototype fretting wear testing machine and some experimental results, Wear, 214 (1998) 221-229.
24) A. Iwabuchi: The role of oxide particles in the fretting wear of mild steel, Wear, 151 (1991) 301-311.
25) B. D. Leonard, F. Sadeghi, S. Shinde and M. Mittelbach: A novel modular fretting wear test rig Original Research Article, Wear, 274-275 (201) 313-325.
26) JIS K 7218：プラスチックのすべり摩耗試験方法.
27) ASTM G77-05: Standard Test Method for Ranking Resistance of Materials to Sliding Wear Using Block-on-Ring Wear Test.
28) JIS K 2519：潤滑油耐荷重能試験方法.
29) ASTM D2783-03（2009）：Test Method for Measurement of Extreme-Pressure Properties of Lubricating Fluids (Four-Ball Method).
30) ASTM D4172-94（2010）：Test Method for Wear Preventive Characteristics of Lubricating Fluid (Four-Ball Method).
31) ASTM D2670-95（2010）：Standard Test Method for Measuring Wear Properties of Fluid Lubricants (Falex Pin and Vee Block Method).

第10章
表面の計測・分析

トライボロジー現象の場合，表面のまさに原子・分子レベルの特性が，マクロな摩擦・摩耗特性を支配することがある．最近の精密かつ高感度な表面の計測・分析技術によって，かつては想像の域を出なかった原子・分子レベルでの摩擦・摩耗のメカニズムが検証できるようになった．その詳細なメカニズムの解明と理解は，新しいしゅう動材料や潤滑剤の開発などに大きく役立っている．本章では，トライボロジー分野でよく利用される表面の計測・分析技術について説明する．

第 10 章のポイント
- トライボロジーにおける表面の計測・分析の目的と意義を理解しよう．
- 表面の計測・分析技術の種類と基本原理を理解しよう．
- 表面の計測・分析技術の目的ごとの選択方法と留意すべきことを理解しよう．

10.1 表面の計測・分析の目的と意義

図 10.1 に示すように，一般に固体表面は，周囲の雰囲気とバルク固体との間を連続させる界面構造をもっている．ナノ・マイクロオーダの構造は，より大きな表面構造であるサブミクロンオーダのうねりや粗さの上にシームレスに形成されており，それぞれのスケールレベルにおけるさまざまな因子が，表面物性およびトライボロジー特性に影響を及ぼしている．

第 2 章で学んだように，表面性状はトライボロジー特性を支配する重要な因子の 1 つである．表面粗さやうねりは相手面との接触状態を決定し，初期なじみ過程に大きな影響を及ぼすとともに，2 固体間の硬度差が大きい場合にはアブレシブ摩耗の支配的要因となる．機械要素の設計において，しゅう動部分の表面仕上げに細心の注意が必要とされるのはこのためであり，製品の品質管理の一環として表面粗さやうねりは外すことのできない必須の検査項目となっている．

また，表面テクスチャリングは，表面性状をコントロールしてトライボロ

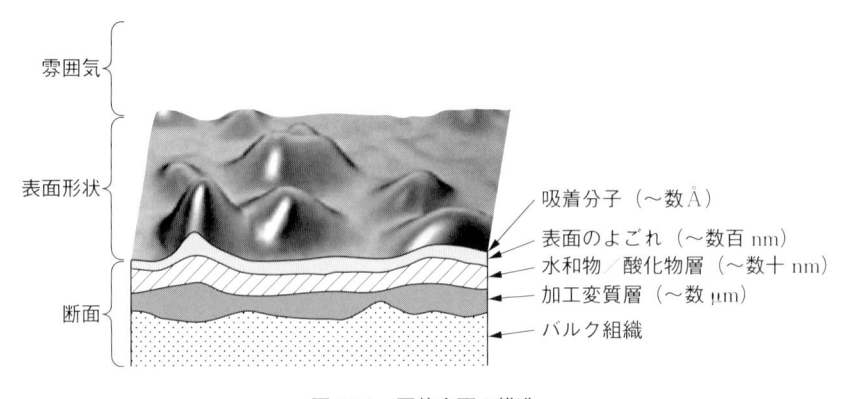

図 10.1　固体表面の構造

（雰囲気／表面形状／断面）
吸着分子（～数Å）
表面のよごれ（～数百 nm）
水和物／酸化物層（～数十 nm）
加工変質層（～数 μm）
バルク組織

ジー性の向上を図る表面改質技術の1つである．最近では，パターンの微細化が進むとともに，マクロなテクスチャリング構造との複合化を図るマルチスケール・テクスチャリングの概念が注目されている[1]．このようなテクスチャ表面の性状計測では，ナノオーダからミリメートルオーダまでの広いダイナミックレンジでの高さ方向分解能と，センチメートルオーダの広い測定領域が要求される．さらに，耐摩耗性に優れた硬質薄膜などの普及によりごくわずかな摩耗量を正確に把握する必要があり，3次元形状計測装置の利用が広がっている．

　一方，摩擦表面では界面構造を構成する元素種も増え，かつその構造もさまざまに変化する．単純な系である同種単一金属同士の乾燥摩擦の場合でも，表面には酸化物の形成や結晶構造の乱れなどが起こる．鉄のように形成される酸化物が数種類ある場合は，その違いによって摩擦・摩耗特性が変化することが知られている．異種金属の乾燥摩擦の場合には，凝着や合金化，複合酸化物の形成などによって表面の状態はより複雑になる．さらに潤滑下では，潤滑油分子の吸着層や反応生成物などの形成により，表面ではコンプレックス構造が複雑に経時変化することとなる．トライボロジー特性を大きく支配する反応生成物の形成は，添加剤のみの性質によって決まるものではなく，しゅう動履歴や固体表面あるいは表面に形成される酸化物などの化学的状態に大きく影響を受ける．このため，反応メカニズムを解明するためには，最表面の反応生成物を分析するだけではなく，深さ方向の3次元分析も必要となる．なお，化石が生存時の色彩を失っているように，分析のために

前処理を施した表面は,存在していたはずのさまざまな情報が欠落した状態にあることに注意しなければならない.トライボロジーにおいて,*in situ* あるいは *in lubro* 分析[2]が重要視されるのはこのためである.

摩擦・摩耗メカニズムを理解するうえでは,表面の化学的特性もさることながら,表面の機械的性質も重要な因子である.なかでも硬さやヤング率は,摩擦面の弾性・塑性変形および真実接触状態などに直接影響する因子である.よって,その定量的な評価は必要不可欠となる.最近では,ナノインデンテーション法や**走査型プローブ顕微鏡**(Scanning Probe Microscope:SPM)などの利用により,硬質薄膜や反応生成膜などの表面極近傍の機械的性質が高い精度で測定できるようになり,表面改質や潤滑油添加剤の設計などにも測定データが活用されつつある.

10.2 表面の計測・分析技術

10.2.1 表面形状の測定

表面性状を計測する方法は,表 10.1 に示すように接触式と非接触式に大別される.なお,表で示す垂直分解能と測定範囲は,市販装置における一般的なものである.接触式形状測定装置としては,**触針式表面粗さ計**と**原子間力顕微鏡**(Atomic Force Microscope:AFM)がある(図 10.2).AFM は原子レベルの凹凸を識別する高い分解能を有するが,測定範囲が垂直方向および水平方向ともに限定されるため,荒れた摩耗面の観察や大きなうねりの測定には適さない.

表 10.1 表面性状の主な測定機器

	プローブ	計測装置	垂直分解能*	水平分解能*	測定範囲*
接触式	ダイヤモンド針 AFMカンチレバー	触針式表面粗さ計 原子間力顕微鏡(AFM)	1 nm 0.01 nm	10 nm 1 nm	25×25 mm 50×50 μm
非接触式	光	レーザー変位式3次元形状測定器 白色干渉光学式3次元形状測定器 共焦点レーザー走査型顕微鏡	0.1 μm 0.1 μm 10 nm	10 μm 1 μm 0.5 μm	100×100 mm 10×10 mm 2×2 mm
	電子/イオン	走査型電子顕微鏡(SEM) 走査型イオン顕微鏡(SIM)	空間分解能 2 nm 5 nm		1×1 mm

*分解能ならびに測定範囲はあくまでも目安.

(a) 触針式表面粗さ計

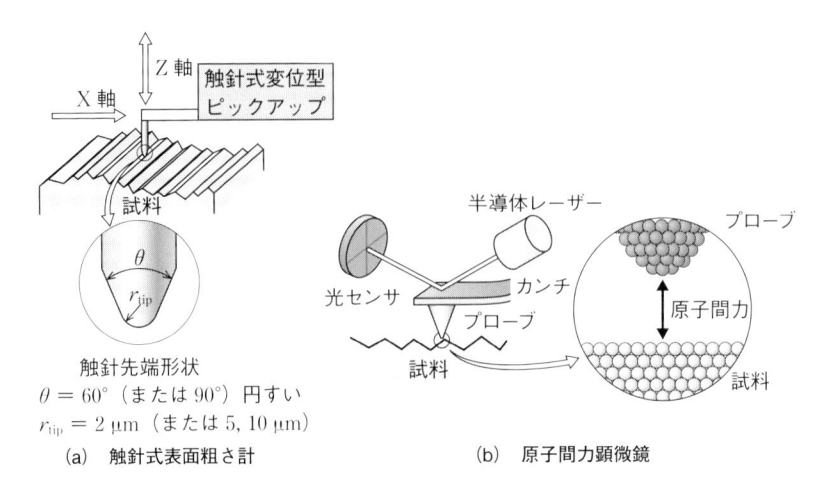

触針先端形状
$\theta = 60°$（または $90°$）円すい
$r_{\text{tip}} = 2\,\mu\text{m}$（または $5, 10\,\mu\text{m}$）

(b) 原子間力顕微鏡

図 10.2　触針式形状測定装置

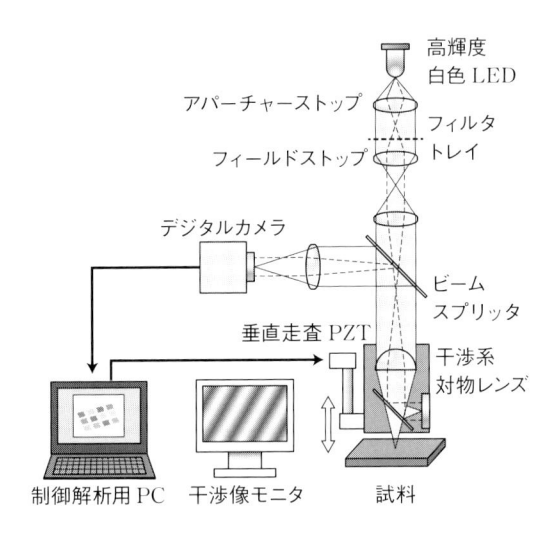

図 10.3　白色干渉光学系 3 次元形状測定装置の原理

　非接触式形状測定装置としては，光をプローブに用いるものが主であるが，電子線を用いた**走査型電子顕微鏡**（Scanning Electron Microscope：SEM）やイオンビームを用いた**走査型イオン顕微鏡**（Scaning Ion Microscope：SIM）なども形状観察に利用できる．光プローブ方式では，**白**

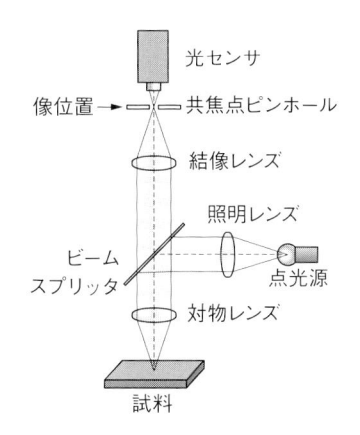

図 10.4　共焦点光学系の原理

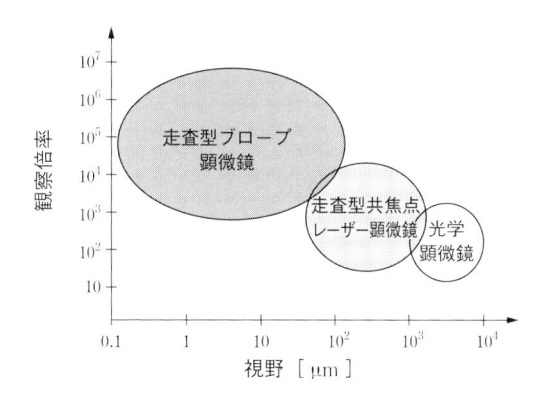

図 10.5　AFM 複合型レーザー顕微鏡による表面形状のシームレス観察

色干渉光学系（図 10.3）や共焦点光学系（図 10.4）を用いる装置のほか，レーザー変位計を触針プローブの代わりに用いた表面形状測定装置などもある．また，共焦点方式と白色干渉方式を組合せた3次元形状測定装置や，AFMと光学顕微鏡を一体化した**レーザー顕微鏡**（laser microscope）（図 10.5）などさまざまな複合装置も実用化されている．これらの複合装置は，全体像を見ながら，特定の部位の高精度計測が可能なため，利便性の点で優れている．

10.2　表面の計測・分析技術……173

10.2.2 表面の計測・分析技術

「固体は神が創り給うたが,表面は悪魔が創った」とは,物理学者パウリ(W. Pauli)の言葉であるが,この言葉に象徴されるように「表面」の理解はバルク固体に比べて大きく遅れをとった.極めて高純度かつ清浄にコントロールされたシリコン結晶においてでさえ,その(111)面が7×7構造をとるということに学術的決議論に決着がつくまでに,発見から20年以上の年月を要したのである.この議論に終止符を打ったのは,1982年にIBMチューリッヒ研究所のビーニッヒ(G. Bining)とローラー(H. Rohrer)が開発した**走査型トンネル顕微鏡**(Scanning Tunneling Microscope:STM)(図10.6)による観察の結果であった[3].彼らはSTM開発の功績により,1986年のノーベル物理学賞を受賞した.この発明は1つの表面分析手法の発展に留まらず,原子・分子レベルでの分析および制御に道を拓き,国際的なナノテクノロジーブームを巻き起こす源泉ともなった.これにより表面の計測・分析技術は飛躍的な発展を遂げ,トライボロジー分野にも少なからぬ波及効果をもたらしたのである.

表面の分析[4]では,分析対象に電子,イオン,X線などを入射し,反射もしくは新たに放出される物質を検出することによって,化学組成や化学状態などの情報を得る.すでに100個を超える分析方法が知られているが,新しい手法も次々と開発,実用化されている.電子線とX線について,入射源と検出種との関係を図10.7に示す.また,入射源と検出種の組合せから分類した,表面分析法の名称と特徴を表10.2に示す.なお,表面の分析によって得られる情報は,測定手法のみならず測定条件によっても異なるため,

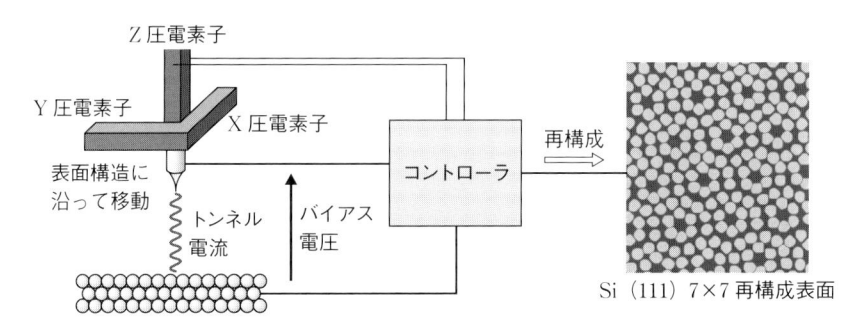

図10.6　走査型トンネル顕微鏡

(a) 電子線

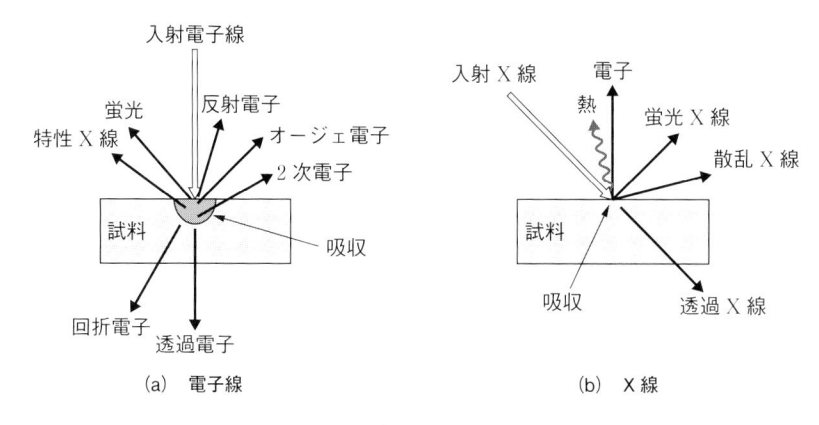

(b) X線

図 10.7　入射源と検出種の関係

表 10.2　主な表面分析手法の名称と特徴

入射源	検出種	分析手法・装置	得られる情報
電子	透過電子 2次電子 (後方散乱回折電子) 反射電子 オージェ電子 特性X線	透過型電子顕微鏡（TEM） 走査型電子顕微鏡（SEM） （電子線後方散乱回折法（EBSD）） 電子エネルギー損失分光（EELS） オージェ電子分光（AES） X線マイクロアナライザ（EPMA）	固体内部の結晶構造 表面3次元形状 (結晶系や結晶方位) 構成元素と電子構造 元素の化学結合状態と分布 元素分布，組成
イオン	2次イオン 散乱イオン	二次イオン質量分析（SIMS） 飛行時間質量分析計（TOF-SIMS） ラザフォード後方散乱分光（RBS） 反跳粒子検出法（ERDA）	微量元素分布や分子組成 元素，組成 水素濃度
光	反射・透過赤外線 ラマン光 和周波光 偏光	赤外分光（IR） フーリエ変換赤外分光（FT-IR） ラマン分光（RAMAN） 和周波発生分光法（SFG） 偏光反射解析法（エリプソメトリー）	分子の構造や状態 分子の構造や状態 表面吸着分子の構造や状態 薄膜の屈折率や膜厚
X線・ 紫外線	光電子	光電子分光（XPS・UPS）	元素の化学結合状態と分布
X線	2次X線 回折X線	蛍光X線分析（XRF） X線回折法（XRD）	元素組成 結晶構造，残留応力
超音波	超音波	超音波顕微鏡（Acoustic Microscope）	内部構造，欠陥

分析目的に応じて最適な測定方法を選択する必要がある．以下に，いくつかの分析例を紹介する．

SEM-EDS（Energy Dispersive Spectroscopy）法は，細く収束した電子ビームを試料表面上で2次元的に走査し，表面から放出される2次電子から微細形状を，特性X線から元素に関する情報を得る分析法である．表面を構成する元素の濃度分布などを分析する際に用いられる．

特性X線スペクトルの検出は，半導体検出器を用いエネルギー分散法で検出するEDS法と，分光結晶を用い波長分散法で検出するEPMA（Electron Probe Micro Analysis）法とに区別される．感度と定量性の面ではEPMA法に優位であるが，利便性からEDS法が多く使われている．SEM-EDS法を用いた摩擦面の分析例を図10.8に示す[5]*1．分析試料は，シリコン含有DLC膜を相手面としたアルミナしゅう動面である．図10.8(a)の2次電子像からは表面の一部を付着物が覆っている様子が確認できる．図

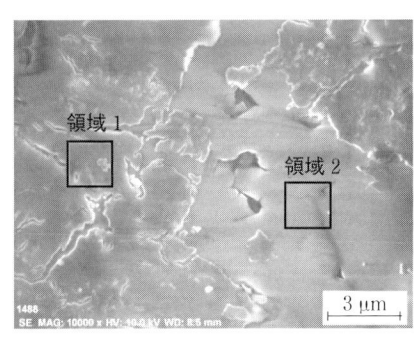

(a) アルミナしゅう動面の2次電子像　　(c) アルミナしゅう動面のSi-Kα線像

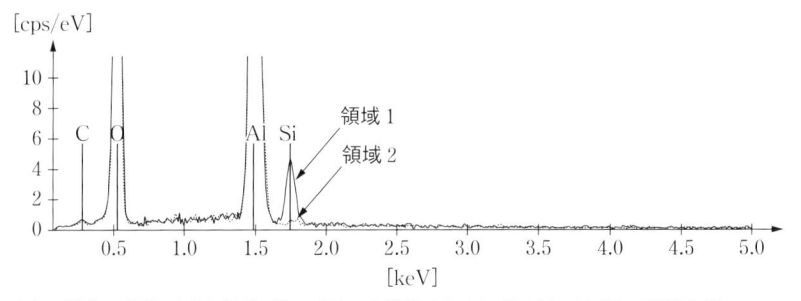

(b) 領域1と領域2からの特性X線スペクトルの比較（Si-Kα線のピークに違いが見られる）

図10.8　SEM-EDS法によるアルミナしゅう動面の分析結果[5]

10.8(b)に示す特性X線スペクトルでは，移着物のある領域1からはアルミニウムと酸素のほかに炭素とシリコンに由来するピークが検出され，領域2からはシリコンがほとんど検出されない．図10.8(c)はシリコン由来のX線（Kα線）を画像化したものである．2次電子像を比較すると，付着物とシリコンの分布がほぼ一致していることから，付着物はシリコン含有DLC膜の一部が移着したものと考えられる．

X線光電子分光法（X-ray Photoelectron Spectroscopy：XPS）は，X線を表面に照射することで，このときに放出される電子のエネルギー状態から，表面の元素種とその結合状態に関する情報を得る分析法である．X線が表面で吸収される領域は，電子線よりも浅いため，SEM-EDS法よりも表面に敏感な情報を得ることができる．**図10.9**にXPSによる分析例を示す[6]．分析試料は，イオン液体を潤滑剤として真空中でしゅう動した純鉄表面であり，摩擦面と非摩擦面を比較した．イオン液体の構成元素の1つであるフッ素の結合エネルギースペクトルに着目すると，非摩擦面では688 eV付近にピークが現れ，一方の摩擦面では低エネルギー側の685 eVにもピークが現れている．XPS分析では，ピーク位置のシフト量から元素の化学状態を知ることができ，低エネルギー側のピークは，フッ素が金属と反応して表面に存在していることを示している．このようなXPS分析結果より，イオン液

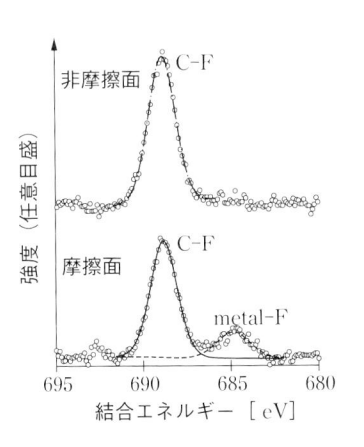

図10.9　XPSによる分析例[6]

※1　cpsとはcount per secondの略で，カウント／秒の意味である．

体は摩擦によって分解し，表面に金属フッ化物を形成することがわかる．

　飛行時間二次イオン質量分析計（Time-Of-Flight Secondary Ion Mass Spectrometer：TOF-SIMS）は，図 10.10 に示すように表面にイオンを照射することで表面物質を叩き出し，そのフラグメントを時間型質量分析計によって測定する分析法である．高感度かつ高い質量分解能を有するため，摩

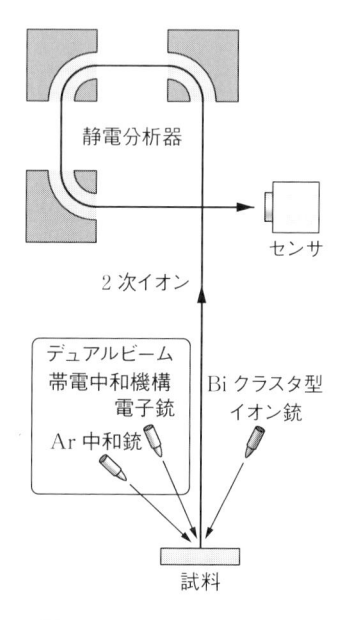

図 10.10　TOF-SIMS の原理

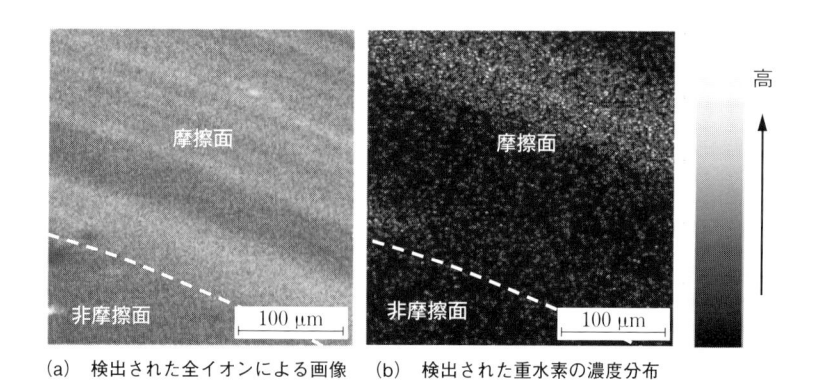

(a) 検出された全イオンによる画像　　(b) 検出された重水素の濃度分布

図 10.11　DLC 摩擦面の TOF-SIMS を用いた分析例[7]

擦面に形成された反応生成物などの分析にも威力を発揮する．図 10.11 にTOF-SIMS を用いた分析例を示す[7]．分析試料は，重水素中で摩擦したDLC 膜の摩擦面である．DLC 膜は最表面が水素で終端されることによって低摩擦現象を発現するといわれているが，雰囲気水素の影響を DLC 膜内部の水素と区別するため，重水素を用いて摩擦試験を実施した．分析の結果，重水素は摩擦面のみから検出されることがわかる．

ラマン分光法（Raman spectroscopy）は，表面に振動数 ν_i の光を入射した際に，表面分子とエネルギーのやり取り（非弾性衝突）をしたラマン散乱光の振動数（$\nu_i \pm \nu$）より，分子の化学結合状態に関する情報を得る分析法である．振動数経変化量 ν はラマンシフト量と呼ばれ，物質に固有な振動数である．よって，物質の同定や構造を知ることができる．ラマン散乱光のうち，入射光よりも振動数の小さい散乱光をストークス散乱，振動数の大きい散乱光をアンチストークス散乱と呼び，通常は散乱強度の大きいストークス散乱を観測する．図 10.12 に炭素系材料の典型的なラマン分光スペクトルを示す．炭素系材料のラマンスペクトルには，1330 cm^{-1} 付近と 1580 cm^{-1} 付近に 2 つのピークがあり，それぞれ D バンドおよび G バンドと呼ばれている．DLC 膜は成膜法や組成によってさまざまに変化し，D バンドと G バン

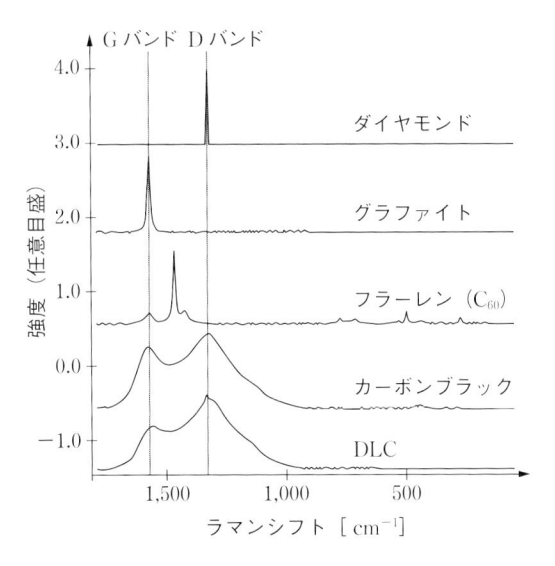

図 10.12 炭素系材料のラマン分光スペクトル

ドのピーク位置やピーク比から構造解析が行われる．赤外分光法では黒色の炭素系材料の分析を苦手とするが，ラマン分光法ではこれを得意とし，むしろ DLC 膜の分析には必須の分析法となっている．

赤外分光法（infrared spectroscopy）は，ラマン分光法とは相補的な関係にある分析法である．物質に赤外線を照射すると，物質を構成する分子の振動・回転が励起され，エネルギーの吸収が起こる．この**赤外線吸収（IR）スペクトル**を測定することによって，分子の構造や状態に関する情報を得る．赤外分光光度計には，分散型とフーリエ変換型がある．現在は，**フーリエ変換型赤外分光光度計（FT-IR）**が主流になっている．気体や液体，あるいは薄膜の場合には透過光の測定が可能であるが，摩擦面の多くの場合は，反射光を測定して分析を行う．反射光による測定の場合には十分な感度が得られないこともあるため，全反射法（Attenuated Total Reflection：ATR）法や高感度反射（Reflection Absorption Spectroscopy：RAS）法などを利用するなど，測定手法の工夫が必要になる．

図 10.13 は，高温環境下で潤滑油として用いた場合のパーフルオロポリアルキルエーテル（PFPE）の吸光度の変化を示したものである[8]．高温酸化により酸に由来したピークの上昇が見られる．なお，316 ℃で確認された酸フッ化物由来のピークが 343 ℃では確認されなかったことから，温度条件によって反応過程が変わることがわかる．

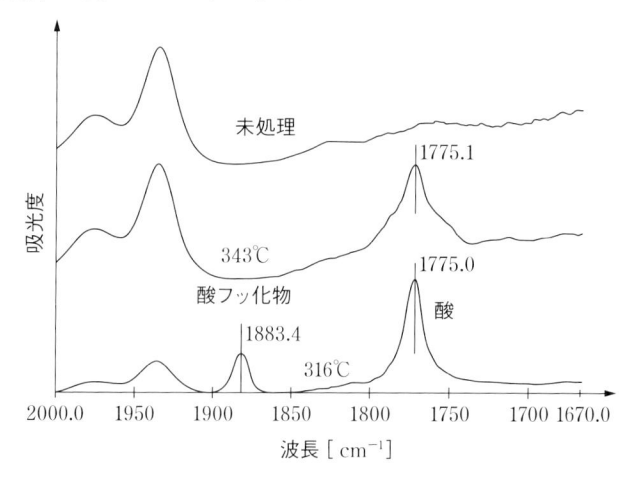

図 10.13　FT-IR 分光法の分析例（パーフルオロポリアルキルエーテル（PFPE）油の高温劣化生成物）[8]

10.2.3 機械的性質

トライボロジーに最も大きな影響を及ぼす表面の機械的性質は，**硬さとヤング率**である．第2章では塑性流動圧力を硬さと同じとして説明したが，そもそも硬さは表面に傷や損傷の起こりやすさの間接的な評価手段として用いられたもので，材料物性という観点からは物理的意味をもたない値である[9]．しかし，工業的には重要な指標であるため，引っかきによるモース硬さにはじまった尺度化は，押込みによるブリネル硬さの普及を経て，その後は評価対象や用途によってさまざまな測定方法が利用されるようになった．測定方法は，①静的な押込み，②動的反発，③引っかきの3つに分類される．静的押込み硬さ試験方法には**ブリネル硬さ**（Brinell hardness, HB），**ビッカース硬さ**（Vickers hardness, HV），**ヌープ硬さ**（Knoop hardness, HK），**ロックウェル硬さ**（Rockwell hardness, HR）などがある．動的反発硬さ試験方法には**ショア硬さ**（Shore hardness, HS）が，引っかき硬さ試験法には**マルテンス硬さ**（Martens hardness, HM）などがある．**表10.3**に代表的な硬さ試験法を示す[10]．

表面深さ数 μm 領域での硬さやヤング率を定量的に測定する場合には，押込み法の1種である**図10.14**のようなナノインデンテーション装置[11]を用いる必要がある．**ナノインデンテーション法**は，オリバー（W. C. Oliver）とパー（G. M. Pharr）が提案した Depth Sensing 法[12], [13]を基本として，国際標準化（ISO 14577[14]）されている．通常のビッカース硬さ測定などとの違いは，圧痕を直接計測するのではなく，**図10.15**に示す荷重−押込み深さ曲線からヤング率と硬さを算出する点にある．ただし，10 nm 以下の浅い領域

表10.3　代表的な硬さ試験方法[10]

硬さ試験法	圧子	試験力	くぼみ直径	くぼみ深さ
ビッカース硬さ	ダイヤモンド 正四角すい圧子	0.09807〜980.7 N	1.4〜 0.005 mm	0.2〜 0.001 mm
ロックウェル硬さ Cスケール	ダイヤモンド 円すい圧子	1471.0 N	1〜 0.4 mm	0.16〜 0.06 mm
ブリネル硬さ	超硬合金球 1〜10 mm 径	29.42 kN	6〜 2.4 mm	1〜 0.15 mm
ショア硬さ	ダイヤモンド先端 の落下用ハンマー	一定の高さからの 落下による衝突	0.6〜 0.3 mm	0.04〜 0.01 mm

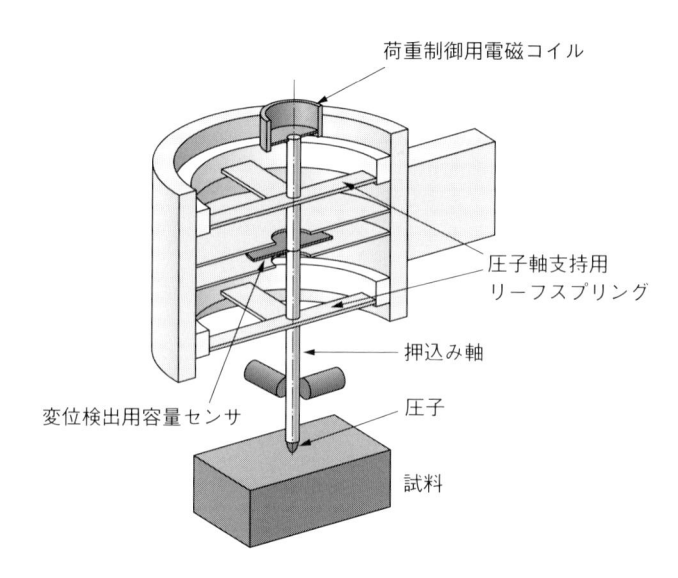

図 10.14　ナノインデンテーション装置の概略

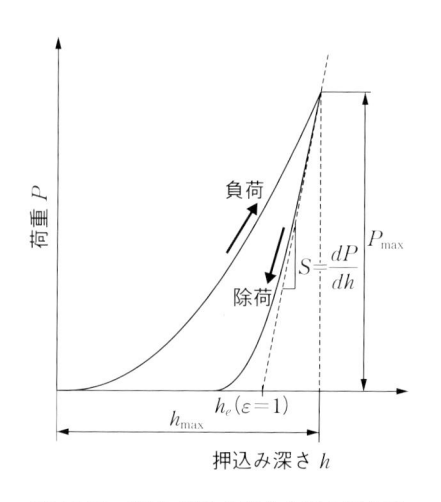

図 10.15　荷重-押込み深さ曲線の概念図

やポリマー，生体材料などのソフトマターの測定には AFM を用いた測定が必要になる[14]．また，ソフトマターでは，表面の粘弾性も重要な性質の1つであるが，最近のナノインデンテーション法や AFM には，これに対応する測定モードが備わった装置もある．表面近傍のヤング率を求める手法として

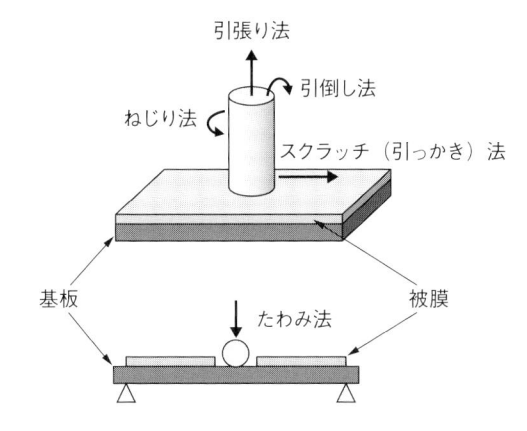

図 10.16　薄膜の密着性評価方法

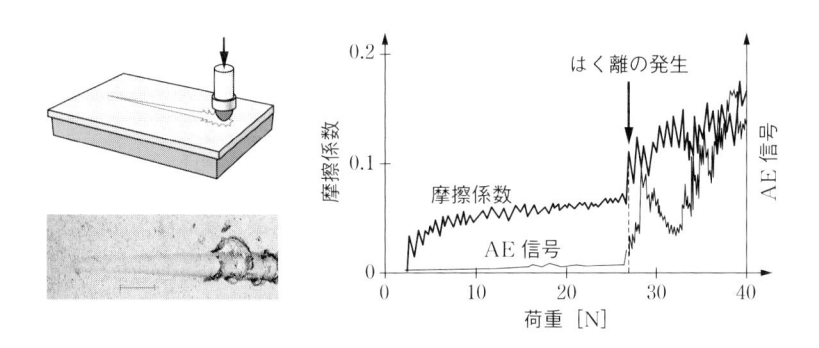

図 10.17　硬質薄膜のスクラッチ試験結果の例

は，表面弾性波を用いた測定方法[15]もある．

トライボロジーに関係するこの他の機械的性質としては，ぜい性材料の場合には表面の**破壊じん性**（fracture toughness）が，コーティング材料の場合には膜の密着性などがあげられる．薄膜の密着性試験方法[16]には，スクラッチ法，引張り法，引倒し法，ねじり法などのさまざまな評価方法がある（**図 10.16**）．しかし，各評価手法間の互換性はもとよりスクラッチ法によるデータに限っても，膜のはく離が起こる臨界荷重の測定値には絶対的な意味は存在しない．すなわち，同一の装置と測定条件下で得られた臨界荷重値の大小からは膜の密着性の優劣は判断できたとしても，他の装置や手法によって得られた値を比較することはできないのが現状である．硬質薄膜のスクラ

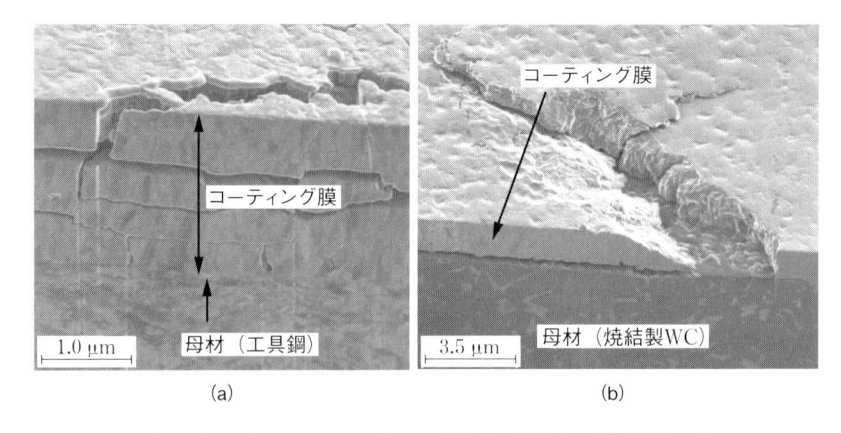

図 10.18　FIB によるコーティング膜はく離部分の断面観察の例
(a) 母材変形に追従できないコーティング膜内部で破壊が発生
(b) 母材とコーティング界面からの剥離が発生

ッチ試験結果の例を図 10.17 に示す．集束イオンビーム（Focused Ion Beam：FIB）を用いた走査型イオン顕微鏡（Scanning Ion Microscopy：SIM）像を図 10.18 に示す．CrN コーティング膜の摩耗損傷部を FIB で除去加工して断面観察したところ，基板の界面近傍から膜のはく離が起こった様子とともに，き裂の起点部に介在物のようなものが確認された．SIM 像は形状だけではなく，像のコントラストから組成や結晶方向に関する情報も得ることができる．

10.3　表面の計測・分析で留意すべきこと

近年の表面の計測・分析システムの進歩は目覚ましく，特にデジタル技術によって高性能な装置でも容易に操作できるようになった．このため，ユーザー層は大幅に拡大している．トライボロジー分野においても，表面の計測・分析データの重要性および依存度はますます大きくなっている．一方で，計測・分析手法の基礎を知らずとも，装置を動かせば何かしらのデータが出てくるという状況には，十分な注意を払う必要がある．そもそも，トライボメカニズム[※2] を理解するための第一歩は，実際の現象を機器類に頼ることなく，自らの五感をフル稼働して観察することにある．そのうえで，ど

※2　摩擦，摩耗，潤滑の個々のメカニズムが複合することによって起こる．

のような情報を求めるかにより計測・分析手法を選択し，基本原理や特徴を十分に理解し，摩擦表面の解析に適用することを心がけなければならない．

また，摩擦表面の特徴は，摩擦・摩耗によって表面性状が多様に変化すること，そしてその表面性状は動的環境下においてのみ存在するという点にある．すなわち，摩擦状態から解放された表面はすでに真の摩擦表面ではなく，計測や分析のために洗浄などの処理が施された表面は，生き物にたとえるならば「化石」状態にあるということができよう．そのため，摩擦表面分析は本来，摩擦条件下の生きた状態を観察するのが理想である．しかしながら，摩擦表面をその場で計測・分析することには限界があり，通常はなるべく状態のよい「化石」を準備し解析することで生きた姿を推測することも必要になる．多くの表面分析手法は真空という特殊環境と一定の静止した分析時間を必要とするため，これらが in lubro 分析を阻む大きな原因となっている．真空が必要とされるのは励起源もしくは検出種の寿命と関係している．例えば，電子の場合には，大気中に放出されれば一瞬にして他の粒子に吸収され，もっていた情報を失ってしまうことになる．光の場合には，大気中もしくは液体中でも情報の維持・伝達ができるため，光をプローブ粒子および観測粒子とする赤外分光法，ラマン分光法そして和周波分光法[17]などは in lubro 分析にも適用が可能である．

以上の理由から，摩擦表面という特異な場で起こる現象には，いまだ十分に解明されていないことも多い．これらの現象を理解することを目的に生み出した新たな計測・分析手法が，STMの発明のように科学全体に大きなブレークスルーをもたらす可能性も期待される．

参考文献

1) S. Sasaki: Environmentally friendly tribology (Eco-tribology), Journal of Mechanical Science and Technology, 24, 1 (2010) 67-71.
2) P. M. Cann and H. A. Spikes: In lubro studies of lubricants in EHD contacts using FTIR absorption spectroscopy, 34, 2 (1991) 248-256.
3) G. Binnig, H. Rohrer, Ch. Gerber and E. Weibel: Surface Studies by Scanning Tunneling Microscopy, Phys. Rev. Lett., 49, 1 (1982) 57-61.
4) 田中庸裕，山下弘巳（編）：固体表面キャラクタリゼーションの実際，講談社 (2005).
5) T. Watabe, et. al.: Friction and Fretting Wear Characteristics of Different DLC Coatings against Alumina in Water-lubricated Fretting Conditions, Journal for Nanoscience and

Nanotechnology, (2013) to be published.
6) T. Yagi, S. Sasaki, H. Mano and K. Miyake: Lubricity and chemical reactivity of ionic liquid used for sliding metals under high-vacuum conditions, Proc. of IMech. E., Part J, 223 (2009) 1083-1090.
7) 大嶋健太ほか：減圧水素環境下でのDLC膜の潤滑性に関する研究, 日本機械学会予稿集M＆P2012 (2012) 48.
8) H. K. Trivedi, C. S. Saba, and G. D. Givan: Thermal Stability of a Linear Perfluoropolyalkylether in a Rolling Contact Fatigue Tester, Tribol. Lett., 12 (2002) 171.
9) 寺澤正男, 岩崎昌三：硬さのおはなし 改訂版, 日本規格協会 (2001).
10) 日本トライボロジー学会（編）：トライボロジーハンドブック, 養賢堂 (2001).
11) 佐々木信也：ナノインデンテーション法によるトライボ表面の機械的物性評価, トライボロジスト, 47, 3 (2002) 177-183.
12) W. C. Oliver and G. M. Pharr: An improved technique for determining hardness and elastic modulus using load and displacement sensing indentation experiments, J. Mater. Res., 7, 6 (1992) 1564-1583.
13) 三宅晃司, 佐々木信也：ナノインデンテーション法による薄膜材料の機械的特性評価, 応用物理, 79, 4 (2011) 341-345.
14) ISO 14577: Metallic materials-Instrumented indentation test for hardness and materials parameters.
15) 佐々木信也：レーザー励起表面弾性波法による薄膜のヤング率測定, トライボロジスト, 57, 7 (2012) 461-466.
16) 金原粲ほか：薄膜材料の測定と評価, 技術情報協会 (1991).

第11章
機械要素

　機械システムを構成する部品において，同じ目的のために共通して使われる部品を総称して機械要素という．機械要素はそれぞれ固有の機能をもち，それらが複合化されてシステムとしての機能を発揮する．近年，このような機械要素のなかで，トライボロジーとのかかわりが深い要素をトライボ要素（tribo-element）と呼ぶようになってきた[1]．トライボ要素では，本来の機能を発揮するためや機能向上を図るために，トライボロジー特性を向上させる対策が検討され，実施されている．本章では，代表的なトライボ要素である軸受とトラクションドライブを例にして，機械要素，伝達機構の機能におけるトライボロジーの重要性について説明する．

第11章のポイント
- 転がり軸受の種類と特性を理解しよう．
- すべり軸受の種類と特性を理解しよう．
- トラクションドライブの特性を理解しよう．

11.1 軸受の種類と特性

　軸受（bearing）とは，一般的に軸に加わる荷重を支持しながら，回転運動や直線運動を案内する**機械要素**（machine elements）である．軸受には図11.1に示すような種類がある[2]．市場においては，**転がり軸受**と**すべり軸受**が広く使用されている．近年では，特殊用途として電磁力を利用して軸を支持する磁気軸受（magnetic bearing）や超電導磁石のピン止め効果を用いた超電導磁気軸受（superconducting mangetic bearing）なども開発されている．支持する荷重の方向によって，軸受は次のように分類される．

- 半径方向荷重（ラジアル荷重）を支持する軸受：**ラジアル軸受**（radial bearing）あるいは**ジャーナル軸受**（journal bearing）
- 軸方向荷重（アキシアル荷重）を支持する軸受：**スラスト軸受**（thrust bearing）

(a) 転がり軸受 　(b) すべり軸受 　(c) 磁気軸受

(d) 静圧軸受 　(e) 超電導磁石軸受

図 11.1　軸受の種類[2)]

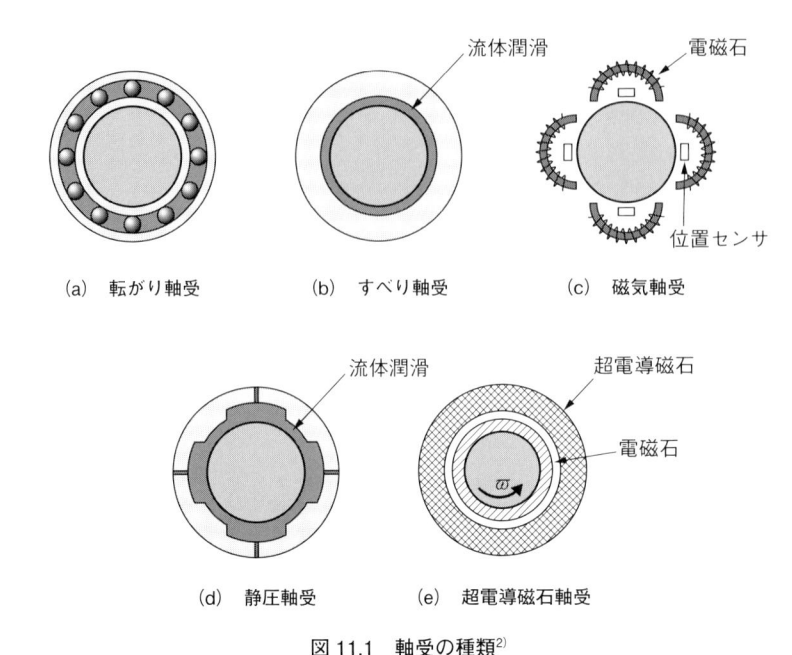

また，一般的な軸受には，次の特性が必要とされている．

- 摩擦抵抗が小さいこと（低トルクであること）．
- 摩耗が少ないこと（長寿命，耐久性があること）．
- 強度が十分であること（負荷容量，剛性が高いこと）．
- 回転振れが小さいこと（精度がよいこと）．
- 潤滑油を給油しやすいこと（メンテナンスしやすいこと）．
- ちりやほこりが摩擦面に侵入しにくいこと（シール性がよいこと）．
- 使い勝手がよいこと（互換性があること）．
- 環境に侵されないこと（腐食しないこと）．

11.2　転がり軸受

11.2.1　転がり軸受の種類と特徴

転がり軸受（rolling bearing）の構造を図 11.2 に示す．転がり軸受は**内輪**あるいは**外輪**と呼ばれる転動体を案内する部品と**転動体**（rolling element），および転動体を保持する**保持器**（retainer），**シール**（seal）や**シールド**

(a) 単列深溝玉軸受

- 止め輪
- 保持器
- 外輪
- シールド
- 内輪
- 玉
- 内輪軌道
- 外輪軌道
- 側面
- シールド

(b) 円筒ころ軸受

- 外輪つば
- 円筒ころ
- 内輪つば
- L形つば輪

(c) 単式スラスト玉軸受

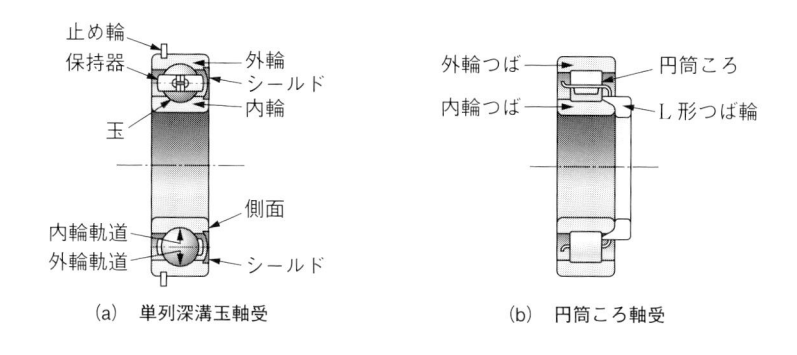

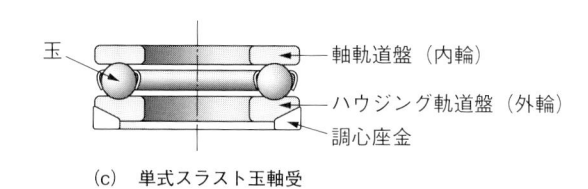

- 玉
- 軸軌道盤（内輪）
- ハウジング軌道盤（外輪）
- 調心座金

図 11.2　主な転がり軸受の構造

（shield）で構成されている．これに，グリースや潤滑油などの潤滑剤が加わる．

　転がり軸受は，主に支えることができる荷重の方向によってラジアル軸受とスラスト軸受に大別される．さらに，転動体に「玉」を用いる**玉軸受**（ball bearing）と，転動体に「ころ」を用いる**ころ軸受**（roller bearing）に分けられる．**表 11.1** に主な転がり軸受の種類と特徴を示す[3]．転がり軸受の名称は，基本的に組み込まれている転動体の形状で呼ばれている．

　転がり軸受は国際的に規格化されており，その呼び番号も規定されている[※1]．

$$呼び番号＝基本番号（軸受形式記号＋直径系列記号＋内径番号）＋補助記号（密封装置，軸受すきま，精度等級など）$$

※1　日本では JIS B 1513 に規定されている．

表 11.1 転がり軸受の種類と特徴[3]

軸受形式	ラジアル型										スラスト型		
	深溝玉軸受	アンギュラ玉軸受	組合せアンギュラ玉軸受	自動調心玉軸受	円筒ころ軸受	片つば付き円筒ころ軸受	両つば付き円筒ころ軸受	針状ころ軸受	円すいころ軸受	自動調心ころ軸受	スラスト玉軸受	スラスト自動調心円筒ころ軸受	スラスト自動調心ころ軸受
負荷能力 ラジアル荷重 / アキシアル荷重	←→	←→	←→	←	←	←→	←→	←	←→	←→	↓	↓	←↓
特性													
高速回転	4	4	3	2	4	3	3	3	3	2	1	1	1
高騒音・振動	3	3	3		3	2	1	1	3	3	1		3
低摩擦トルク	4	3	1	1	1	1	1	1	2	3	1	3	3
高剛性	4	3	2		2	2	2	2	2	3		3	3
耐振動・衝撃性					2	2	2	2	2	3			
内輪・外輪の許容傾き	1			3	1				1	3			
内輪・外輪の分離					○	○	○	○	○		○	○	○

数字が大きいほど特性に優れていることを示す.

例えば，**呼び番号 6 2 06 ZZ C5** の軸受は，次のようなことを表している．

6：軸受形式記号であり，深溝玉軸受であることを表す．アンギュラ玉軸受は 7，円筒ころ軸受は 2 である．

2：直径系列記号であり，軸受外径に関係する．8，9，0，2，3 の順で外径が大きくなる．

06：内径番号であり，軸受内径が 30 mm であること表す．内径番号のつけ方は，内径寸法によって次のように決められている．

　①内径寸法が 9 mm までの場合は，内径寸法がそのまま内径番号となる．

　②内径寸法が 10，12，15，17 mm の場合は，それぞれ 00，01，02，03 が内径番号となる．

　③内径寸法が 20〜500 mm の場合は，内径寸法は 5 mm 単位が標準となり，内径番号 ×5 が内径寸法となる．08 の場合は内径寸法 40 mm を表す．

　④内径寸法が 20〜500 mm の範囲で内径寸法が 5 mm 単位でない場合や，内径寸法が 500 mm を越える場合には，内径番号は "／" ＋内径寸法で表す．

ZZ：シール記号であり，両側シールド付きであることを表す．

C5：すきま記号であり，ラジアル内部すきまが規格値 C5 であることを表す．

11.2.2　転がり軸受の摩擦

転がり軸受は「転がり」の名前のとおり，内輪と外輪の間に挿入された転動体が転がることによって回転し，その摩擦係数は**表 11.2** に示すように 1/1000 のオーダである[4]．境界潤滑状態や混合潤滑状態におけるすべり摩擦と比較して，摩擦係数は非常に小さく，転がり摩擦はすべり摩擦よりも摩擦が小さいという一般的なイメージを証明している．軸受の内部には，**図 11.3** に示す部位において，以下の摩擦要因が存在している．

①転動体／軌道輪の転がり摩擦
②つば面／ころ端面のすべり摩擦
③転動体／保持器のすべり摩擦
④接触式シール／内輪のすべり摩擦

表 11.2 各種転がり軸受の摩擦係数（概略値)[4]

軸受形式	摩擦係数
深溝玉軸受	0.0013
アンギュラ玉軸受	0.0015
自動調心玉軸受	0.0010
スラスト玉軸受	0.0011
円筒ころ軸受	0.0010
円すいころ軸受	0.0022
自動調心ころ軸受	0.0028
保持器付き針状ころ軸受	0.0015
総ころ形針状ころ軸受	0.0025
スラスト自動調心ころ軸受	0.0028

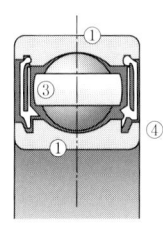

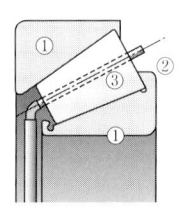

図 11.3 転がり軸受内部の摩擦要因

⑤潤滑剤による粘性抵抗
⑥転動体公転，保持器回転における空気抵抗

　表 11.2 の摩擦係数は，これらの摩擦要因をすべて含んだ摩擦係数であり，転がりだけの摩擦係数はもっと小さな値となることが知られている．図 11.4 に示すように，曽田は振り子の減衰を利用して，軸受用鋼球（SUJ2，1/16"）と種々の材料からなる平面を組合せて，無潤滑で転がり摩擦の測定を行っている[5]．その結果を表 11.3 に示す[5]．平板の硬さに依存した結果となっているが，おおよそ 1/10000 のオーダであり，鋼の摩擦係数は表 11.2 よりも 1 桁低い値となっている．純粋な転がり摩擦は非常に小さく，実用においては無視できる大きさであること，転がり軸受の摩擦係数においては，実は転がり摩擦以外の摩擦が大勢を占めていることがわかる．

　転がり摩擦の原因は複数考えられる．単純にどれか 1 つを原因として特定できることは少なく，これらが同時に作用していることが多い．また，摩擦

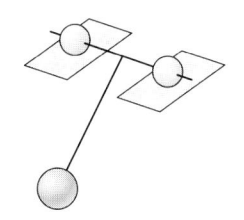

図 11.4　振り子式試験装置の原理

表 11.3　鋼球と各種平板の転がり摩擦係数（無潤滑）[5]

平板の材料	転がり摩擦係数
硬鋼	0.00002
軟鋼	0.00004〜0.00010
真鍮	0.000045
銅	0.00012
アルミニウム	0.001
スズ	0.0012
鉛	0.0014
ガラス	0.000014

係数が小さいことが，これらの検証を難しくしている．以下に，転がり摩擦の主な原因とされているものを説明する．

(1)　差動すべり

深溝玉軸受（deep groove ball bearing）の内外輪軌道面のような円弧型の溝の中を玉が転がる場合を考える（**図 11.5**）[6]．荷重によって，ヘルツの弾性接触理論に基づく接触領域（だ円形）が形成されると，玉の自転軸から接触面までの半径は，接触中央部（溝底）で最も長く，接触の周辺部へいくほど短くなる．したがって，接触各部における周速度は，玉の自転速度を ω_n [rad/s] とすると，

$$(接触各部における周速度) = (接触半径) \times (玉の自転速度\ \omega_n)$$

となり，接触の中央部が速く，周辺部が遅い分布になる．玉は純転がりをすることができず，中央部で空転する方向のすべり，周辺部は引きずられる方向のすべりを伴いながら回転する[※2]．これらの**差動すべり**が摩擦の原因とな

※2　すべりの境界線部分は，純転がりをする．

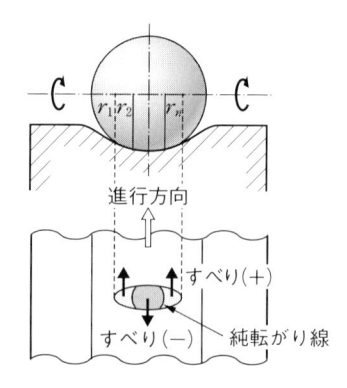

図 11.5　深溝玉軸受の転動体／内輪軌道面間の差動すべり[6]

る．

(2)　表面粗さの影響

玉や円筒，平面には必ず形状誤差が含まれている．一見なめらかに見える表面においても，必ず**粗さは存在する**．また，玉や円筒は完全な球体や円筒ではなく，転がる際に相手と接触する円周方向には，**微小なうねりが存在す**る[※3]．玉や円筒に微小なうねりが存在するということは，接触断面形状を角数の多い多角形と考えることができる．多角形を転がす際には，重心の上下動を伴うのでエネルギーが必要となり，その損失が摩擦抵抗になる．図 11.6[6]のような n 角形の多角形を動かす際には，モーメントのつり合いから，

$$静止摩擦モーメント \quad M_s = Fr = \pi pr/n \tag{11.1}$$
$$運動摩擦モーメント \quad M_k = F_k r = \pi pr/4n \tag{11.2}$$

が必要となる．平面の表面粗さが大きい場合には，その凹凸を乗り越える際に重心の上下動を伴うので，エネルギー損失が生じて，摩擦抵抗となる．

(3)　材料の内部摩擦

接触する部材は，硬さや形状にも依存するが，ある程度の弾性変形をする．弾性変形の範囲内であっても，変形量と応力は線形ではなく，図 11.7[6]のような非線形な関係になる．一般的に，変形を増加させる場合は減少させ

[※3]　転がり軸受の軌道面においては，円周方向に 20 山程度までのうねりが存在している．

(a) 静止摩擦　　(b) 運動摩擦

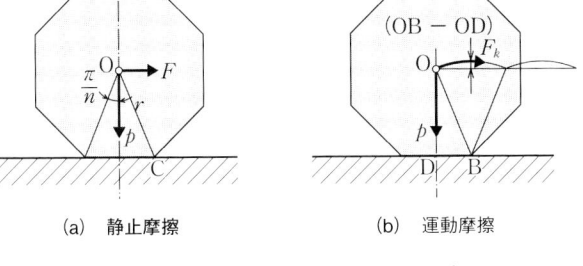

図 11.6　多角形の転がりモーメント[6]

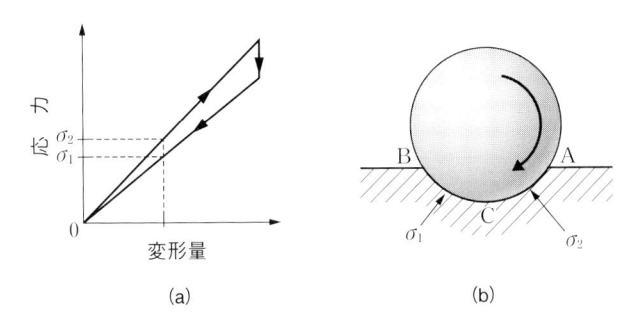

(a)　　(b)

図 11.7　表面の弾性変形によるヒステリシス損失と転がり抵抗[6]

る場合よりも大きな力を必要とし，この現象は**弾性ヒステリシス**（elastic hysteresis）と呼ばれる．材料の内部摩擦が原因でエネルギー損失が生じて，摩擦抵抗となる．

平面上を玉や円筒が転がる場合は，現在接触している領域の前方（転がり方向）に荷重が移動（負荷）するので，前方では圧縮変形が生じる．一方，接触領域の後方では，荷重移動（除荷）により変形が回復してくる．転がりによる移動によって，平面の変形／回復が繰り返されるので，弾性ヒステリシスによるエネルギー損失が起こっている．接触部材が軟らかく，変形量が大きい場合に顕著となる．

また，転がり軸受に関しては，次の2つも摩擦の原因とされている．

(4) スピンすべり

深溝玉軸受や**アンギュラ玉軸受**（anguler contact ball bearing）は，ラジアル荷重だけが負荷された場合には図 11.5 のような接触となる．しかし，

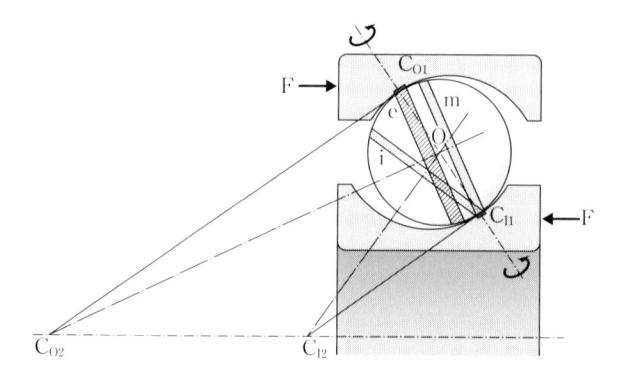

図 11.8　深溝玉軸受転動体のスピン

　アキシアル方向の予圧（荷重）が負荷されると，玉と軌道面は図 11.8 のような状態で接触する．内輪回転軸に対して玉の自転軸が傾いており，この状態で内輪が回転すると玉を傾けようとする力が働く．
　玉と内輪軌道面との接触点を C_{I1}，外輪軌道面との接触点を C_{O1}，それぞれの接線が内輪回転軸と交わる交点を C_{I2}，C_{O2} とする．内輪と玉だけの転がり運動を考えると，玉は $C_{I2}O$ を軸として自転しようとするので，接触痕（走行痕）は i のように形成される．また，玉と外輪だけの転がり運動を考えると，自転軸は $C_{O2}O$ となるので，接触痕は e のように形成される．しかし，1 個の玉に自転軸 2 本は存在できないので，玉に対する拘束力が強い方が玉の自転を支配する．外輪の拘束が強いとした場合には，玉の自転軸は $C_{O2}O$ となるので，内輪との接触点 C_{I1} における走行痕は m の位置に変更させられ，接触点 C_{I1} では $C_{I1}O$ を軸とした回転運動（**スピン**）が起こることになる．この**スピンすべり**が差動すべりに加わって，玉と軌道面の転がり摩擦を増大させる．

（5）ころの傾き（スキュー）

　円筒ころ軸受，ニードル軸受など，転動体が円筒形状をしている軸受においては，軸受の回転軸に対して，ころの自転軸が平行になっている必要がある．ころの自転軸が回転軸と平行になっていないと，ころが自転によって進もうとする方向と軌道輪の回転方向がずれてしまい，図 11.9 のように傾いた状態で公転することになる．ころは自転しようとする方向とは違った方向

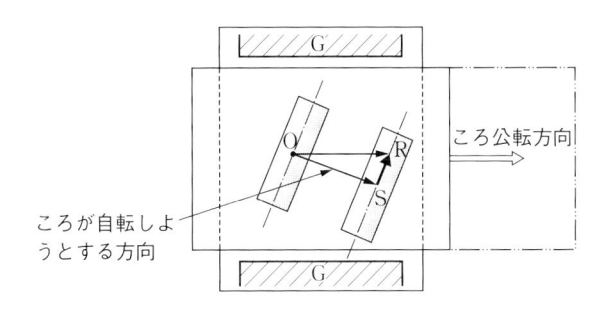

図 11.9 ころのスキューによる摩擦抵抗の上昇

へ移動することになるので，そこですべりが生じて，転がり摩擦を増大させる．

ころの**傾き**（**スキュー**）の原因としては，ころの形状誤差が考えられる．理想的な円筒形状は実現不可能であり，円周方向，軸方向に形状誤差が含まれる．特に，軸方向に一様な寸法誤差があると円すい形状となってしまい，自転による転がり方向が直線にならなくなる．また，軸受にアキシアル方向の荷重が負荷されると，ころ端面と軌道輪つば面が接触する．この状態で回転させると，ころ端面／軌道輪つば面はすべり摩擦を生じ，ころの自転軸を傾ける力として作用する．図 11.9 は円筒ころ軸受の場合であるが，円すいころ軸受についてもスキューが起こると，転がり摩擦は大きくなる．

11.2.3　転がり軸受の潤滑

転がり軸受を長期間使用するためには，潤滑が必要である．一般的に潤滑剤といえば潤滑油を思い浮かべる．しかし，すべり軸受と比較して，転がり軸受では，密封性が高く，メンテナンスフリーで使用できることが大きな利点となる．そのため，全体の 70 % 以上は**グリース潤滑**である．特に生産数量が多く，家電に使用されるような小径玉軸受においては，100 % がグリース潤滑であるといっても過言ではない．

グリースは，潤滑の役割を果たす基油，基油を保持する増ちょう剤，潤滑機能を高める添加剤で構成されている．半固体状で流動性が小さく，転がり軸受内部の空間に適量封入して，両側にシール（シールド）をつければ，漏れずに長期間使用できる．しかし，グリースにも寿命は存在し，劣化すると固体化（炭化）して，潤滑作用がなくなってしまう．グリースの潤滑寿命に

ついては，膨大な軸受寿命試験のデータから，以下の実験式（推定式）が知られている[4]．

- 汎用グリース

$$\log t = 6.54 - 2.6 \frac{n}{N_{\max}} - \left(0.025 - 0.012 \frac{n}{N_{\max}}\right) T \tag{11.3}$$

- ワイドレンジグリース

$$\log t = 6.12 - 1.4 \frac{n}{N_{\max}} - \left(0.018 - 0.006 \frac{n}{N_{\max}}\right) T \tag{11.4}$$

ここで，t［h］は**平均グリース寿命**，n［min^{-1}］は軸受の回転速度，$N_{\max}$［min^{-1}］はグリース潤滑の許容回転速度（非接触シールド，非接触シールの数値），T［℃］は軸受の運転温度である．式(11.3)，(11.4)の適用範囲（運転条件）は，おおよそ次のとおりである．

- 軸受の回転速度：
    $0.25 \leq n/N_{\max} \leq 1$
    $n/N_{\max} < 0.25$ の場合は，$n/N_{\max} = 0.25$ とする
- 軸受の運転温度：
    汎用グリース　　　　　　70℃ $\leq T \leq$ 110℃
    ワイドレンジグリース　　70℃ $\leq T \leq$ 130℃
    $T < 70$℃の場合は，$T = 70$℃とする
- 軸受荷重：基本動定格荷重の1/10程度，あるいはそれ以下とする．

横軸を $n/N_{\max}$，縦軸を平均グリース寿命として片対数グラフに表すと，**図11.10**のようになる[4]．運転温度が10℃上昇するとグリース寿命はおおよそ1/2に減少するという通説を裏づける結果となっている．また，汎用グリースに対してワイドレンジグリースは，高速になった場合における寿命低下の割合が小さい．

11.2.4　転がり軸受の疲労寿命（JIS B 1518-2013）

軸受が荷重を受けて回転すると内外輪軌道面，転動体には繰り返し応力が

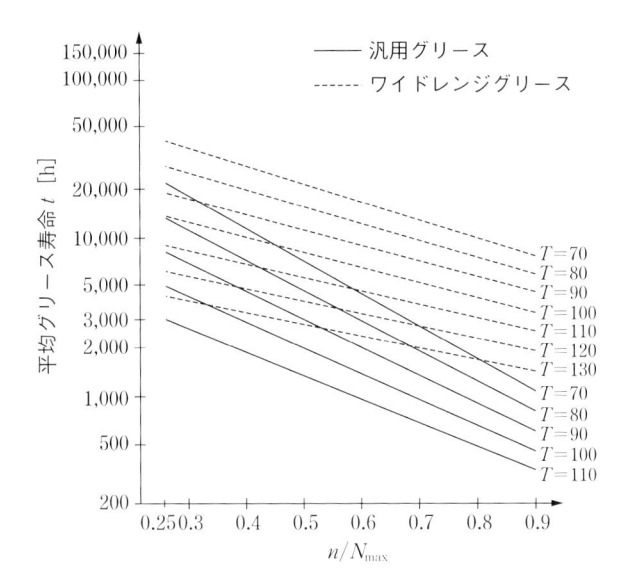

図 11.10　平均グリース寿命の計算結果[4]

作用するので，材料が疲労して**フレーキング**と呼ばれる表面損傷を起こす．転がり軸受にフレーキングが生じるまでの時間にはばらつきがあるので，統計的現象として取り扱う必要があるが，転がり軸受はフレーキングまでの寿命を予測（計算）できる数少ない機械要素である．

　同じ型番の軸受を同一運転条件で複数の軸受を回転させたとき，その 90% の軸受がフレーキングを起こさないで回転できる総回転数（累積回転数）を**基本定格寿命**という．一定の回転速度で運転させている場合には，総回転時間で表す場合もある．転がり軸受には，型番ごとに**基本動定格荷重**[※4] が定義されており，実際に負荷される荷重がわかれば，基本定格寿命は次式で求められる．

玉軸受　　$L = \left(\dfrac{C}{P}\right)^3$ 　　　　　　　　　　　　　(11.5)

※4　基本定格寿命が 1,000,000 回転となる荷重．転がり軸受メーカー各社のカタログに記載されている．

$$\text{ころ軸受} \quad L = \left(\frac{C}{P}\right)^{\frac{10}{3}} \tag{11.6}$$

ここで，L [10^6 回転単位] は基本定格寿命，P [N] は軸受荷重（動等価荷重），C [N] は基本動定格荷重※5 である．一定回転速度で運転されている場合には，寿命は時間で表したほうが便利である．回転速度を n [min^{-1}] とすれば，式(11.5)，(11.6)に ($10^6/60n$) をかければよい．

しかし，式(11.5)，(11.6)は軸受に加わる荷重しか考慮していないため，実際に機械システムに組み込まれた際の寿命と隔たりが大きくなる場合もある．そこで，さまざまな条件を疲労寿命に反映させるため，式(11.5)，(11.6)を基本式として係数をかけて，次の補正式が使われている．

$$L_{nm} = a_1 \cdot a_{ISO} \cdot L_{10} \tag{11.7a}$$

ここで，L_{nm} は修正定格寿命，L_{10} は信頼度 90 % の基本定格寿命，a_1 は信頼度係数，a_{ISO} は寿命修正係数である．

信頼度係数 a_1 は，**表 11.4**[4] に示すように統計学的な値が決まっており，信頼度が高くなるほど小さな値となる．信頼度を 99 % まで高めると，信頼度 90 % の寿命の約 1/5 となってしまう．

寿命修正係数 a_{ISO} は，回転速度，荷重，使用温度，潤滑油動粘度，汚染粒子など軸受使用条件の過酷さを考慮して決められる係数である．2013 年に改正された JIS B 1518 から採用されたが，a_{ISO} は次式で定義される．

$$a_{ISO} = f\left(\frac{e_c C_u}{P}, \kappa\right) \tag{11.7b}$$

ここで，e_c は汚染係数，C_u は疲労限荷重，κ は粘度比，P は軸受荷重（動等価荷重）である．汚染係数は，潤滑油の汚染度合いを示す係数である．潤滑油の汚染レベルが高くなると疲労寿命も短くなる．具体的な汚染レベルと汚染係数の値については，JIS に規定されている．疲労限荷重は軸受材料によって異なるが，軌道の最大荷重接触部で疲労限応力となる軸受荷重であ

表 11.4　転がり軸受疲労寿命計算における信頼度係数[4]

信頼度 [%]	90	95	96	97	98	99
信頼度係数	1.00	0.62	0.53	0.44	0.33	0.21

※5　ラジアル軸受では C_r，スラスト軸受では C_a で表す．

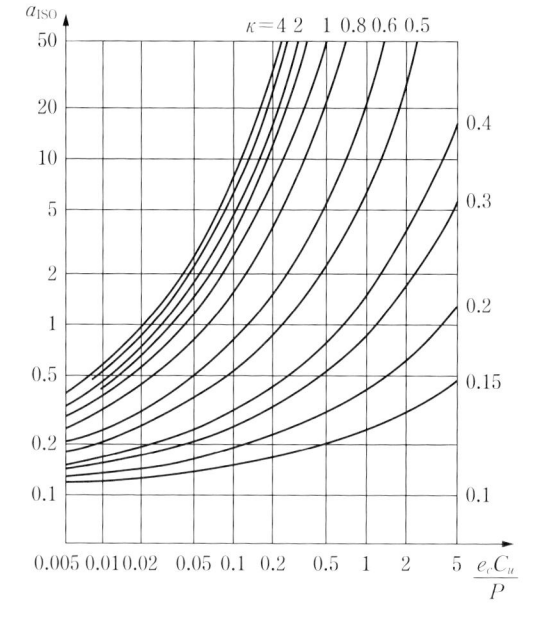

図 11.11　ラジアル軸受の寿命補正係数[7]

り，軸受形式，大きさ，材料によって決まってくる．粘度比は，転動体と軌道面に形成される油膜状態であり，基準動粘度に対する軸受運転時の動粘度の比で表される．これらが関与した関数となっているが，JIS に示されている寿命修正係数の具体例を図 11.11 に示す．しかし，寿命補正係数を正確に求めるためには，軸受内部の設計値が必要である．正確な寿命補正係数を知りたい場合には，軸受メーカーに問い合わせる必要がある．

軸受に作用する平均荷重，動等価荷重の計算方法などについては割愛したが，転がり軸受の寿命を求める際には不可欠であるので，機械設計に関する一般的な参考書を是非とも参照してほしい．**転がり軸受の寿命としては，先に述べたグリース寿命と本節の疲労寿命を比較して，短い方の時間を転がり軸受の寿命として機械設計に用いなければならない．**

例題 11.1

汎用グリースが封入された玉軸受 6200 を以下の条件で回転させた．このときの寿命を求めよ．ただし，6200 の基本動定格荷重を 5100 N，グリース潤滑における許容回転速度を 24000 min^{-1} とする．また，信頼度係数，軸受特性係数，使用条件係数はともに 1 とする．

回転条件　周囲温度：80 ℃
　　　　　回転速度：1500 min^{-1}
　　　　　荷重：ラジアル方向だけに 500 N

〈解答〉

信頼度係数，軸受特性係数，使用条件係数が 1 であるから，疲労寿命 T_1 は信頼度 90 % の基本定格寿命となり，式(11.5)に $(10^6/60n)$ をかけて，時間単位 [h] で求める．

$$T_1 = \frac{10^6}{60 \times 1500} \times \left(\frac{5100}{500}\right)^3 = 11791.2$$

平均グリース寿命 T_2 は，汎用グリースを使用するので式(11.3)で求められる．まず，$n/N_{max}=1500/24000=0.0625<0.25$ より，$n/N_{max}=0.25$ となる．式(11.3)に各数値を代入すると，

$$\log T_2 = 6.54 - 2.6 \times 0.25 - (0.025 - 0.012 \times 0.25) \times 80 = 4.13$$
$$T_2 = 10^{4.13} = 13489.6 \ [h]$$

この回転条件で玉軸受 6200 を回転させた場合には，平均グリース寿命よりも疲労寿命が短い．よって，軸受の寿命は，疲労寿命の

　　　　　11791.2 [h]　…（答）

となる．なお，寿命の計算においては，数値を四捨五入ではなく，切り捨てなければならない．

11.2.5　転がり軸受の性能における潤滑の影響

転がり軸受を長期間使用するためには，潤滑剤が不可欠であるが，それ以外の性能においては，潤滑剤が悪影響を与える場合もある．その例を以下に示す．

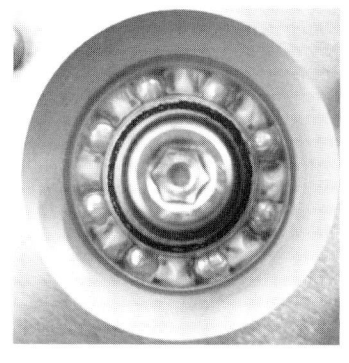

(a) 封入時　　　　　　(b) 回転後

図 11.12　遠心力によるグリースの飛散状況
(6200, 内輪回転 7000 min^{-1}, 60 分後)

(1) 回転トルク・発熱

　一般的な小径玉軸受の潤滑はグリース潤滑である．密封性の面では非常に重宝される．しかし，潤滑油と比較すると流動性が低いため，軸受トルクの変動や回転精度に悪影響を与える場合がある．軸受のシールを外すと，グリースは図 11.12(a) のように封入されている．プラスチック保持器の上側に載せられていることが多く，この状態で基油がしみ出して転動体と軌道面を潤滑することが期待されている．

　しかし，軸受をある程度高速で回転させると，保持器の上側に載せられていたグリースに遠心力が作用して脱落し，最終的には図 11.12(b) のようになる．保持器上にあったグリースは軸受の回転によるかく拌や遠心力によって，初期封入位置から移動し，外輪軌道面側の空間に移動する．その際，グリースは転動体に接触したり，軌道面に付着したりするので，グリースの位置が安定するまでの間は転がり抵抗や粘性抵抗が変化して，トルク変動を引き起こす．

　図 11.13 に小径玉軸受のトルク変化の例を示す[8]．油潤滑は回転初期からトルクが安定しているが，グリース潤滑は回転初期にトルクが大きく変動している．また，安定した後も時々トルクが変動していることがわかる．グリース潤滑における転がり軸受のトルクについては，経験的に以下のことが知られている．

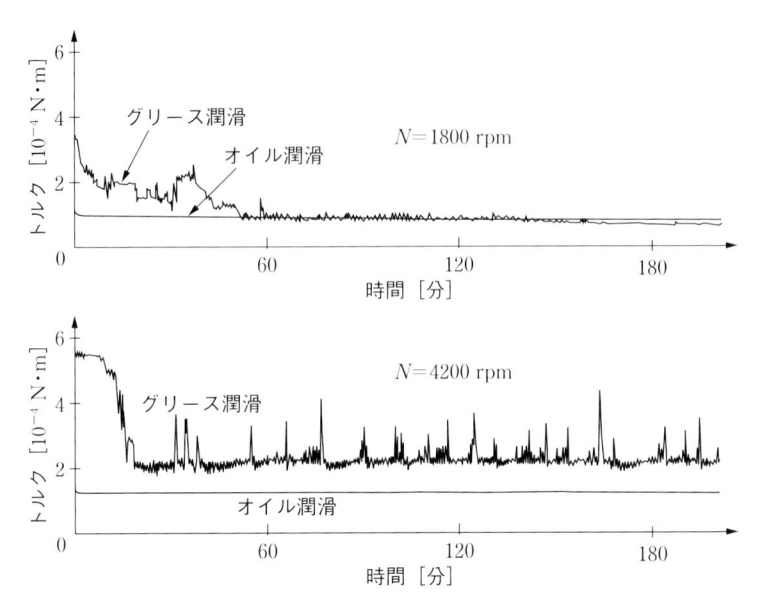

図 11.13　玉軸受のトルク変動の例（B6-95）[8]

- 回転速度が高くなるほど，トルク変動は激しく，トルクが安定するまでの時間も長くなる．
- ある回転速度においてトルクが安定しても，回転速度を上げると，再度トルクは変動する．

　グリース潤滑ではこのようなトルク特性があるので，工作機械主軸などの高速回転用途においては，試運転時にいっきに高速で回転させるのではなく，低速から時間をかけて徐々に最高回転速度まで上げていく「ならし」を必ず行っている．

　トルク変動は基本的に安定値からの上昇であり，軸受からの発熱を増大させる．一般的な目安としてのグリース封入量は，軸受内部の空間容積[※6]に対して，

- 許容回転速度の 50 % 以下で使用する場合：1/2〜2/3

※6　外輪と内輪の間にできる空間から転動体と保持器の体積をひいた容積．

- 許容回転速度の 50 % 以上で使用する場合：1/3～1/2

を充填する[4]．トルクや発熱の低減が必要な用途では，1/3 より封入量を少なくする．また，極低速回転で使う場合や防塵・防水を目的にした場合には，空間容積すべてにグリースを封入する場合もある．

(2) 回転振れ（回転精度）

　転がり軸受の**回転振れ**には，軸受各部の加工誤差（寸法誤差や形状誤差）が影響することはいうまでもないが，要求されるレベルが 0.01 μm になると潤滑が影響してくる．回転トルクと同様に，軸受内部に潤滑変動が起こると，その瞬間に回転振れが大きくなることが明らかにされている．

　転がり軸受の回転振れは，軸回転に同期した振れ（**回転同期振れ**）と同期していない振れ（**回転非同期振れ**）に大別される．それぞれの原因については明らかにされているが，玉軸受がハードディスクドライブのスピンドルモータに使用されていた時代では，特定周波数で現れる回転非同期振れをナノメータレベルで低減することが要求されていた．基本的には軸受各部の加工誤差を小さくすること，特定の転動体数となるように設計することなどで対策したが，予想したよりも回転振れ低減効果が低い場合があった．

　図 11.14 に軸受の回転非同期振れの 1 つである転動体公転周期振れと軸受

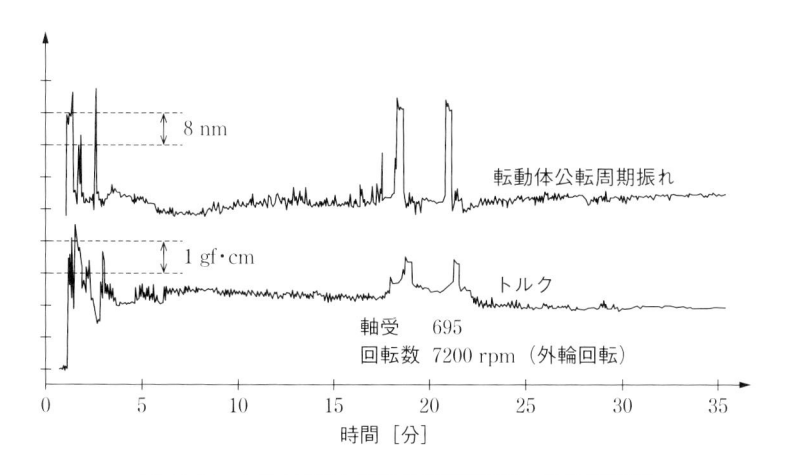

図 11.14　トルク変動と転動体公転周期振れ変動の関係[9]

トルクを同時に測定した例（グリース潤滑）を示す[9]．トルク変動と転動体公転周期振れが増大連動していることがわかる．トルクが変動している回転初期は転動体公転周期振れも変動している．トルクが安定してくると転動体公転周期振れも一定になるが，途中でトルクが変化した瞬間に転動体公転周期振れも増大していることが見てとれる．回転トルクで述べたように，トルク変動はグリース挙動に起因しているが，グリースが転動体や軌道面に付着した際，グリース膜厚が局部的に変化し，内部の力のつり合いを変化させたことが原因と考えられる．

超精密工作機械においては，加工精度を向上させるために軸受単体の回転精度向上が要求される．高回転精度の実現においては，加工誤差だけではなく，潤滑にも配慮する必要がある．

11.3 すべり軸受

11.3.1 すべり軸受の種類と特徴

すべり軸受（sliding bearing）は，転がり軸受では必須であった転動体がなく，相対運動する2面の摩擦は，**すべり摩擦**となる．最も単純な回転用すべり軸受は，**すきまばめの穴と軸**である．潤滑剤の有無，軸受材料，すきまなどで性能は大きく異なるが，すべりによる摩擦・摩耗の低減が重要である．

軸受の機能，使用条件，価格と需要量との関係を**図 11.15**に示す[10]．すべり軸受は，機能や使用条件に対して，2つに大別できる．使用条件がゆるく，高機能を要求されない用途には，**樹脂軸受**や**含油軸受**が使われている．これらは無潤滑や境界・混合潤滑状態で使われるため，固体／固体の接触が生じている．それに対して，使用条件が厳しく，高性能を要求される用途には，**流体軸受**が使われている．これは流体潤滑領域で使われるため，非接触となり，固体／固体の接触はなくなるので摩耗はほとんど考慮しなくてよい．

すべり軸受の種類は，潤滑状態によって**表 11.5**[2]のように分類され，それぞれの種類に応じた軸受材料を選ぶ必要がある．

(1) 自己潤滑軸受

自己潤滑軸受（self-lubricated ball bearing）は固体潤滑状態で使われ，自己潤滑性のある物質（固体潤滑剤）や軸受母材の表面に皮膜を形成して用いる．固体潤滑剤としては，二硫化モリブデン（MoS_2）やグラファイトが

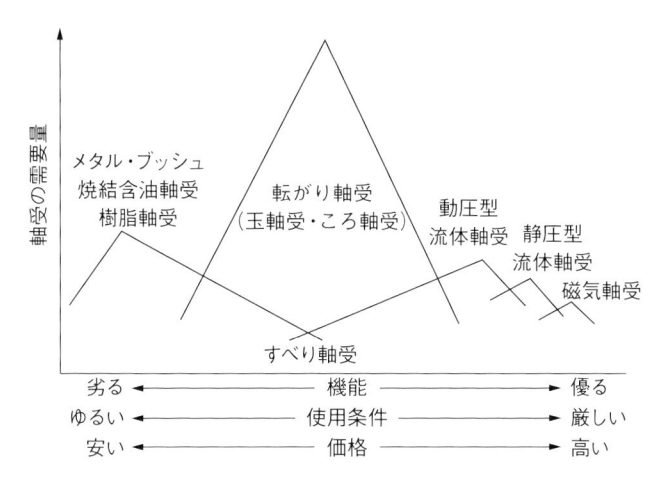

図11.15 軸受特性と使用量の関係[10]

表11.5 すべり軸受の分類[2]

潤滑状態	軸受の種類	軸受材料	用途
固体潤滑 （無潤滑・ 微量の潤 滑油）	自己潤滑軸受	低摩擦材を用いた軸受 樹脂：四フッ化エチレン（PTFE），ポリアミド（PA），フェノール（PF）など． 軟質金属：鉛，スズ，亜鉛，金，銀	AV機器，OA機器，家電品，自動車部品，水中ポンプ
		固体潤滑剤を付加した軸受 固体潤滑剤：黒鉛，二硫化モリブデン（MoS_2）	モータブラシ，ケミカルポンプ，橋梁支承，ダムゲート
境界潤滑	含油軸受	含油焼結金属，含油黒鉛	自動車，家電品，AV機器，OA機器，工作機械
混合潤滑	潤滑油使用軸受 （動圧型油潤滑軸受）	樹脂，鋳鉄，リン青銅，鉛青銅，黒鉛	射出成形機，自動車，印刷機械
流体潤滑	潤滑剤使用軸受：動圧型，静圧型 （油潤滑，水潤滑，気体潤滑）	油動圧軸受：鋳鉄，リン青銅，鉛青銅，ケルメット，ホワイトメタル，アルミニウム合金など． その他の軸受：合金鋼（水潤滑の場合は錆びないもの），セラミックス，アルミニウム合金（表面硬化処理が必要）	発電機，タービン，送風機，工作機械，情報機器，AV機器，自動車

用いられる．これらの物質は層状構造であり，特定の方向に内部すべりを生じやすい性質をもっている．また，四フッ化エチレン樹脂（PTFE），ナイロン，ポリイミドなどの樹脂材料も広く使用されている．

(2) 含油軸受（自己給油型軸受）

焼結多孔質材などを用いて軸受中に潤滑油を含浸させ，含浸させた潤滑油が運転中に軸受すきま内にしみ出すことにより，2面間の潤滑を行う軸受である．**焼結含油軸受**（JIS B 1581）には，主として銅系と鉄系の材質があり，銅系の材質は軽荷重の中高速のすべり速度用に，鉄系の材質は低すべり速度で高荷重用に適している．また，フェノール樹脂やポリアセタール樹脂に潤滑油を含浸させた軸受もある．潤滑状態としては，境界潤滑となることが多い．

(3) 潤滑油使用軸受

潤滑油使用軸受には，混合潤滑状態で用いられる場合と，流体潤滑状態で用いられる場合とがある．混合潤滑状態では，なじみ性[※7]，耐摩耗性，耐焼付き性が重要になる．流体潤滑状態では，耐疲労性，耐焼付き性，耐食性が重要になる．この種のすべり軸受は，図11.16[2]に示すように裏金上にライニング合金を接合した2層軸受材や，ライニング合金の上にさらにオーバレイめっきを施した3層軸受材を用いるのが一般的である．裏金付きとしたことで疲労強度，負荷荷重が高くなるとともに，ライニング合金の必要量が減るため，より経済的となる利点がある．潤滑油の代わりに，水や気体を用いた軸受もこれに分類される．

11.3.2 すべり軸受の摩擦

すべり軸受の摩擦については，各潤滑状態によって大きさや原因が異なる．固体／固体接触があるすべり軸受では，摩擦の原因は凝着である（➡第6章）．非接触状態になると，摩擦の原因は，2面を隔てている流体のせん断抵抗となるので，理論的に計算できる（➡第5章）．

すべり軸受における摩擦の計算式として，ペトロフの式が知られている．

※7　表面の凸部が削られて，平滑になる現象．

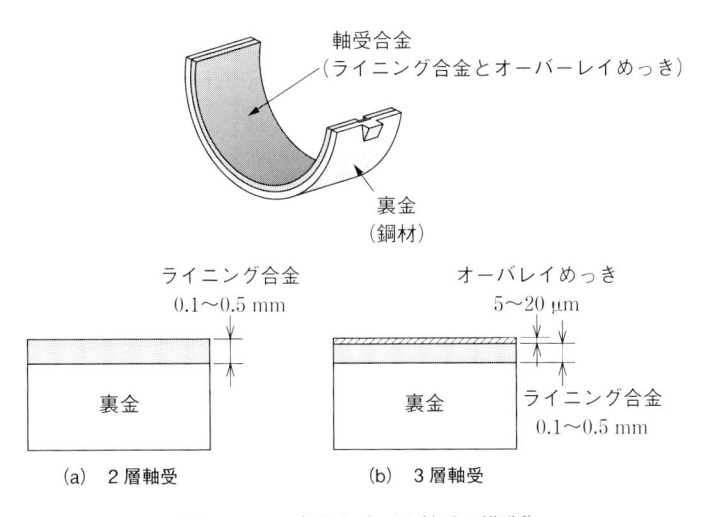

図 11.16 　一般的なすべり軸受の構造[2]

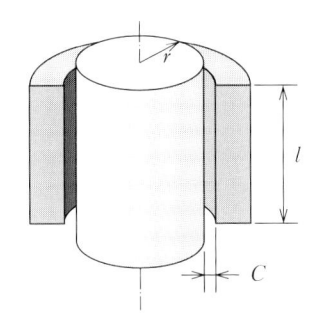

図 11.17 　すべり軸受の寸法諸元

すべり軸受の寸法を**図 11.17** のようにとると，すきまに存在する流体のせん断力 τ は，次式で表される．

$$\tau = \eta \frac{U}{C} = \frac{\eta}{C} \frac{2\pi rN}{60} \tag{11.8}$$

ここで，η は流体の粘性係数（流体はニュートン流体と仮定），U は流体の速度，N は軸の回転速度である．式(11.8)より，軸受トルク T は次式で表される．

$$T = (\tau \cdot 2\pi rl) \cdot r = \left(\frac{\eta}{C} \frac{2\pi rN}{60} \cdot 2\pi rl\right) \cdot r = \frac{4\pi^2 r^3 l}{C} \frac{\eta N}{60} \tag{11.9}$$

また，軸受荷重を P，単位長さ当たりの荷重を p，軸受の摩擦係数を μ とすると，軸受トルク T は次式のように表すことができる．

$$T = \mu P r = \mu(2rlp)r = 2r^2\mu lp \quad (\because p = P/(2rl)) \tag{11.10}$$

式(11.9)と式(11.10)は等しいので，摩擦係数 μ は次式で求めることができる．

$$\mu = \frac{\pi^2}{30}\frac{\eta N}{p}\frac{r}{C} \tag{11.11}$$

このようにして，軸受の設計寸法，使用する流体，運転条件が決まると，すべり軸受の摩擦係数は計算できる．さらに，摩擦係数に軸周速度と荷重をかければ消費動力（発熱量）も計算できる．

例題 11.2

軸直径 40 mm，軸受幅 40 mm，すきま／軸半径比 (C/r) 1/1000 で設計されたすべり軸受を回転速度 3000 min^{-1}，軸受荷重 5000 N で運転した．このときの摩擦係数と消費動力を求めよ．ただし，潤滑油の粘性係数を 8 mPa·s とする．

〈解答〉
摩擦係数 μ は式(11.11)より求める．単位長さ当たりの荷重 p は，$p = P/2rl = 5000/(40\cdot40) = 3.125$ MPa となる．よって，摩擦係数 μ は

$$\mu = \frac{\pi^2}{30} \times \frac{8\times10^{-3}\times3000}{3.125\times10^6} \times 1000 = 2.53^{-3} \quad \cdots (\text{答})$$

消費動力 A は，摩擦係数に軸周速度と荷重をかければよいので，

$$A = \mu P v = \mu P \cdot r\omega = 2.53^{-3} \times 5000 \times \frac{0.04}{2} \times \frac{2\pi\times3000}{60}$$
$$= 79.48 \fallingdotseq 79.5 \text{ W} \cdots (\text{答})$$

となる．

11.3.3 すべり軸受の適用例

機械に軸受を使用する際には，性能，価格，入手性などさまざまな要因を総合して形式や種類を決定する．これまでの軸受選定においては，取り扱い性やメンテナンス性を考慮して，一般的にすべり軸受から転がり軸受へ置き換える方向で進んでいた．しかし，軸受としての性能はすべり軸受が優れており，要求機能がより厳しくなると，転がり軸受からすべり軸受（流体軸

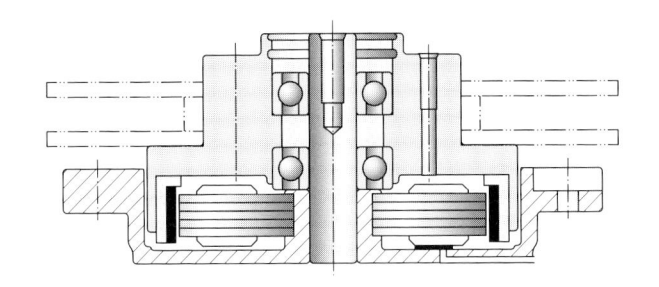

図 11.18　玉軸受が使われているスピンドルモータの構造（外輪回転型）[11]

受）への置き換えが行われるようになった．

　その代表的な例が，ハードディスクドライブのスピンドルモータである．ハードディスクドライブの記録密度は年々向上しているが，ディスクの面積は決まっており，記録密度を向上させるにはデータを記録する間隔を狭くする必要がある．ディスクは平面なので，記録密度を向上させる方法としては，円周方向の記録密度（線記録密度）と半径方向の記録密度（トラックピッチ）を向上させる2通りの方法がある．実際には，線記録密度に対してトラックピッチの幅がかなり大きく，トラックピッチを狭くする対策がとられてきた．トラックピッチを狭くすると，記録・再生における磁気ヘッドの位置決め精度や追従性も向上させる必要があり，スピンドルモータからの回転非同期振れ（Non-Repeatable Run-Out，以下 NRRO）を小さくする要求が急速に高まった．

　スピンドルモータにおける軸受は，生産当初から転がり軸受が使用されて，8"や5.25"とディスクサイズが大きい時代には並径玉軸受，ディスクサイズが3.5"や2.5"になると小径玉軸受が使われてきた．玉軸受が使われているスピンドルモータの構造（外輪回転型）を**図11.18**に示す[11]．玉軸受が2つ使われているので，スピンドルモータのNRROを向上させるには，まずは軸受単品のNRROを向上させる必要が不可欠であった．NRROの低減要求が高まった1990年代後半から軸受単品のNRROを向上させる研究が始まり，最適な転動体数や保持器の工夫など軸受の設計に至るまで多くの成果が報告された[12]．しかし，転がり軸受においては，転動体と内外輪の位置関係が1回転ではもとに戻らないという軸受構造，寸法・形状などの幾何学的誤差を完全になくすことはできないこと，潤滑グリースによる局部的な潤滑

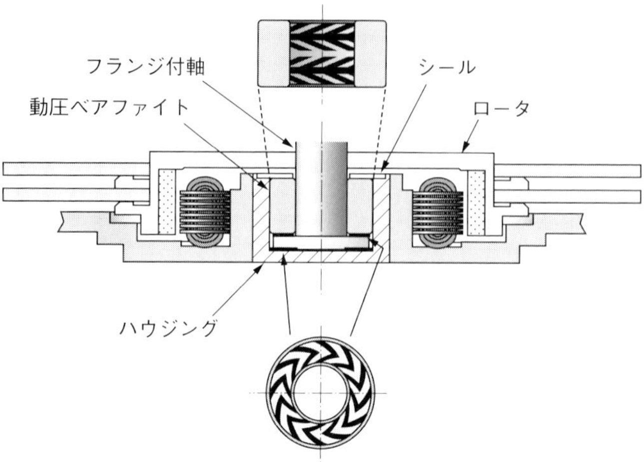

図11.19 動圧流体軸受が使われているスピンドルモータの構造[13]

（ラジアル動圧軸受部、フランジ付軸、動圧ベアファイト、シール、ロータ、ハウジング、スラスト動圧軸受部）

変動などがあり，全体としてのNRROは数十nmが限界であることがわかってきた[8]．

また，耐衝撃性や音・振動の上昇など，転動体と内外輪が接触していることに起因する弊害も問題となり，2002年頃からスピンドルモータの軸受として動圧流体軸受が急速に普及してきた．動圧流体軸受が使われているスピンドルモータの構造を図11.19に示す[13]．転がり軸受と比較して，以下の利点がある．

- 非接触であり，特定周波数の振れが発生しないので回転精度が高い．
- 非接触であり，音・振動の上昇が小さい．
- 接触があっても線接触となるので，接触面圧が小さく，耐衝撃性が高い．

低温での回転トルク上昇，油漏れに対する信頼性などの欠点が懸念されていたが，潤滑油の改良によって克服されており，現在生産されているすべてのスピンドルモータに動圧流体軸受が使用されている．また，動圧流体軸受は自身が回転することによって負荷を支持する圧力を発生させるが，図

11.19 に示すように表面に溝を加工し，発生する圧力を高める工夫が施されている．

11.4　トラクションドライブ

　トラクションドライブは摩擦動力伝達機構の1つである．摩擦による力の伝達においては，接触する2面間の摩擦力が伝達能力となる．2面の押付け力をP，摩擦係数をμとすれば，摩擦力Fは，

$$F = \mu P \qquad (11.12)$$

となるので，摩擦係数が大きいほど，摩擦力は大きくなる．ストライベック曲線では，固体接触（無潤滑）や境界潤滑状態において摩擦係数は大きくなるが，すべりが発生した場合には，摩耗が生じて表面を損傷させてしまう．機械としてみれば短寿命となるので，表面を損傷させないで，かつ高い摩擦係数を得られるような工夫が必要である．この性能向上にトライボロジーが大きな役割を果たしている．

　トラクションドライブによる力伝達の原理を図 11.20 に示す[14]．2つの回転体が直接接触するのではなく，間に介在する弾性流体油膜のせん断力によって力が伝達される．形成される油膜厚さは，**ハムロック-ダウソン (Hamrock-Dowson) の理論**で計算できる．一例として，接触圧力 2.2 GPa，すべり速度 24.2 m/s，供給油温 120 ℃で，油膜厚さは約 0.4 μm となる．流体は高面圧条件下においては，急激に粘度が上昇し，固化（結晶化）して動力を伝達する．トラクションドライブにおいては，流体の摩擦係数を**トラクション係数**と呼ぶ．2円筒試験機を用いて，5 %のすべりを与えた際の各種潤滑油のトラクション係数を図 11.21 に示す[14]．

　図 11.21 より，トラクション係数は最大でも 0.1 程度であり，それほど大

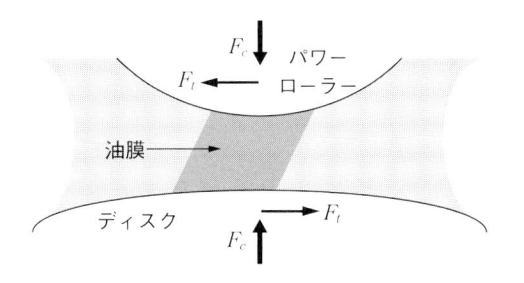

図 11.20　トラクションドライブの力伝達原理[14]

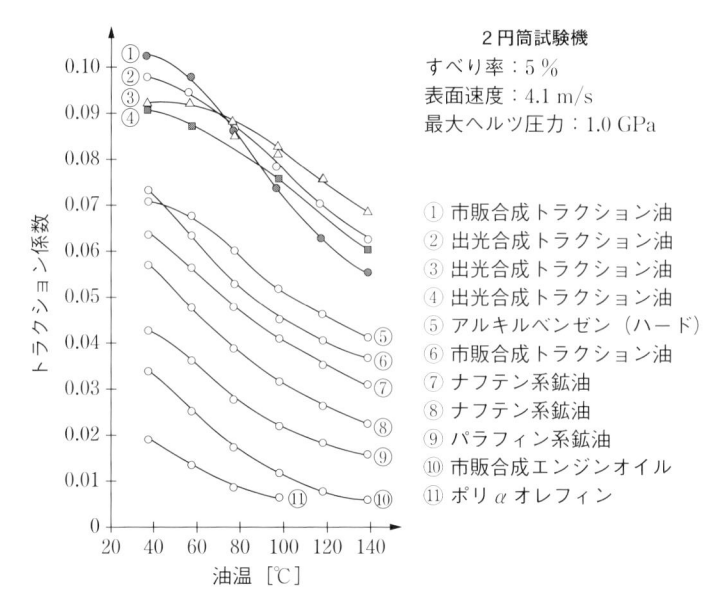

図 11.21　各種潤滑油のトラクション係数[14]

2円筒試験機
すべり率：5％
表面速度：4.1 m/s
最大ヘルツ圧力：1.0 GPa

① 市販合成トラクション油
② 出光合成トラクション油
③ 出光合成トラクション油
④ 出光合成トラクション油
⑤ アルキルベンゼン（ハード）
⑥ 市販合成トラクション油
⑦ ナフテン系鉱油
⑧ ナフテン系鉱油
⑨ パラフィン系鉱油
⑩ 市販合成エンジンオイル
⑪ ポリαオレフィン

(a) ハーフトロイダル式

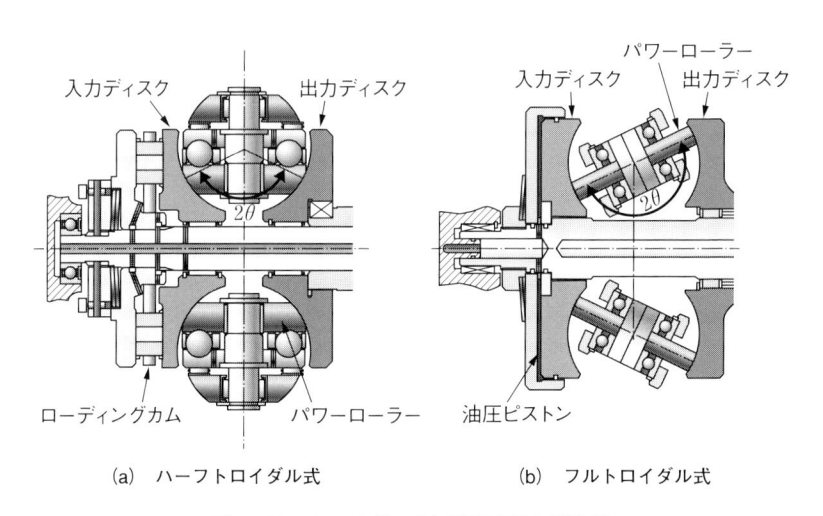

(b) フルトロイダル式

図 11.22　トロイダル式無段変速機の構造[15]

きな値ではないことがわかる．押付け力の1/10程度しか伝達できないため，大きな伝達力を得るには，大きな押付け力が必要である．また，温度が高くなるとトラクション係数は小さくなることや，市販の一般的な潤滑油ではトラクション係数は小さいことが見てとれる．高いトラクション係数を示している潤滑油は，トラクションドライブのために開発された合成潤滑油で，**トラクションオイル**と呼ばれる．

トラクションドライブを利用した機械装置としては，**トロイダル式無段変速機**が実用化されている．**図11.22**[15]に示すように，トロイダル式無段変速機には，2種類の方式がある．回転軸中心からパワーローラーと接触する入力ディスク，出力ディスクの接触位置までの距離を変化させて変速を行うが，パワーローラーの角度によって連続的に距離を変化できるので，変速比も連続的に変えることができる．自動車の変速機に利用すれば，走行状態に応じて最適な変速比を得ることができるので，変速比が決められている多段変速機よりも燃費が向上することが期待された．

フルトロイダル式は入出力ディスクとパワーローラーの接触点を結んだ軸がパワーローラーの傾斜中心を通る構造である．ハーフトロイダル式は，パワーローラーを入出力ディスクの外側から押付ける構造となるため，パワーローラーの傾斜中心において，2θの開き角度をもって入出力ディスクと接触する．1900年代初頭にフルトロイダル式の無段変速機が自動車に搭載されたが，15年ほどで姿を消し，その後1999年にハーフトロイダル式無段変速機が自動車に搭載されるまで，歯車式減速機よりも原理的に優れていることは知られていたが，実用化はされなかった．トロイダル式無段変速機が克服すべき課題は，

- トラクション係数が大きなトラクションオイルの開発
- 機械としての長期間信頼性（寿命）

であった．トラクション係数は摩擦係数であり，この値が小さいと一定の伝達力を得るためには，押付け力が必要となる．接触域には大きな圧力が作用するため，疲労寿命が短くなることが懸念される．トラクション係数が大きくなれば，小さな押付け力で済むので，トラクション係数が大きなオイルの開発が重要であった．現在では0.1を超えるレベルを達成しているが，さら

に大きな値が得られれば,装置の小型化が達成できる.

　機械としての信頼性については,力を伝達するパワーローラとディスクの疲労が最も重要である.材料・熱処理技術の開発,水素脆化対策などを行うことによって自動車に搭載できる信頼性を達成している.もちろん,それらを支える軸受,制御システムを含めた装置全体の信頼性も必要である.

参考文献

1) 日本トライボロジー学会:トライボロジー入門,日本トライボロジー学会(2006).
2) 吉本成香,下田博一,野口昭治,岩附信行,清水茂雄:機械設計,理工学社(2006).
3) NTN 株式会社:転がり軸受カタログ,No. 2202J(2006).
4) 日本精工株式会社:転がり軸受カタログ,No. 1102C(2006).
5) 木村好次:トライボロジー四方山ばなし,機械の研究,62,6(2010)617-620.
6) 岡本純三,中山景次,佐藤昌夫:トライボロジー入門,幸書房(1990).
7) 日本工業規格　JIS B 1518-2013.
8) 野口昭治,小野京右:磁気ディスクスピンドルモータ用玉軸受の回転非同期振れの低減(第3報,回転非同期振れに及ぼす潤滑の影響),日本機械学会論文集C編,66,642(2002)648-653.
9) 野口昭治,上原勇紀:玉軸受の保持器回転周期振れに及ぼす潤滑変動の影響,トライボロジスト,49,8(2004)668-674.
10) 角田和雄:機械設計,45,9(2001)28.
11) 青木護,中島宏,高見沢徹:ハードディスクドライブ(HDD)スピンドルモータ用転がり軸受,NSK Technical Journal,No. 666(1998)13-20.
12) 野口昭治,小野京右:磁気ディスクスピンドルモータ用玉軸受の回転非同期振れの低減,日本機械学会論文集C編(第1報,計算プログラムを用いた回転非同期振れの理論的解析),64,620(1998)1398-1403.
13) 栗村哲弥:動圧ベアファイトの紹介,NTN TECHNICAL REVIEW,No. 69(2001)8-12.
14) 町田尚,村上保夫:トラクションドライブ式無段変速機パワートロスユニットの開発　第1報,NSK Technical Journal,No. 669(2000)9-20.
15) 今西尚,町田尚:トラクションドライブ式無段変速機パワートロスユニットの開発　第2報,NSK Technical Journal,No. 670(2000)2-10.

第12章
ナノトライボロジー

本章では，ナノメートルオーダでの，目に見えない微小の世界での摩擦について紹介する．前章までに学んだことをナノレベルの視点から横断的に見直すことにより，ナノトライボロジーの面白さと重要性を述べるとともに，トライボロジー研究の今後について展望する．

第12章のポイント
- ミクロな領域で起こるトライボロジー現象について理解を深めよう．
- マクロな摩擦とミクロな摩擦との違いを認識するとともに，それらの関連について考えてよう．

◎ 12.1 すべり摩擦のおさらい

摩擦は，我々の身の回りで起こる最も身近な物理現象の1つである．例えば，図12.1のように，おもりを床に置いて引っ張る場合を考えよう．おもりを引っ張ろうとすると，引っ張る方向と反対方向にこれを妨げようとする力が働く[※1]．これが，摩擦力である．

固体間のすべり摩擦には，アモントン-クーロンの法則と呼ばれる経験則が，広い範囲で成り立つ．アモントン-クーロンの法則は，次の4つで構成される．

① 摩擦力は垂直荷重に比例する．
② 摩擦力は見かけの接触面積に関係しない．
③ 動摩擦力はすべり速度に関係しない．
④ 静摩擦力は動摩擦力より大きい．

図12.2のように床に置いたおもりを引っ張るときに働く摩擦力について

※1 もう少し物理的な表現をすると，物体に外力を加え，相対運動を起こそうとすると，外力による運動を妨げようとする力が働く．

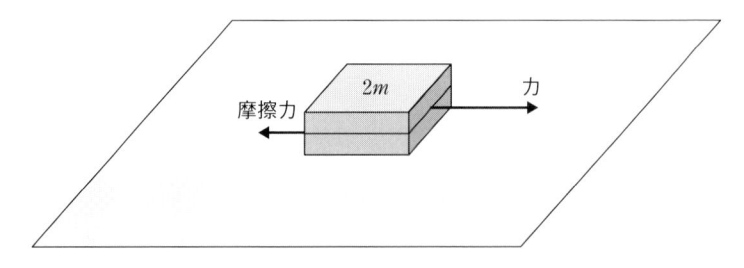

図 12.1　床の上のおもりに働く摩擦力

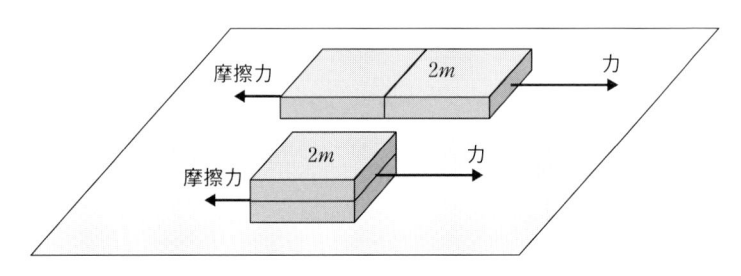

図 12.2　おもりの位置の違いによる摩擦力

考えると，①より摩擦力 F は荷重 $W=2mg$ に比例することから，比例係数（摩擦係数）を μ とすると，$F=\mu W$ という式が得られる．ここで，②より摩擦力は見かけの接触面積に関係しないから，図 12.2 のどちらの場合も，摩擦力は同じとなる[※2]．

　クーロンは，摩擦は接触面の凹凸のかみ合いによって生じ，その大きさは荷重をその凹凸の山の高さまで持ち上げるための仕事によって決まると考えた（「摩擦の凹凸説」）．しかし，「摩擦の凹凸説」では，表面の粗さによる摩擦の変化を説明できないという問題がある．その後，ハーディにより表面に吸着した分子膜の影響で摩擦が変わることが示され[1]，ホルムによって接触抵抗の議論から真実接触面積の概念が提唱された[2]．これらの結果から，バウデンとテイバーが，摩擦は真実接触部に生じる凝着結合をせん断するのに必要な力であるという「摩擦の凝着説」を提案した[3]．現在，「摩擦の凝着説」が，マクロな摩擦の発生機構として広く認められている．

[※2]　一見すると，接触面積の大きい方が，摩擦力が大きくなるような気もする．では，なぜこのような結果になるだろうか．

では，なぜ「摩擦の凝着説」でアモントン-クーロンの法則が説明できるのか考えよう．通常の固体表面では，小さなスケールで見れば凹凸が存在している．そこで2つの固体を押し付けあうと，**図12.3**に示すように，表面の凹凸のために，固体表面全体が接することができず，接触している部分と接触していない部分が生じる．真に接触している部分を真実接触点，真実接触点の総和を真実接触面積という．

　接触固体間で相対運動を起こさせるためには，真実接触部の凝着結合部をせん断しなければならない．真実接触点では，分子間あるいは原子間相互作用により凝着が生じている．凝着結合部をせん断するのに必要な単位面積当たりのせん断強さを s，真実接触面積を A とすると，摩擦力 F は，

$$F = As \tag{12.1}$$

となる．例えば，真実接触部が塑性接触の場合には，荷重をいくら大きくしても接触圧力は降伏応力 Y の m 倍より大きくならず[※3]，接触面積が大きくなるだけとなる．したがって，この場合には真実接触面積は荷重 W に比例することになる．完全に塑性変形が起こるときの接触圧力（降伏圧力 P_m）は，材料のビッカース硬さ HV とほぼ等しい[※4]．したがって，**図12.4**に示

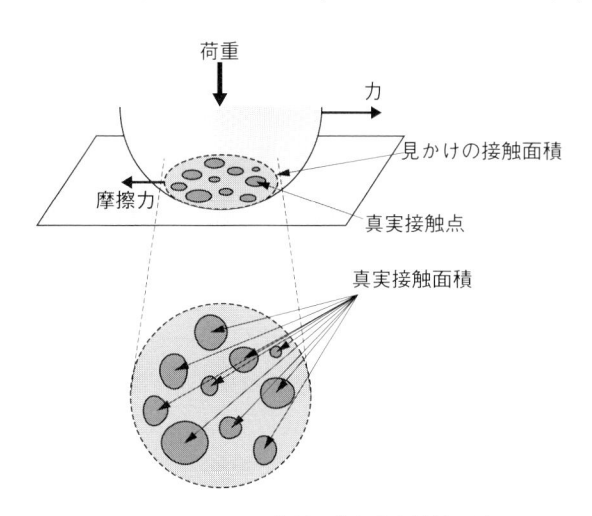

図12.3　見かけの接触面積と真実接触面積

[※3] m は材料により決まる．多くの場合3程度となる．
[※4] ビッカース硬さを測定するとき，正四角すい先端の微小な1点で全荷重を支えるため，その付近は降伏圧力に達していると考えられる．

12.1 すべり摩擦のおさらい……219

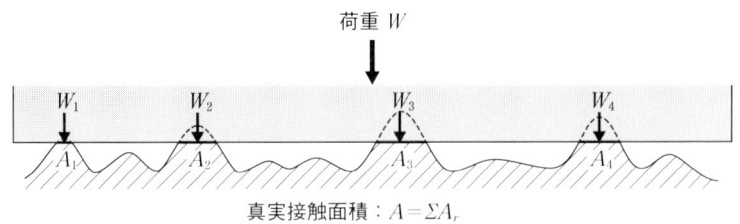

図 12.4　真実接触面積と荷重の関係

すように各接触点にかかる荷重を W_i，各接触点の面積を A_i とすると，真実接触面積および荷重は

$$A = \sum A_i \tag{12.2}$$
$$W = \sum W_i \tag{12.3}$$

となる．塑性接触の場合では，各接触部の単位面積当たりの接触圧力が降伏圧力 P_m より大きくならないので，各接触点にかかる荷重と接触面積には，以下の関係がある．

$$W_i = P_m A_i \tag{12.4}$$

したがって，荷重は

$$W = \sum W_i = P_m \sum A_i = P_m A \tag{12.5}$$

となり，真実接触面積は，

$$A = \frac{W}{P_m} \fallingdotseq \frac{W}{\mathrm{HV}} \tag{12.6}$$

となる．式(12.6)を式(12.1)に代入すると，摩擦力は荷重に比例し，見かけの接触面積に関係しないことがわかる．

$$F = \frac{s}{\mathrm{HV}} W = \mu W \tag{12.7}$$

12.2　ナノトライボロジー

「摩擦の凝着説」はマクロな摩擦現象をうまく説明できるが，1つの疑問が生じる．それは，「真実接触点の中での摩擦はどうなっているのか」ということである．マクロな摩擦現象は，各真実接触点で起こる摩擦現象の総和として観測されることになる．しかし，真実接触点1つを取り出して摩擦を

見ると，はたして，アモントン–クーロンの法則は成り立つのであろうか．

　これらの疑問に答えるためには，小さなスケールでの凹凸1つ1つにアクセスすることができる測定手法が必要であることは容易に想像できるだろう．凹凸1つ1つとは，どの程度のスケールであるだろうか．究極的には，原子1つということになるだろう．原子1つにアクセスする測定というのが，どれほど困難なことかは想像に難くない．この測定の困難さが，摩擦の本質について未解明な部分が多い一因となっている．

　したがって，**ナノトライボロジー**のアプローチというのは，真実接触点1つを模擬しうる「単一接触でのふるまい」の統計的結合により，「マクロな規模のふるまい」を理解できるという考えに基づき，可能な限り単一接触に近い状態を実現し，単一接触における摩擦特性を実験的に解析し，理解することである．このようなアプローチは，表面制御技術の進展と測定技術の進歩により実現されており，近年における摩擦研究は新たな展開を迎えている．

　測定技術の進歩では，走査型プローブ顕微鏡（SPM）の登場が大きい[4]．SPMのバリエーションの1つである原子間力顕微鏡（AFM）は，鋭くとがったプローブを試料表面に近づけ，プローブと試料表面との間に働く力（分子間力など）を検出することにより，表面の構造や物性を評価する装置である（図12.5）．特に，プローブと表面との間の摩擦力を検出するものを**摩擦力顕微鏡**（Friciton Fone Microscope：FFM）と呼ぶ．摩擦力は，プローブを取り付けてあるカンチレバー（片持ちはり）のねじれを計測することにより求められる．また，摩擦力測定時の荷重は，カンチレバーのたわみ量を測

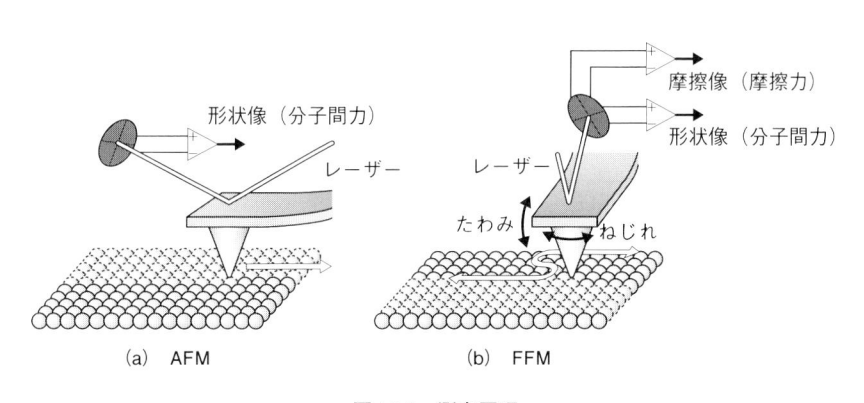

図 12.5　測定原理

定することにより求められる．レバーのねじれ量やたわみ量は，レバー背面にレーザー光を当て，反射してくる光を四分割のフォトダイオードで検出する．

プローブ先端の曲率半径は，市販されているものでも 10 nm のオーダであるため，FFM におけるプローブと試料表面との接触は，まさにミクロな摩擦特性を解析するために必要とされる単一接触とみることができる．

12.3 単一接触の摩擦特性

ここでは，ナノトライボロジーにおける面白い現象についてピックアップし，簡潔に説明する．詳細を知りたい読者は，ナノトライボロジーに関する論文[5]や書籍[6]を参照してほしい．

12.3.1 摩擦力は荷重に比例するか

FFM を用いた単一接触の実験では，マクロな摩擦力と同様に，摩擦力 F は，垂直荷重 W に比例するのだろうか．実際には比例関係にならないことが多い．単一接触での摩擦力 F と荷重 W の関係は，一般には，次式で表される．

$$F \propto W^n \quad (n<1) \tag{12.8}$$

ここでは，なぜ摩擦力は荷重に比例しないのか考えよう．マクロな系では，接触部は塑性変形していると考えたことを思い出してほしい．それでは，単一接触の領域では，接触部はどうなっているのかだろう．FFM を用いた実験では，荷重は非常に小さく，nN のオーダであるため，接触部は弾性変形により形成するとみることができる．ヘルツの弾性接触理論[7, 8]によると，2つの弾性体（半径はそれぞれ R_1 と R_2）でできている球が，荷重 W で接触したときの接触円の半径 a は，次式で表され，$W^{1/3}$ に比例する．

$$a^3 = \left(\frac{R}{K}\right)W \tag{12.9}$$

ここで，$R=R_1R_2/(R_1+R_2)$ で，K は2つの弾性体の弾性率とポアソン比より決まる複合弾性率である．球と平面との接触では，$R_2=\infty$，$R_1=R$ となる．ヘルツの理論では，2物体間で凝着や摩擦が無視できる状況を仮定している．しかしながら，ほとんどの材料は凝着の存在を免れない．その場合には，ジョンソン（K. L. Johnson），ケンドール（K. Kendall），ロバーツ（A. D. Roberts）らにより提案された，接触面間に働く凝着力（付着力）を考慮に

入れた，より厳密な理論（**JKR 理論**[9]）を用いることになる．JKR 理論では，接触領域は次式で与えられる半径をもつ．

$$a^3 = \frac{R}{K}\left(W + 3\pi\omega R + \sqrt{6\pi\omega RW + (3\pi\omega R)^2}\right) \tag{12.10}$$

ここで，ω は凝着エネルギーである．凝着により荷重 W がゼロであっても有限な接触面積が生じることになる．その結果，荷重がゼロの場合でも，摩擦力が有限な値をもつことになる．さらに，デルヤーキン（B. V. Derjaguin），ミュラー（V. M. Muller），トポロフ（Y. P. Toporov）らは，両面間に働く分子間相互作用を考慮に入れた理論（**DMT 理論**[10]）を提案している．DMT 理論での接触領域は次式で与えられる半径をもつ．

$$a^3 = \frac{R}{K}(F + 2\pi\omega R) \tag{12.11}$$

DMT 理論式は，JKR 理論式と比べると単純な形になっており，凝着力が比較的小さい場合に適用される．固体間の付着や分子間・表面間の相互作用については，参考文献[11]が詳しいので，そちらを参照してほしい．これらすべてのモデルにおける荷重と接触面積を比較してみよう．**図 12.6** は，各モデルにおける接触面積と荷重の関係を示したものである．図の横軸は荷重 W に対応し，JKR 理論および DMT 理論では，$W/\pi\omega R$ を用いている．縦軸は接触面積 A に対応し，ヘルツの理論では，

$$\frac{A}{\pi(R/K)^{2/3}}$$

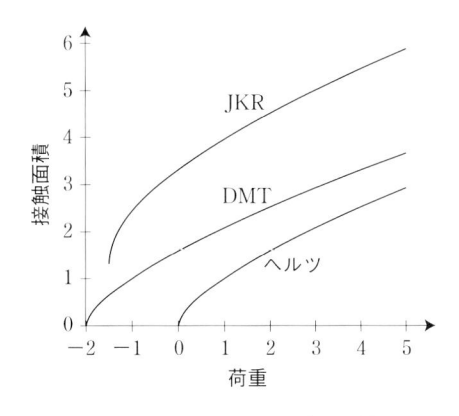

図 12.6 接触面積と荷重の関係

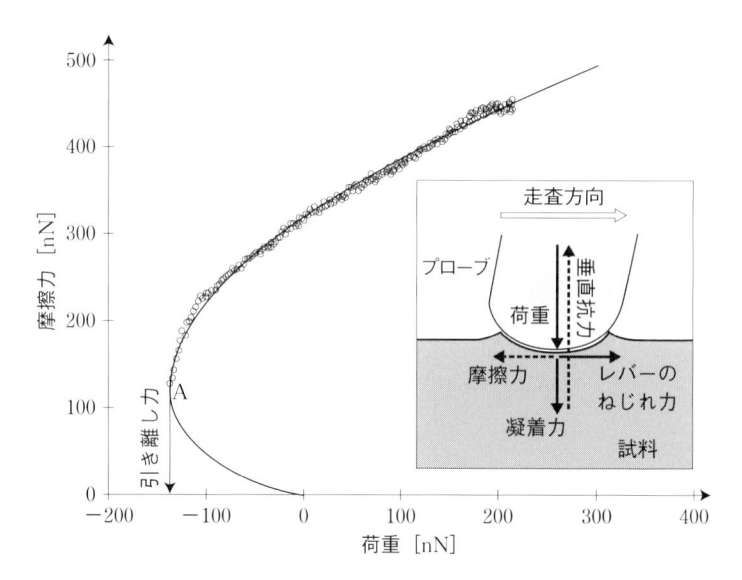

図 12.7　超高真空中で観察された雲母と白金の間の摩擦特性[12]
(図中の実線は，JKR 理論より導かれる荷重と接触面積の関係)

JKR 理論および DMT 理論では

$$\frac{A}{\pi(\pi\omega R^2/K)^{2/3}}$$

の値を示している．

　摩擦力は，接触面積に比例するとすると，接触部が弾性接触している場合には，摩擦力は荷重に比例することはない．2面間に凝着力が働く場合には，荷重がゼロでも有限の摩擦力が観察されることになる．FFMを用いた実験の結果を見てみると，JKR理論やDMT理論にしたがう結果が観察されている．図 12.7 は，FFMを用いた摩擦試験の結果の一例である[12]．この場合には，JKR理論にしたがう結果が得られており，荷重ゼロで有限な摩擦力が観察されている[12]．

例題 12.1

　スネッドン（Sneddon）は，図に示すように，任意形状 $[z=f(r)]$ のプローブ先端が試料に δ だけ押し込まれたときの（破線），中心軸からの距離 r の関数として応力と法線方向の試料の変位 $u_z(r)$ がどのようになるのかを求め

た．その際，応力については接触界面における摩擦はないものとして，法線方向の応力のみを扱った．その結果，中心軸上の変形量 δ と全負荷 W は，次式で表されることを示した．

$$\delta = \int_0^1 \frac{f'(x)}{\sqrt{1-x^2}} dx, \quad W = \frac{3aK}{2} \int_0^1 \frac{x^2 f'(x)}{\sqrt{1-x^2}} dx$$

ここで，K は 2 つの弾性体の弾性率とポアソン比より決まる複合弾性率である．a は接触線の半径で $x = r/a$ と変数変換している．

では，図のように，半径 R の球型プローブ（点線）を考え，$R \gg a$ と近似すると，上の 2 式より，次のヘルツの接触解が得られることを示せ．

$$\delta = \frac{a^2}{R}, \quad W = \frac{a^3 K}{R}$$

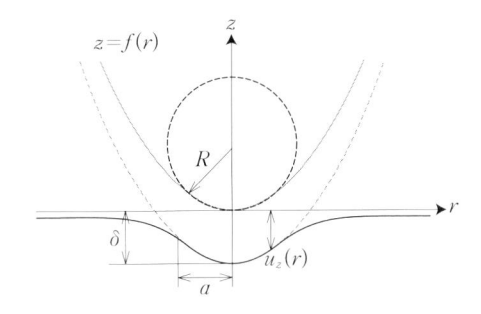

図 接触状態のモデルと変数

〈解答〉

プローブの形状関数 $f(x)$ は，$R \gg a$ であるので，次式で表される．

$$f(x) = \frac{a^2}{2R} x^2$$

したがって，

$$f'(x) = \frac{a^2}{R} x$$

$$\delta = \int_0^1 \frac{f'(x)}{\sqrt{1-x^2}} dx = \frac{a^2}{R} \int_0^1 \frac{x}{\sqrt{1-x^2}} dx$$

$$W = \frac{3aK}{2} \int_0^1 \frac{x^2 f'(x)}{\sqrt{1-x^2}} dx = \frac{3a^3 K}{2R} \int_0^1 \frac{x^3}{\sqrt{1-x^2}} dx$$

ここで，$x = \sin t \ \left(0 \leq t \leq \frac{\pi}{2} \right)$ とすると，$dx = \cos t \, dt$ より，

$$\delta = \frac{a^2}{R}\int_0^{\frac{\pi}{2}} \frac{\sin t}{\sqrt{1-\sin^2 t}} \cos t \, dt = \frac{a^2}{R}\int_0^{\frac{\pi}{2}} \sin t \, dt = \frac{a^2}{R} \quad \cdots \text{(答)}$$

$$W = \frac{3a^3 K}{2R}\int_0^{\frac{\pi}{2}} \frac{\sin^3 t}{\sqrt{1-\sin^2 t}} \cos t \, dt = \frac{3a^3 K}{2R}\int_0^{\frac{\pi}{2}} \sin^3 t \, dt$$

$$= \frac{3a^3 K}{2R}\left[-\cos t + \frac{1}{3}\cos^3 t\right]_0^{\frac{\pi}{2}} = \frac{a^3 K}{R} \quad \cdots \text{(答)}$$

例題 12.2

JKR 理論においては，力がある負の臨界値（W_c）に達すると，表面が分離することがわかる．この引き離し力は次式で表される．

$$W_c = -\frac{3}{2}\pi\omega R$$

この値は，AFM で観察される引き離し力に相当する．この状態では，有限の接触面積が存在している．このときの面積を臨界接触面積（A_c）とする．また，このときに観察される摩擦力（F_c）は臨界接触面積（A_c）に比例する，すなわち式(12.1)にしたがうとすると，A_c および F_c は次式で表される．

$$A_c = \pi\left(\frac{3\pi\omega R^2}{2K}\right)^{\frac{2}{3}}, \quad F_c = sA_c = \pi s\left(\frac{3\pi\omega R^2}{2K}\right)^{\frac{2}{3}}$$

では，$\widetilde{F} = \dfrac{F}{F_c}$，$\widetilde{W} = \dfrac{W}{W_c}$ とすると，JKR 理論にしたがう接触では，摩擦力と荷重の関係は以下に示す簡単な形で表されることを示せ．

$$\widetilde{F} = \left(1 + \sqrt{1+\widetilde{W}}\right)^{\frac{4}{3}}$$

〈解答〉

摩擦力が接触面積に比例すると仮定すると，JKR 理論では，摩擦力は以下の式で表される．

$$F = sA = s\pi a^2 = s\pi\left(\frac{R}{K}\right)^{\frac{2}{3}}\left[W + 3\pi\omega R + \sqrt{6\pi\omega RW + (3\pi\omega R)^2}\right]^{\frac{2}{3}}$$

上式の右辺の大カッコ内をまとめる．

$$W + 3\pi\omega R + \sqrt{6\pi\omega RW + (3\pi\omega R)^2} = \frac{3\pi\omega R}{2}\left(2 + \frac{2W}{3\pi\omega R} + 2\sqrt{1 + \frac{2W}{3\pi\omega R}}\right)$$

$$= \frac{3\pi\omega R}{2}\left(2 + \widetilde{W} + 2\sqrt{1+\widetilde{W}}\right) = \frac{3\pi\omega R}{2}\left(1 + \sqrt{1+\widetilde{W}}\right)^2$$

したがって，

$$F = s\pi \left(\frac{R}{K}\right)^{\frac{2}{3}} \left(\frac{3\pi\omega R}{2}\right)^{\frac{2}{3}} \left(1+\sqrt{1+\widetilde{W}}\right)^{\frac{4}{3}} = sA_c\left(1+\sqrt{1+\widetilde{W}}\right)^{\frac{4}{3}}$$

$$= F_c\left(1+\sqrt{1+\widetilde{W}}\right)^{\frac{4}{3}}$$

$$\therefore \widetilde{F} = \frac{F}{F_c} = \left(1+\sqrt{1+\widetilde{W}}\right)^{\frac{4}{3}} \quad \cdots \text{(答)}$$

12.3.2 摩擦の異方性

　FFMを用いた単一接触の実験で観察される特徴的な現象として,摩擦の異方性があげられる.摩擦の異方性が観察される要因としては,単一接触の場合には,表面の化学組成や結晶あるいは分子の配向性の違いなどである.また,結晶格子をすべらせる場合には,結晶格子間の整合性である.前者の例は,脂質単分子層の摩擦で見られている[13].測定された摩擦力は,分子の配向と摩擦方向の関係,および吸着した分子間の相互作用などを考慮したモデルによる理論計算の結果とよい一致を示している.

　一方,結晶格子をすべらせる場合には,原子的なスケールで乱れのない清浄表面間の摩擦を測定することとなる.平野らによる実験では,2枚の雲母清浄表面間の摩擦を測定した結果,雲母の結晶軸と摩擦方向とのなす角度により,摩擦が増減することが見出された[14].さらに,平野らはタングステンW の (001) 面とシリコン Si の (001) 面の間の摩擦を測定すると,ある角度では,有限の摩擦力が観察されるが,別の角度では,測定精度の範囲内で摩擦力がゼロとなることを示した[15].平野らはこの状態を**超潤滑状態**(superlubricity) と呼んだ.

　さらに,極端な例では,MoS_2 基板上の MoO_3 小片をすべらせる場合には,MoO_3 小片は,MoS_2 基板上のS原子列に沿った方向にのみすべることができる[16].さらに,すべり摩擦力は,MoO_3 小片の面積と比例関係にあることが示されており,ミクロな領域での面／面の接触でも,先に述べた摩擦力は接触面積に比例する(式(12.1))ことを明示している.

　これまで見てきたように,ミクロな領域での摩擦特性は,マクロな領域での摩擦特性とは異なる,非常に興味深い特性を示す.次に,簡単なモデルを使って,ミクロな領域での摩擦特性を理解することにチャレンジしてみよう.

12.3.3　摩擦のモデル

2つの結晶間の原子レベルの摩擦をモデル化するために，単純なばね・マスモデルが使われる．単一接触点の摩擦を考えるため，まずは単純化して図12.8(a)のような1次元モデルを考えよう．上側に位置する単一接触するプローブをサポート物体につながった質点として扱うこととする．下の物体表面との相互作用は，周期ポテンシャルで置き換える．これは**トムリンソン**（Tomlinson）**モデル**[17]と呼ばれるもので，単一接触点のみに注目し，上の物体の他の自由度を重心座標だけをもって表している．ここで，基板の周期ポテンシャルを以下に示すように，振幅 V_0 の単一のフーリエ成分からなる関数とすると，

$$-\frac{2\pi}{a}V_0\cos\left(\frac{2\pi}{a}x_c\right)$$

となり，系の静止状態における力のつり合いは，周期ポテンシャルからの力とばねの力のつり合いから次式で表される．

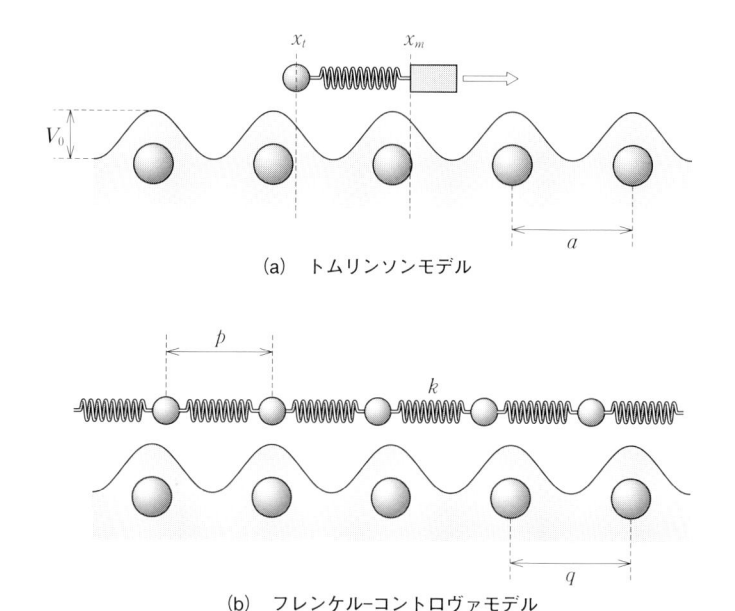

(a)　トムリンソンモデル

(b)　フレンケル-コントロヴァモデル

図12.8　摩擦のモデル

$$\frac{2\pi}{a} V_0 \sin\left(\frac{2\pi}{a} x_c\right) = k(x_c - x_m) \qquad (12.12)$$

ここで，a はポテンシャル面の周期，k はばね定数，x_t および x_m はプローブとサポート物体の位置である．

ばね定数 k と周期ポテンシャルの振幅 V_0 の大小関係と摩擦特性について，式(12.12)を解くことで考えよう．式(12.12)の解は，

$$\lambda \equiv 2\pi V_0/ka \qquad (12.13)$$

という無次元のパラメータにより決定される．**図 12.9** は，λ の大きさと，ばねに働く力の関係を示したものである．上側のプローブが十分ゆっくり準静的に動く場合を考える．図は，摩擦力，プローブの重心の座標をサポート物体の位置との関係を示しているものに加え，プローブの重心座標位置とポテンシャルエネルギーとの関係をまとめたものである．

図 12.9(a)は，ポテンシャルの振幅が小さくばね定数が大きい場合（$\lambda<1$）を示している．プローブの重心の座標をサポート物体の位置との関係を示す図から，上側のプローブは準静的に連続的に移動することがわかる．最大静止摩擦力は $2\pi V_0/a$ である．動摩擦力は，移動とともに時間的に振動するが，その時間平均は，準静的な運動，すなわち速度ゼロの極限ではゼロとなる．

図 12.9(b)に示すように，$\lambda=1$ の場合では，ポテンシャルの頂上付近でプローブの急激な移動が起こり，計測される力も急激に変化するが，プローブの移動は連続的に起こっている．これはスティック・スリップ現象の前兆であるといえる．

$\lambda>1$ の場合は，式(12.12)には複数の解が存在することになる．図 12.9(c)は，その様子を示したものである．プローブの重心座標とサポート物体の位置との関係を示す図を見ていこう．図中の●や○の点では，2つの解が存在し，その間の領域では3つの解が存在する．プローブが左から右に移動する場合を考えよう．左から移動しているプローブは，●の位置までは，線に沿って移動していくが，その移動量はわずかであるので，ほぼその位置に固定化（スティック）されていると考えてよい状態となっている．●の位置では解は2つ存在しているが，この位置よりも少しでも右側にずれると，解は矢印の先の1点のみになる．したがって，●の位置でプローブの位置が飛ぶ（スリップする）こととなる．測定される力とサポート物体の位置との関係を見ると，スティックサイトで蓄えられた力が解放され，スリップが起こる

12.3 単一接触の摩擦特性………229

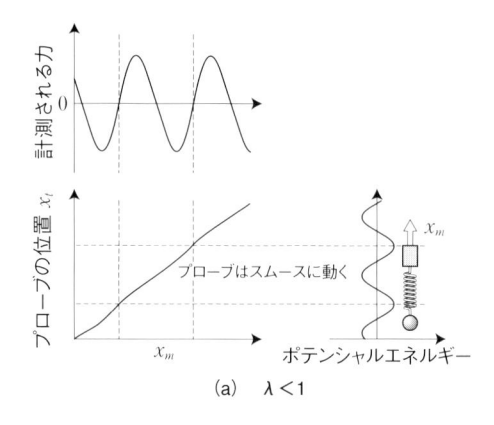

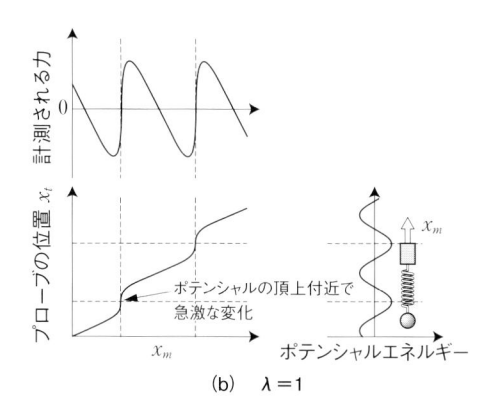

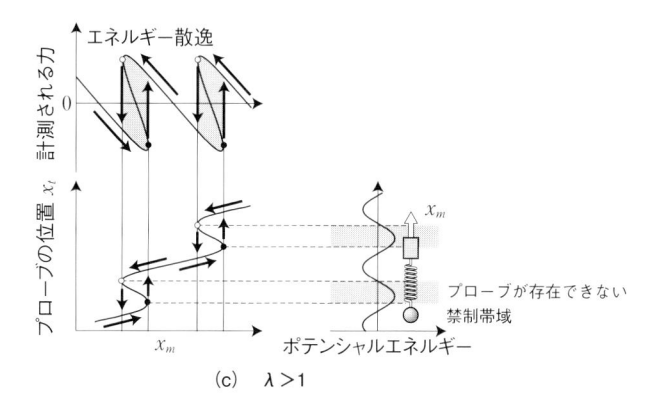

図 12.9　質点（プローブ）の移動により計測される摩擦力

ことがわかる．すなわち，上側のプローブの運動を見てみると，ばねの弾性エネルギーが，ポテンシャル障壁を乗り越えるに十分な大きさになるまで，準安定なサイトにトラップされ，ポテンシャルを乗り越えると，すばやく次の準安定サイトに移動することになる．プローブが右から左に移動する場合も同様に，○の位置でスリップが起こる．図中の灰色の部分は，プローブの移動により測定される力のヒステリシスになり，これが一行程のエネルギー散逸に対応する．また，プローブがスリップすることにより，表面にはプローブが存在しえない禁制帯が存在しているのがわかる．

次に，質点が有限な速度で運動する場合を考えてみる．図12.8(a)のモデルでは，運動方程式は以下のように示される．

$$m\ddot{x}_t = -\gamma \dot{x}_t - \frac{d}{dx_t} V_{\text{tot}}(x_t, x_m)$$

$$V_{\text{tot}}(x_t, x_m) = -\frac{2\pi}{a} V_0 \cos\left(\frac{2\pi}{a} x_t\right) + \frac{1}{2} k(x_m - x_t)^2$$

(12.14)

ここで，m はプローブに相当する質点の有効質量，γ は速度に比例するエネルギー散逸の大きさを表す定数，V_{tot} はプローブが下の物質の全凹凸から受ける周期ポテンシャル

$$-\frac{2\pi}{a} V_0 \cos\left(\frac{2\pi}{a} x_t\right)$$

と，プローブの変形による弾性エネルギー

$$\frac{1}{2} k(x_m - x_t)^2$$

の和である．m，k，γ の値は，各スリップ直後の系の運動を決定する．系が過減衰でない場合や，臨界減衰（$\gamma = \sqrt{2km}$）の場合には，各スリップの後は，振動が減衰することになる．

$\lambda > 1$ で大きなスリップを起こす場合には，スリップとその後の振動の間のエネルギー散逸からの動摩擦への寄与が主要になる．この寄与は速度に依存しないので，平均の動摩擦力は，重心のすべり速度に依らないことになる．

一方，$\lambda < 1$ でスティック・スリップ現象が起こらない場合は，速度がゼロの極限では動摩擦力はゼロである．このとき，動摩擦力は速度について展開可能なので，低速度では速度に比例すると考えられる．

これらの結果と，アモントン-クーロンの法則の動摩擦力のふるまいを比

べてみよう．$\lambda>1$ での結果は，アモントン-クーロンの法則の動摩擦力のふるまいを再現していることがわかる．したがって，アモントン-クーロンの法則が成り立つ現実の物質のそれぞれの接触部では，スティック・スリップ現象を起こす条件（$\lambda>1$）を満たしており，かつスリップ時のエネルギー散逸が動摩擦への主要な寄与となっていると考えられる．このことは，とりもなおさず，局所的なスティック・スリップ現象が，動摩擦力が速度に依存しない原因であることを示している．

続いて，結晶格子がすべる場合を考えてみよう．図12.8(b)に示すように，プローブの代わりに，無限個の原子がばねで連結している系を上側に置く．これは**フレンケル-コントロヴァ**（Frenkel-Kontorova）**モデル**と呼ばれる．フレンケル-コントロヴァモデルにおいても，トムリンソンモデルで見られたような摩擦挙動の転移が見られるが，静止摩擦力や転移挙動は，上側と下側の物体の格子定数比（p/q）に強く依存する．上側の格子定数は，平均の原子間隔 $p \equiv <(x_{i+1}-x_i)>_i$ として表される．p と q の比が無理数，すなわち不整合（インコメンシュレート）の場合には，ポテンシャルの振幅とばね定数の比 V_0/k が小さい，すなわちポテンシャルの振幅が小さくばね定数が大きい場合には，上側の原子列は並進対称性をもち，最大静止摩擦力はゼロとなる．このとき低速度領域の動摩擦力は速度に比例する．しかし，V_0/k がある臨界値より大きい，すなわちポテンシャルの振幅が大きくばね定数が小さい場合には，図12.9(c)に示すように，ポテンシャルの山頂付近には物質が存在し得ない禁制帯域が存在しているため，上側の原子列は，基板の周期ポテンシャルの影響を強く受け，上側格子のひずみによるエネルギーロスと周期ポテンシャルと整合することによるエネルギーゲインの競合により再配列が起こり，系の並進対称性が失われてしまう．局所的には下側のポテンシャルに整合する配置をとるが，一部でミスフィットが生じ，系全体としては不整合となる．このとき，禁制帯域の存在により，ミスフィットの部分の重心座標が少しでもずれれば，その原子は，ポテンシャルの山を乗り越え次の安定な領域にスリップし，局所的なスティック・スリップ現象が生じる．ここで，上側の原子列の原子数を N とすると，原子列の重心座標が周期ポテンシャルの周期 q だけずれるためには，N 個すべての原子がスリップしなければならない．したがって，隣り合うスリップイベントの間隔は q/N 程度となる．このことより，1回のスリップを起こすのに要する力は，NV_0/q

程度となり，原子数Nに比例するマクロなオーダの最大静止摩擦力が発生することになる．トムリンソンモデルと同様に，スリップ過程でのエネルギー散逸が動摩擦への主要な寄与と考えれば，動摩擦力は速度に依存しなくなる[18]．

これまで見てきたように，一見すると不可思議なミクロな領域での摩擦特性であるが，モデルを仮定したシミュレーションから，マクロなアモントン−クーロンの法則の動摩擦のふるまいを説明できることを示してきた．詳しくは，マクロな領域からミクロな領域まで，摩擦の物理について丁寧に解説されている参考文献[18]を参照してほしい．ここで紹介した事例は，多くの研究報告のうちのほんの一部であり，他にも多くの面白い成果が出されている．例えば，最近ではアモントン−クーロンの法則が系統的に破れることを示した報告もある[19]．このように未解明の問題も多く，原子スケールの摩擦からマクロスケールの摩擦まで，マルチスケールで摩擦現象を過不足なく説明できるモデルの構築は，いまだなされていないのが現状である．

参考文献

1) W. B. Hardy and I. Doubleday: Boundary lubrication. The temperature coefficient, Proceedings of Royal Society London, Series A101, 713 (1922) 487-492.
2) R. Holm: Electric Contacts, H. Geber (1946).
3) F. P. Bowden and D. Tabor: The friction and lubrication of solids Part1, Clarendon Press (1950).
4) (a) G. Binning, H. Rohrer, Ch. Gerber, and E. Weibel: Surface studies by scanning tunneling microscopy, Phys. Rev. Lett., 49, 1 (1982) 57-61.
   (b) G. Binning, C. F. Quate, and Ch. Gerber: Atomic force microscope, Phys. Rev. Lett., 56, 9 (1986) 930-933.
5) 例えば
   (a) B. Bhushan, J. N. Israelachvili and U. Landman: Nanotribology: Friction, wear and lubrication at the atomic scale, Nature, 374 (1995) 607.
   (b) R. W. Carpick and M. Salmeron: Scratching the surface: Fundamental investigations of tribology with atomic force microscopy, Chemical Reviews, 97, 4 (1997) 1163-1194.
6) B. N. J. Persson: Sliding friction 2nd ed., Springer-Verlag (2000).
7) エリ・デ・ランダウ，イェ・エム・リフシッツ（著），佐藤常三，石橋善弘（訳）：弾性理論（増補新版），東京図書 (1989) 37-44.
8) K. L. Johnson: Contact Mechanics, Cambridge University Press (1989) 84-106.
9) K. L. Johnson, K. Kendall, and A. D. Roberts: Surface energy and the contact of elastic solids, Proceedings of Royal Society London, Series A324, 1558 (1971) 301-313.
10) B. V. Derjaguin, V. M. Muller, Y. P. Toporov: Effect of contact deformations on the adhesion

of particles, Journal of Colloid and Interface Science, 53, 2 (1975) 314-326.
11) イスラエルアチヴィリ（著），近藤保，大島広行（訳）：分子間力と表面力　第2版．朝倉書店（1996）．
12) R. W. Carpick, N. Agrait, D. F. Ogletree and M. Salmeron: Variation of the interfacial shear strength and adhesion of a nanometer-sized contact, Langmuir, 12 (1996) 3334.
13) R. M. Overney, H. Takano, M. Fujihira, W. Paulus and H. Ringsdorf: Anisotropy in friction and molecular stick-slip motion, Phys. Rev. Lett., 72 (1994) 3546.
14) M. Hirano, S. Shinjo, R. Kaneko and Y. Murata: Anisotropy of frictional forces in muscovite mica, Phys. Rev. Lett., 67 (1992) 2642.
15) M. Hirano, S. Shinjo, R. Kaneko and Y. Murata:Observation of superlubricity by scanning tunneling microscopy, Phys. Rev. Lett., 78 (1997) 1448.
16) P. E. Sheehan and C. M. Lieber: Nanotribology and Nanofabrication of MoO_3 Structures by Force Microscopy, Science, 272 (1996) 1158.
17) G. A. Tomlinson: A molecular theory of friction, Phil. Mag. S. 7, **7** (1929) 905.
18) 松川宏：摩擦の物理．岩波書店（2012）．
19) M. Otsuki and H. Matsukawa: Systematic Breakdown of Amonton's Law of Friction for an Elastic Object Locally Obeying Amonton's Law, Scientific Reports, 3 (2013) 1586.

付録 A

任意の曲面の接触[1)]

付図1に示すように[1)]，接触点 O における接平面を xy 平面とし座標軸方向を適切にとると，2固体間の初期すきまは

$$z_1 + z_2 = Ax^2 + By^2 \tag{A.1}$$

とおくことができる．ここに A, B は，一方の固体の主曲率 $1/r_{11}$, $1/r_{12}$, もう一方の固体の主曲率 $1/r_{21}$, $1/r_{22}$, および主曲率面間（$1/r_{11}$ 面と $1/r_{21}$ 面または $1/r_{12}$ 面と $1/r_{22}$ 面間）の角度 ϕ とに関係する定数であり，次式で与えられる．なお，付図1では，$\phi = 0$ の場合を表示している．

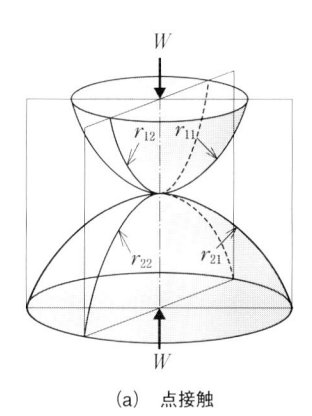

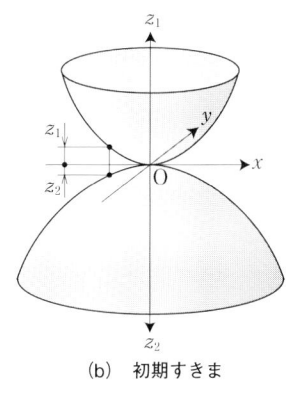

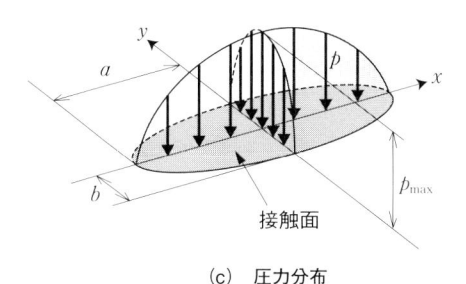

(a) 点接触

(b) 初期すきま

(c) 圧力分布

付図1　任意の曲面の接触[1)]

$$A+B = \frac{1}{2}\left(\frac{1}{r_{11}} + \frac{1}{r_{12}} + \frac{1}{r_{21}} + \frac{1}{r_{22}}\right)$$

$$B-A = \frac{1}{2}\left\{\left(\frac{1}{r_{11}} - \frac{1}{r_{12}}\right)^2 + \left(\frac{1}{r_{21}} - \frac{1}{r_{22}}\right)^2 \right.$$
$$\left. + 2\left(\frac{1}{r_{11}} - \frac{1}{r_{12}}\right)\left(\frac{1}{r_{21}} - \frac{1}{r_{22}}\right)\cos 2\phi\right\}^{\frac{1}{2}} \quad (A.2)$$

ここで，各主曲率の符号は，凸面のときを正，凹面のときを負，平面のときを0とする．任意の曲面をもつ2固体が垂直力Wで押し付けられると，接触領域はだ円となり，その長径a，短径b（いずれも半長）は，

$$a = m\sqrt[3]{\frac{3W}{2E'(A+B)}}$$
$$b = n\sqrt[3]{\frac{3W}{2E'(A+B)}} \quad (A.3)$$

ただし，E'は式(2.12)で与えられる等価ヤング率である．式(A.3)中の係数m，nの値は，$\cos\theta = (B-A)/(A+B)$として，付図2で与えられる[※1]．最大接触圧力$p_{\max}$，平均接触圧力p_{mean}，および接触領域内の任意の点(x, y)の圧力pはそれぞれ，

$$p_{\max} = \frac{3}{2}p_{mean}, \quad p_{\max} = \frac{W}{\pi ab}$$
$$p = p_{\max}\sqrt{1 - \frac{x^2}{a^2} - \frac{y^2}{b^2}} \quad (A.4)$$

で与えられる．このときの2固体の相対接近量δは，次式で与えられる．

$$\delta = \frac{2F}{\pi m}\sqrt[3]{\frac{9}{4}\left(\frac{1}{E'}\right)^2 W^2(A+B)} \quad (A.5)$$

なお，式中Fは解析的に解くのが困難な第一種の完全だ円積分であるが，$2F/(\pi m)$は**付図2**または**付表1**を用いて補間することにより与えられる[1]．

平行2円柱のような線接触に対しては，a/bは∞となり，式(A.5)は適用できないため，別の取り扱いが必要である．

※1 なお，$\cos\theta = 0.97$以上については付表1を内挿して用いるのがよい．

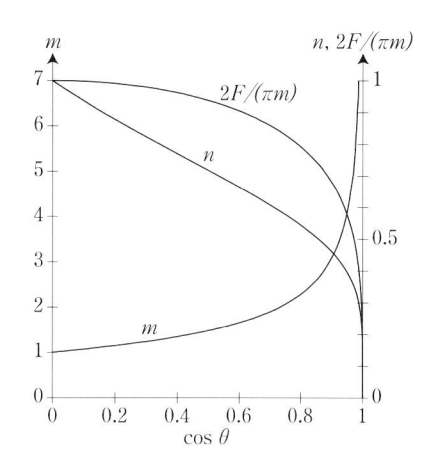

付図 2　$\cos\theta$ と m, n, $2F/(\pi m)$ [1]

付表 1　$\cos\theta=(B-A)/(A+B)$ としたときの m, n, $2F/(\pi m)$ の値 [1]

$\cos\theta$	m	n	$2F/(\pi m)$	$\cos\theta$	m	n	$2F/(\pi m)$
0.970	5.058	0.356	0.509	0.994	9.694	0.257	0.330
0.981	6.018	0.326	0.455	0.996	10.916	0.242	0.303
0.987	7.056	0.301	0.410	0.998	14.475	0.210	0.247
0.992	8.291	0.277	0.367	1.000	∞	0.000	—

例題 A.1

摩擦・摩耗試験では，交差円筒方式の試験がしばしば採用されている．いま，直交する半径 5 mm の鋼製丸棒同士が荷重 $W=10$ N を受けて接触するときの接触域の大きさ a, b と最大接触圧力 $p_{\max}$ を求めよ．

$W=10$ N

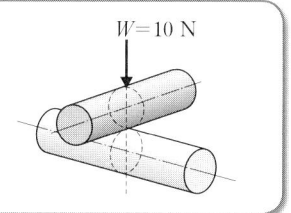

〈解答〉

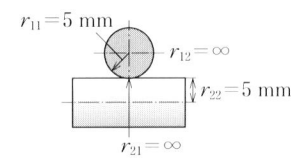

主曲率 ($1/r_{11}$) を含む面と主曲率 ($1/r_{21}$) を含む面間の角度 ϕ を 0 となるようにおく（上図）. 式(A.2)より,

$$A+B = \frac{1}{2}\left(\frac{1}{5} + \frac{1}{\infty} + \frac{1}{\infty} + \frac{1}{5}\right) = 0.2 \ \left[\frac{1}{\text{mm}}\right] = 200 \ \left[\frac{1}{\text{m}}\right]$$

$$B-A = \frac{1}{2}\left\{\left(\frac{1}{5} - \frac{1}{\infty}\right)^2 + \left(\frac{1}{\infty} - \frac{1}{5}\right)^2 + 2\left(\frac{1}{5} - \frac{1}{\infty}\right)\left(\frac{1}{\infty} - \frac{1}{5}\right)\cos(0)\right\}^{\frac{1}{2}} = 0$$

これより,

$$\cos\theta = \frac{B-A}{A+B} = 0$$

となる. したがって, 付図2を用いれば, $m=n=1$ となる.

また, 鋼のヤング率を 206 GPa, ポアソン比 ν を 0.3 とすれば,

$$\left(\frac{1}{E'}\right) = 4.417 \times 10^{-12} \ \left[\frac{\text{m}^2}{\text{N}}\right]$$

式(A.3)より,

$$a = b = 1 \times \sqrt[3]{\frac{3}{2} \times 10 \times 4.417 \times 10^{-12} \times \left(\frac{1}{200}\right)}$$

$$= 6.92 \times 10^{-5} \text{ m} = 69.2\ \mu\text{m} \quad \cdots \text{（答）}$$

また, 式(A.4)より

$$p_{\max} = \frac{3}{2}\left(\frac{W}{\pi ab}\right) = \frac{3 \times 10}{2\pi \times (6.92 \times 10^{-5})^2} = 9.97 \times 10^8 \text{ Pa} = 997 \text{ MPa} \cdots \text{（答）}$$

となる. これらの結果は, 鋼平面に半径 5 mm の鋼球が同じ荷重を受けて接触した場合の結果に等しい.

引用文献

1) 日本機械学会（編）：機械工学便覧デザイン編 β4 機械要素・トライボロジー. 丸善（2005）145.

付録 B

ダイバージェンスフォーミュレーション法による離散化プロセスとプログラム例

B.1 基礎式の離散化

付図3のように周方向をx軸，軸方向をz軸としたとき，式(7.6)より，単位長さ当たりの質量流量は，

$$m_x = \frac{\rho h U}{2} - \frac{\rho h^3}{12\eta} \cdot \frac{\partial p}{\partial x} \tag{B.1}$$

$$m_z = -\frac{\rho h^3}{12\eta} \cdot \frac{\partial p}{\partial z} \tag{B.2}$$

と表される．m_xの第1項はクエット流項，m_xの第2項とm_zの第1項はポアズイユ流項である．ただし，ρは潤滑油密度，ηは潤滑油粘度，hはすきま長さ，pは圧力，Uは回転速度である．

流量の連続を考えるに際して，付図4のような有限の幅をもつ微小格子を設定する．ある微小格子の中心点をOとし，隣接する格子点をE，W，N，Sとすると，例えば，点Wから点Oの格子に流入する質量流量は，

$$m_w = m_x|_{x=w} \cdot \Delta z \tag{B.3}$$

と書くことができる．

ここで，質量流量を無次元化しておく．軸半径をR，角回転速度をωとす

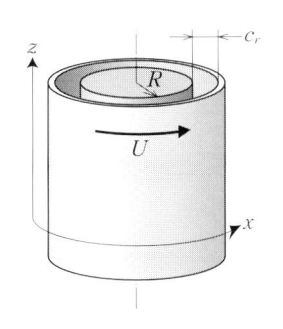

付図3　真円ジャーナル軸受と座標系

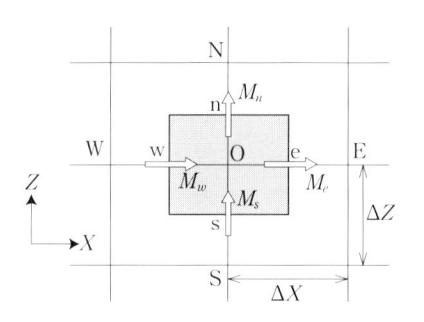

付図4 離散格子と流量

ると，$U=R\omega$ であり，無次元質量流量 $M\equiv m\cdot 12\eta/(\rho p_a c_r^3)$ とすると，例えば，

$$M_w = \lambda H_w \Delta Z - H_w^3 \Delta Z \cdot \frac{\Delta P}{\Delta X} \tag{B.4}$$

と書くことができる．ここで，c_r は半径すきま，p_a は周囲圧力，無次元すきまは $H=h/c_r$，無次元座標は $X=x/R$, $Z=z/R$，無次元圧力は $P=p/p_a$ である．また，λ は軸受定数と呼ばれ，以下で定義される．

$$\lambda \equiv \frac{6\eta\omega}{p_a}\cdot\left(\frac{R}{c_r}\right)^2 \tag{B.5}$$

ここで，各 $\Delta P/\Delta X$ 等の微分を差分形式で表す．つまり，M_w 中の $\Delta P/\Delta X$ は，$(P_W-P_O)/\Delta X$ と表すことができる．この操作を他の流量にも適用した後，流量連続の式

$$M_w - M_e + M_s - M_n = 0 \tag{B.6}$$

に代入して整理すると，次式が導くことができる．

$$a_O P_O = a_E P_E + a_W P_W + a_N P_N + a_S P_S + b_O \tag{B.7}$$

ただし，

$$a_E = H_e^3 \cdot \Delta Z/\Delta X$$
$$a_W = H_w^3 \cdot \Delta Z/\Delta X$$
$$a_N = H_n^3 \cdot \Delta X/\Delta Z$$
$$a_S = H_s^3 \cdot \Delta X/\Delta Z$$
$$a_O = a_E + a_W + a_N + a_S$$
$$b_O = \lambda H_w \Delta Z - \lambda H_e \Delta Z$$

である．

B.2 プログラム例

C言語による真円ジャーナル軸受の計算プログラム例を以下に示す．軸半径，軸方向長さ，軸受定数，偏心率を与えてプログラムを作動すると，圧力分布が出力される．

```c
//真円ジャーナル軸受圧力分布算出プログラム

#include<stdio.h>
#include<math.h>

#define  PI     3.14159265358979     //πの設定
#define  ERMAX  0.00001              //収束終了誤差
#define  COEF   1.75                 //収束時緩和係数
#define  PA     1.0                  //周囲圧力 [atm]

void main(void){

    FILE      *fp;
    double    zz,rr;
    int       nx,nz;
    double    dx,dz,dx5,dz5;
    double    xx0,xp1,xm1;
    double    eps,err,ddd,lambda;
    int       ix,iz,ixp,ixm,izp,izm;
    int       count;
    double    hhe,hhw,hhn,hhs;
    double    pp[60][81],aaO[60][81],bbO[60][81];
    double    aaE[60][81],aaW[60][81],aaN[60][81],
              aaS[60][81];

    rr = 3.0;                        //軸半径 [mm]
    zz = 6.0;                        //軸方向長さ [mm]
    lambda = 10.0;                   //軸受定数λ [-]
    eps = 0.1;                       //偏心率 [-]

    nx = 60;                         //x方向(周方向)分割数
    nz = 80;                         //z方向(軸方向)分割数

    dx = 2.0 * PI / nx;
    dz = zz / rr / nz;
    dx5 = 0.5 * dx;
    dz5 = 0.5 * dz;
```

/**** 係数の計算 *****/

```
    for( iz = 0; iz <= nz; iz++ ){

        for( ix = 0; ix < nx; ix++ ){

            xx0 = ix * dx;
            xp1 = xx0 + dx5;
            xm1 = xx0 - dx5;

            hhn = 1.0 + eps * cos(xx0);
                            //半径すきまで無次元化したすきま長さ
            hhs = 1.0 + eps * cos(xx0);
            hhe = 1.0 + eps * cos(xp1);
            hhw = 1.0 + eps * cos(xm1);

            aaN[ix][iz] = (dx/dz) * hhn * hhn * hhn;
            aaS[ix][iz] = (dx/dz) * hhs * hhs * hhs;
            aaE[ix][iz] = (dz/dx) * hhe * hhe * hhe;
            aaW[ix][iz] = (dz/dx) * hhw * hhw * hhw;
            aaO[ix][iz] = aaN[ix][iz] + aaS[ix][iz] +
                aaE[ix][iz] +   aaW[ix][iz];
            bbO[ix][iz] = lambda * dz * (hhw - hhe);

        }
    }
```

/**** 初期圧力値の設定 ****/

```
    for( iz = 0; iz <= nz; iz++ ){

        for( ix = 0; ix < nx; ix++ ){

            pp[ix][iz] = PA;
        }
    }
```

/**** 緩和法 ****/

```
    count = 0;
    err = 1.0;

    while(err>=ERMAX){
                //errがERMAXより大きい限りループを繰り返す
        err = 0.0;

        for( ix = 0; ix < nx; ix++ ){

            ixp = ix + 1;        ixm = ix - 1;
```

```
                    if( ix == 0 )      ixm = nx - 1;
                    if( ix == nx-1 )   ixp = 0;

                    for( iz = 1; iz < nz; iz++ ){

                        izp = iz + 1;  izm = iz - 1;

                        ddd = (aaN[ix][iz] * pp[ix][izp] +
                            aaS[ix][iz] * pp[ix][izm] + aaE[ix]
                            [iz] * pp[ixp][iz] + aaW[ix][iz] *
                            pp[ixm][iz] + bbO[ix][iz]) /
                            aaO[ix][iz] - pp[ix][iz];

                        err = err + fabs(ddd);
                        pp[ix][iz] = pp[ix][iz] + COEF * ddd;

                    }
                }

            count = count + 1;
            if((count%100) == 0){

                printf("count = %d\n",count);
                printf("err = %f\n",err);
            }
        }

/**** ファイルへの書き込み ****/

    fp = fopen("pressure.xls","w");

    for(iz = 0; iz<=nz; iz++ ){

        for(ix = 0; ix < nx; ix++){

            fprintf(fp,"%f\t",pp[ix][iz]);
        }
        fprintf(fp,"\n");
    }
    fclose(fp);

    printf("\n 収束完了！\n");
    printf("count = %d\n",count);
    printf("err = %f\n",err);
}
```

索引

【欧文】

AFM　171, 221
C/Cコンポジット　139
CVD法　146
DLC膜　139
DMT理論　223
EHL油膜　102
EHL理論　96
EPMA法　176
FFM　221
FT-IR　180
JKR理論　223
LST法　152
OK値　58
PBII　147
PVD法　146
SEM　172
SEM-EDS法　176
SIM　172, 184
SPM　171, 221
SRV試験機　165
STM　174
TOF-SIMS　178
VI　55
Walther-ASTM　55
XPS　177
X線光電子分光法　177

【和文】

あ

アキシアル荷重　187
アーチャードの凝着摩耗モデル　114
圧力指数　56
圧力スパイク　101
アブレイタブルコーティング　150
アブレシブ摩耗　115
アボットの負荷曲線　13
アモントン(G. Amontons)　2
アモントン-クーロンの法則　32, 217
粗さ　9, 194
　——曲線　10
アルミナ　135
アルミニウム合金　131
アレン(C. M. Allen)　66
アンギュラ玉軸受　195
イオンプレイティング法　149
うねり　9
ウベローデ粘度計　54
エロージョン　119
円筒面同士の接触　21
往復動ボールオンディスク式試験機　163
オーバレイ　132

か

回転同期振れ　205
回転トルク　202
回転非同期振れ　205
回転ピンオンディスク式試験機　163
回転振れ　205
界面張力　17
外輪　188
拡散浸透法　145
加工硬化　24
加工変質層　15
硬さ　127, 181
乾燥摩擦　33
含油軸受　206, 208
機械的処理法　151
基本定格寿命　199
基本動定格荷重　199
キャノン-フェンスケ粘度計　54
基油　47
吸着分子層　15
球面同士の接触　19
球面の単純押込み　24
ギュンベルの条件　88
境界潤滑状態　64
境界潤滑膜　69
共焦点光学系　173
凝着　37
　——摩耗　114
極圧剤　52, 69
き裂　108
クエット流　78

くさび膜作用　80, 84
グラファイト　138
グラフェン　139
グリース　59
　——潤滑　197
グリーントライボロジー　8
クロスリンク・ポリエチレン　142
クーロン(C. A. Coulomb)　3
ケルメットメタル　131
原子間力顕微鏡　171, 221
合格限界荷重　57
硬質薄膜　137
合成油系基油　48
高速度鋼　133
高炭素クロム鋼　133
降伏条件　23
鉱油系基油　47
コーキング　130
固体潤滑性　129
コーティング法　145
転がり軸受　187, 188
　——の呼び番号　189
　——材料　133
転がり摩擦　42, 192
転がり摩耗　106
ころ軸受　189
混合潤滑状態　64

さ

最大せん断応力説　23
最大高さ　10
差動すべり　43, 193
サーメット　136
酸化膜層　15
酸化摩耗　106, 117
算術平均粗さ　10
四球式試験機　166
軸受特性係数　200
軸心軌跡　90
自己潤滑軸受　206
湿式めっき法　146
シビア摩耗　106, 122
四フッ化エチレン(PTFE)　142

索引………245

絞り　96
絞り膜作用　85
ジャーナル軸受　85，187
修正凝着理論　38
修正レイノルズ方程式　92
樹脂軸受　206
潤滑油　46
　　──使用軸受　208
ショア硬さ　181
焼結含油軸受　208
使用条件係数　200
蒸着法　146
初期摩耗　106，109
触針式表面粗さ計　171
ショットピーニング　151
シール　188
シールド　188
ジルコニア　135
真実接触点　29，219
真実接触面積　29，219
伸縮膜作用　84
浸炭鋼　132
浸炭法　145
信頼度係数　200
スカッフィング　106
すきまばめ　206
スキュー　197
スクラッチ法　183
スクラッチング　106
スコア値　58
スコーリング　58
スティック・スリップ現象
　　44，229
ストライベック曲線　63
スパイラル溝付き軸受　93
スピンすべり　196
スピンドルモータ　211
すべり距離　108
すべり軸受　187，206
　　──材料　131
すべり摩擦　32，206，217
すべり摩耗　106
スポーリング　106，118
スラスト軸受　187

スラストシリンダ式試験機　165
スラリー摩耗　106
静圧軸受　94
静摩擦力　32
赤外分光法　180
接触圧力　18
接触角　18
接線力係数　22
閃光温度　43
線接触　18
相互溶解度　129
走査型イオン顕微鏡　172，184
走査型電子顕微鏡　172
走査型トンネル顕微鏡　174
走査型プローブ顕微鏡　171，221
相対接近量　21
曽田四球式摩擦試験機　57
増ちょう剤　59
塑性指数　30
塑性接触　22
ゾンマーフェルト数　88
ゾンマーフェルトの条件　87

た
耐荷重能　57
ダイバージェンスフォーミュ
　　レーション法　239
耐摩耗剤　49
ダイヤモンド　137
ダウソン-ヒギンソン表示　102
多角形の転がりモーメント　43
多分子膜モデル　66
玉軸受　189，211
タワー（B. Tower）　75
炭化ケイ素　136
弾性接触　22
弾性ヒステリシス　195
　　──損失　43
弾性流体潤滑条件　101
弾性流体潤滑理論　96
チキソトロピー性　61
窒化ケイ素　136
窒化法　145
チムケン式極圧試験機　57

超硬合金　137
超高分子量ポリエチレン
　　（UHMWPE）　142
超潤滑状態　227
ちょう度　61
定常摩耗　106，109
テイバー（D. Tabor）　3，66
添加剤　49
点接触　18
転動体　188
動圧軸受　93
動圧流体軸受　211
等価曲率半径　20
等価ヤング率　20
動粘度　55
動摩擦力　32
塗布法　151
トムリンソンモデル　228
トライボケミカル反応　130
トライボフィルム　69
トラクションオイル　215
トラクション係数　213
トラクションドライブ　212
トロイダル式無段変速機　215

な
内輪　188
ナノインデンテーション法　181
ナノチューブ　139
ナノトライボロジー　220
鉛青銅　131
肉盛法　134
二乗平均平方根粗さ　12
ニュートン（I. Newton）　2
ニュートン流体　54
任意の曲面の接触　235
ヌープ硬さ　181
ぬれ現象　18
熱可塑性樹脂　142
熱硬化性樹脂　143
熱処理法　145
粘度　52
　　──指数向上剤　49

は

バウデン（F. P. Bowden）　3, 66, 72
破壊じん性　183
白色干渉光学系　172
ハーディ（W. B. Hardy）　3, 65, 66
ハムロック-ダウソンの理論　213
バラスの式　56
ばらつき　158
非凝着性　129
飛行時間二次イオン質量分析計　178
微小なうねり　194
微小なすべり　43, 118
ひずみエネルギー説　23
ビッカース硬さ　127, 181
ピッチング　106, 118
非ニュートン流体　54
被覆材料　134
比摩耗量　109
表面エネルギー　17
表面吸着モデル　66
表面張力　16
表面テクスチャリング　152
疲労摩耗　118
ピン・ブロック式試験機　166
ビンガム塑性体　61
ファインセラミックス　134
不安定性　158
負荷曲線　13
負荷長さ率　13
負荷容量　86
深溝玉軸受　193
腐食摩耗　117
部分安定化ジルコニア　135
フラーレン　139
プラスチック　140
プラズマイオン注入法　147
フーリエ変換型赤外分光光度計　180
ブリネル硬さ　181
フレーキング　106, 118, 199
フレッチング　118
──疲れ　119
──摩耗　106, 118
フレンケル-コントロヴァモデル　232
ブロックオンリング式試験機　165
平均グリース寿命　198
平均接触圧力　20
ペトロフの式　64, 91
ヘリングボーン溝付き軸受　93
ヘルツ接触　18
ヘルツの条件　101
ヘルツの接触理論　18
偏い角　88
ポアズイユ流　78
保持器　188
ポリアセタール（POM）　142
ポリアミド（PA）　142
ポリエチレン（PE）　142
掘り起こし効果　40
ポリブチレンテレフタレート（BBT）　142
ボールピンオンディスク式試験機　163
ホルム（R. Holm）　3, 29
ホワイトメタル　131

ま

マイクロショットピーニング法　151
マイルド摩耗　106, 122
膜厚比　65
膜の密着性　183
摩擦　32
──係数　33, 90
──痕　58
──振動　44
──低減剤　49
──面　105
──面温度　43
──の凹凸説　2
──の凝着説　3, 37
摩擦力　32, 90
──顕微鏡　221
──の測定　34
摩耗　105
──係数　109
──形態図　120
──進行曲線　109
──率　108
──粒子　105
──量　105
マーチンの条件　101
マルチスケール・テクスチャリング　153
マルテンサイト系ステンレス鋼　133
マルテンス硬さ　181
見かけの接触面積　29, 219
ミンドリンスリップ現象　22
ミンドリンの理論　22
メディアンクラック　116
面接触　18

や

焼入れ法　145
焼付き限界荷重　57
ヤングの式　18
ヤング率　181
油性　65
──剤　49, 66, 68
溶射法　134, 149
溶融摩耗　106
よごれ膜　16

ら

ラジカル荷重　187
ラジカル軸受　187
ラテラルクラック　116
ラマン分光法　179
流体軸受　206
流体潤滑状態　64
レイノルズ（O. Reynolds）　5, 65, 76
──の条件　88
──方程式　76, 79, 84
レイリーステップ軸受　93
レーザー表面テクスチャリング法　152
ロックウェル硬さ　181

著者紹介

佐々木信也 工学博士
1986年 東京工業大学大学院総合理工学研究科修士課程修了
現　在 東京理科大学工学部機械工学科　教授
【執筆箇所：第1, 8～10章】

野口　昭治 博士（工学）
1985年 東京工業大学大学院理工学研究科修士課程修了
現　在 東京理科大学創域理工学部機械航空宇宙工学科
　　　 教授
【執筆箇所：第11章】

地引　達弘 博士（工学）
1990年 東京商船大学大学院商船学研究科修士課程修了
現　在 東京海洋大学学術研究院海洋工学系　教授
【執筆箇所：第3章】

三宅　晃司 博士（工学）
1997年 筑波大学大学院工学研究科博士課程修了
現　在 国立研究開発法人　産業技術総合研究所
　　　 基盤技術研究部門　研究部門長
【執筆箇所：第12章】

志摩　政幸 博士（工学）
1974年 信州大学大学院工学研究科修士課程修了
現　在 東京海洋大学名誉教授
【執筆箇所：第2章, 付録A】

平山　朋子 博士（工学）
2001年 京都大学大学院工学研究科博士課程中退
現　在 京都大学大学院工学研究科　教授
【執筆箇所：第4～6章, 付録B】

足立　幸志 博士（工学）
1990年 東北大学大学院工学研究科修士課程修了
現　在 東北大学大学院工学研究科　教授
【執筆箇所：第7章】

NDC531.8　　255p　　21cm

はじめてのトライボロジー

2013年5月20日　第 1 刷発行
2025年5月19日　第11刷発行

著　者　佐々木信也・志摩　政幸・野口　昭治・平山　朋子
　　　　地引　達弘・足立　幸志・三宅　晃司

発行者　篠木和久

発行所　株式会社　講談社　　　　　　　　　　KODANSHA
　　　　〒112-8001　東京都文京区音羽2-12-21
　　　　　販売　（03）5395-5817
　　　　　業務　（03）5395-3615

編　集　株式会社　講談社サイエンティフィク
　　　　代表　堀越俊一
　　　　〒162-0825　東京都新宿区神楽坂2-14　ノービィビル
　　　　　編集　（03）3235-3701

本文データ制作　美研プリンティング株式会社
印刷所　株式会社平河工業社
製本所　株式会社国宝社

落丁本・乱丁本は，購入書店名を明記のうえ，講談社業務宛にお送り下さい．送料小社負担にてお取替えします．なお，この本の内容についてのお問い合わせは，講談社サイエンティフィク宛にお願いいたします．定価はカバーに表示してあります．

© S. Sasaki, M. Shima, S. Noguchi, T. Hirayama, T. Jibiki, K. Adachi and K. Miyake, 2013

本書のコピー，スキャン，デジタル化等の無断複製は著作権法上での例外を除き禁じられています．本書を代行業者等の第三者に依頼してスキャンやデジタル化することはたとえ個人や家庭内の利用でも著作権法違反です．

Printed in Japan

ISBN 978-4-06-156522-7